新工科建设 · 电子信息类系列教材

高频电子线路（第2版）

王春静　黄　珂　孟丽丽　刘　丽　编著

電子工業出版社
Publishing House of Electronics Industry
北京 · BEIJING

内 容 简 介

本书内容主要包括绪论，高频电路基础知识，高频小信号调谐放大器，高频功率放大器，正弦波振荡器，频率变换电路基础，振幅调制、解调及变频，角度调制与解调，反馈控制系统。

本书在选材时，着重于高频电子线路的结构组成、基本原理、基本分析和计算方法，强调理论结合实际，注意结合当前电子新技术的发展趋势而有所取舍与侧重，避免复杂的数学推导。为了帮助学生更好地学习本书内容，每章最后均附有本章小结和难度适宜的习题，以便学生掌握相应的重点知识，提高学生分析问题、解决问题的能力。本书配有相应的教学 PPT 课件、教学微视频、实验教学 PPT 课件等，可供教师、学生和广大电路工作者参考。

本书可作为高等学校电子工程、通信工程等电子信息类专业学生的电子技术基础课程教材，也可作为广大电路工作者的参考用书。

图书在版编目（CIP）数据

高频电子线路 / 王春静等编著. -- 2 版. -- 北京 :
电子工业出版社, 2024. 12. -- ISBN 978-7-121-49281
-5

Ⅰ. TN710.6

中国国家版本馆 CIP 数据核字第 2024R53W20 号

责任编辑：张天运
印　　刷：河北虎彩印刷有限公司
装　　订：河北虎彩印刷有限公司
出版发行：电子工业出版社
　　　　　北京市海淀区万寿路 173 信箱　　邮编：100036
开　　本：787×1092　1/16　印张：17　字数：403 千字
版　　次：2021 年 9 月第 1 版
　　　　　2024 年 12 月第 2 版
印　　次：2026 年 1 月第 3 次印刷
定　　价：55.00 元

凡所购买电子工业出版社图书有缺损问题，请向购买书店调换。若书店售缺，请与本社发行部联系，联系及邮购电话：（010）88254888，88258888。

质量投诉请发邮件至 zlts@phei.com.cn，盗版侵权举报请发邮件至 dbqq@phei.com.cn。

本书咨询联系方式：（010）88254556，dujun@phei.com.cn。

前　言

“高频电路”课程是电子工程、通信工程等电子信息类专业的重要核心专业基础课程，也是这类专业整个知识和能力培养体系的重要支柱之一，它在专业课程体系中起着承上启下的重要作用，具有较强的理论性、工程性与实践性。本书着重讲解高频电子线路的结构组成、基本原理、基本分析和计算方法，为学习“信号与系统”“通信原理”“数字信号处理”等后续课程准备必要的电路知识。

本着“保证基础，强化概念，精选内容，联系实际，面向更新，利于自学”的原则，本书内容更加符合当前“高频电路”课程教学的需要。本次修订主要有以下变化：①调整《高频电子线路》（第 1 版）中部分教学内容顺序，重新命名部分章节标题，进一步强化知识体系的衔接；②强化教学目标，在各章节前面增加相应的导学内容，使学生做到“有的放矢”；③充实内容，加强对高频小信号调谐放大器、高频功率放大器和正弦波振荡器等基本电路结构及其工作原理与性能的分析；④增加相关的例题、习题，进一步强化理论联系实际，有效培养学生的分析和计算能力；⑤引入数字化教学资源，针对重要知识点增加配套教学 PPT 课件、教学微视频、实验教学 PPT 课件等，使教材呈现形式更加立体，内容更加丰富，有利于学生全面、深入地掌握重难点知识。

本书更加注重由单元电路到系统电路的认知规律，重视基础功能电路；在电路分析过程中，力求讲透基本单元电路，包括其结构、工作原理、性能分析和计算方法；在知识应用上，添加了实际电路的分析与应用，培养学生“卓越工程师教育培养计划”中要求的分析能力和工程设计意识。

在内容编排上，本书对重要章节内容用“Δ”标注加以区分。建议教师对重要章节内容以“线下”形式进行重点讲解；学生也可通过扫描书中相关二维码，以“线上”形式观看教学微视频，有助于其进行课前预习或课后巩固；对于次要章节内容，在课时不足的情况下，建议学生课下以“线上”形式观看教学微视频，教师在课上对疑难知识点进行总结。本书每章最后均附有本章小结和难度适宜的习题，便于学生回顾、复习和巩固相应的重要知识点。

本书的出版得到了山东师范大学规划教材建设立项出版的资助。在本书的编写过程中，山东师范大学信息科学与工程学院的领导和教师给予了热情的关怀与切实的支持，在此一并表示衷心的感谢。由于编著者水平有限，书中难免存在疏漏，殷切希望广大读者批评指正。

编著者

2024 年 9 月

目 录

第 1 章　绪论

视频：1.1 通信系统的组成

△1.1　通信系统的组成

【导学】

- 通信的概念。
- 通信系统的概念及作用。
- 通信系统的组成及其作用。

广义地说，凡是在发信者和接收者之间，利用任何方法，通过任何传输媒介完成信息传递都可以称为通信。能够完成信息传递的设备总和称为通信系统。通信系统的作用就是把发信者的信息准确地传递给接收者，其组成框图如图 1.1.1 所示。

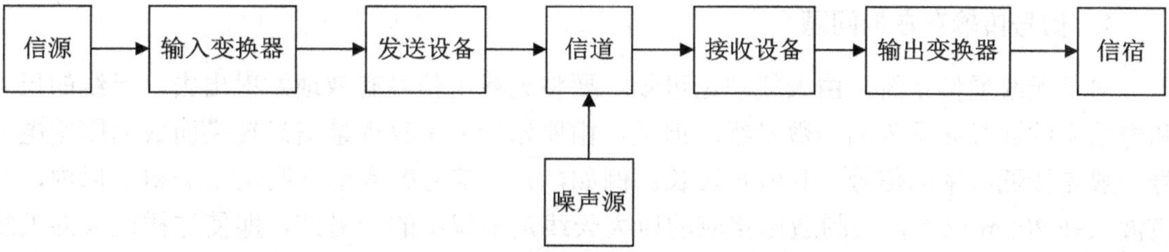

图 1.1.1　通信系统的组成框图

下面分别介绍通信系统中各组成部分的作用。

信源就是通信系统需要传递的原始信息，包括文字、图像、语音、音乐等，一般是非电物理量。

输入变换器的作用就是将原始信息转换为电信号后送入发送设备。日常生活中见到的摄像头、麦克风等设备都具有这样的作用。若原始信息本身就是电信号（如计算机输出的二进制信号、传感器输出的电流或电压信号等），则在能够满足发送设备要求的条件下，输入变换器可省略，原始信息直接送入发送设备。

发送设备的作用就是将收到的电信号转换为适合信道传输的信号，并将其送入信道进行传输。

信道就是连接发送设备和接收设备的信号通道，又称传输媒介。通信系统使用的信道有两大类：大气层或外层空间（无线通信系统）、电缆或光缆（有线通信系统）。

噪声源就是信号在传输过程中受到的各种干扰。噪声源按其来源可分为外部噪声和内部噪声。其中，外部噪声包括自然界存在的各种电磁波源（强力电机与电焊机等、其他通信设备发射的信号、闪电、大气热辐射及宇宙星体等）发出的噪声，内部噪声指系统设备本身产生的各种噪声。

接收设备的作用就是把有用信号从众多信号和噪声中选取出来后发送给输出变换器。

输出变换器的作用就是把收到的有用信号（电信号）转换为原始信息。日常生活中见到的扬声器、显示器等设备都具有这样的作用。

信宿是信息传输的归宿，接收原始信息。

视频：1.2 调制与解调

△1.2 调制与解调

【导学】

- 通信系统中为什么要使用调制与解调？
- 调制的概念及调制方式。
- 使用调制的好处。
- 解调的概念及解调方式。

1. 信号传输存在的问题

对于无线通信系统，由天线理论可知，要将无线电信号有效地发射出去，天线的尺寸和电信号的波长必须为同一数量级。但是，由原始的非电物理量信息转换而成的原始电信号一般是较低频率的信号，其波长较长。例如，音频信号的频率一般仅在 15kHz 以内，对应波长在 20km 以上，要制造出相应的巨大天线是不现实的。另外，即使这样巨大的天线能够制造出来，由于各个发射台发射的信号均为同一频段的低频信号，在信道中也会互相重叠、干扰，因此，接收设备根本无法从中正确地选择出所要接收的有用信号。那么，在无线通信系统中，如何才能有效地传输无线电信号呢？

2. 解决措施——调制与解调

为了有效地传输无线电信号，通常在无线通信系统中采取两种措施：调制与解调。在发送端，必须采用几百千赫兹以上的高频振荡信号作为运载工具，将携带信息的低频信号“装载”到高频振荡信号上（这一过程称为调制），经天线发射出去。在接收端，把低频信号从高频振荡信号上“卸取”下来（这一过程称为解调）。

其中，未经调制的高频振荡信号称为载波信号，低频信号称为调制信号，经过调制并携带有低频信号的高频振荡信号称为已调波信号。调制信号和已调波信号又可分别称为基带信号与频带信号。请注意，这里所说的低频信号可以是十几千赫兹以下的音频信号，也可以是高达几兆赫兹的视频信号，只是低频信号的频率相对于载波信号的频率要低一些。

3．使用调制的好处

在发送端采取调制措施以后，由于发送的是高频已调波信号，因此所需天线尺寸可大大减小；不同发射台可以采用不同频率的高频振荡信号作为载波，这样，不同发射台发射的信号在频谱上就可以互相区分开，有助于接收设备正确地选择出有用信号，以实现频分多路通信。另外，调制还改变了相对带宽，提高了系统性能。

4．调制及调制方式

所谓调制，就是指用调制信号控制载波信号的某一参数，使之随调制信号的变化规律而变化。

根据调制信号和载波信号的不同，调制可分为模拟调制和数字调制。

在模拟调制中，若用调制信号控制高频正弦载波的 3 个参数（振幅、频率和相位），则有调幅（AM）、调频（FM）和调相（PM）3 种调制方式。

例如，在电视信号中，图像采用调幅，伴音采用调频；在广播电台信号中，常用的调制方式是调幅与调频。

在数字调制中，调制信号是数字信号，可以采用数字键控的调制方式，如幅移键控（ASK）、频移键控（FSK）、相移键控（PSK）及差分相移键控（DPSK）等。

5．解调及解调方式

所谓解调，就是指从高频已调波信号中恢复出调制信号。

在发送端，为了将低频信号转换为适合信道传输的信号，采用了调制技术。

在接收端，需要一种与之对应的技术——解调技术，将适合信道传输的已调波信号恢复为与发送端基本一致的低频信号。

对模拟系统而言，调幅波的解调称为检波、调频波的解调称为鉴频、调相波的解调称为鉴相。

视频：1.3 模拟通信系统和数字通信系统

△1.3　模拟通信系统和数字通信系统

【导学】

- 通信系统的分类。
- 无线模拟通信系统的组成及其作用。
- 无线数字通信系统的组成及其作用。
- 通信频段。

1. 通信系统的分类

根据传输信号的不同，可将通信系统分为模拟通信系统和数字通信系统两大类。其中，模拟通信系统传输的是模拟电信号，数字通信系统传输的是数字电信号。

2. 无线模拟通信系统

无线模拟通信系统的组成框图如图 1.3.1 所示。

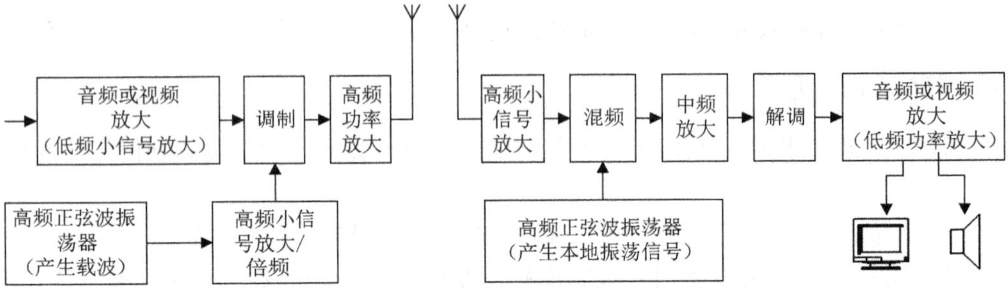

（a）发送过程　　（b）接收过程

图 1.3.1　无线模拟通信系统的组成框图

由图 1.3.1（a）可知，无线模拟通信系统的发送端涉及的基本功能电路包括低频小信号放大电路、高频正弦波振荡电路、高频小信号放大/倍频电路、调制电路和高频功率放大电路。在发送端，低频小信号放大电路对由音频或视频等转换成的低频电信号进行适当放大，由高频正弦波振荡电路产生的正弦波信号经高频小信号放大电路放大后形成载波信号（有时需要进行倍频，倍频电路的功能就是把高频振荡信号或高频已调波信号的频率提高若干倍，以满足系统需要），经模拟低频电信号调制（调制电路）产生高频已调波信号，最终经高频功率放大电路放大后从天线输出。

由图 1.3.1（b）可知，无线模拟通信系统的接收端涉及的基本功能电路包括高频小信号放大电路、高频正弦波振荡电路、混频电路、中频放大电路、解调电路和低频功率放大电路。在接收端，由于天线收到的信号（高频已调波信号）比较微弱，因此，需要高频小信号放大电路对收到的信号进行放大后送入混频电路，同时将高频正弦波振荡电路产生的正弦波信号作为本地振荡信号送入混频电路；混频电路起到变换频率的作用，其输入是各种不同载频的高频已调波信号和本地振荡信号，输出是一种载频（习惯上称此载频为中频）较低且固定的高频已调波信号（习惯上称此信号为中频信号）；中频放大电路的工作频段较低且固定，因此其性能可以做得很好，从而可以达到满意的接收效果；解调电路的作用就是把低频电信号从高频振荡信号上“卸取”下来；低频功率放大电路对解调后的低频电信号进行功率放大并发送给接收者，这种接收方式称为超外差接收。

3. 无线数字通信系统

无线数字通信系统的组成框图如图 1.3.2 所示。

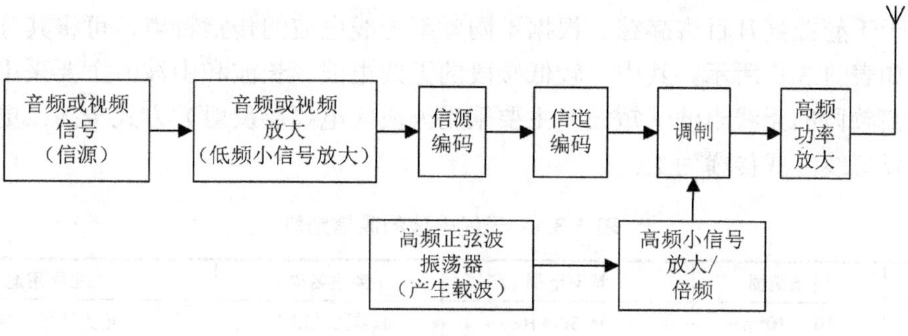

（a）发送过程

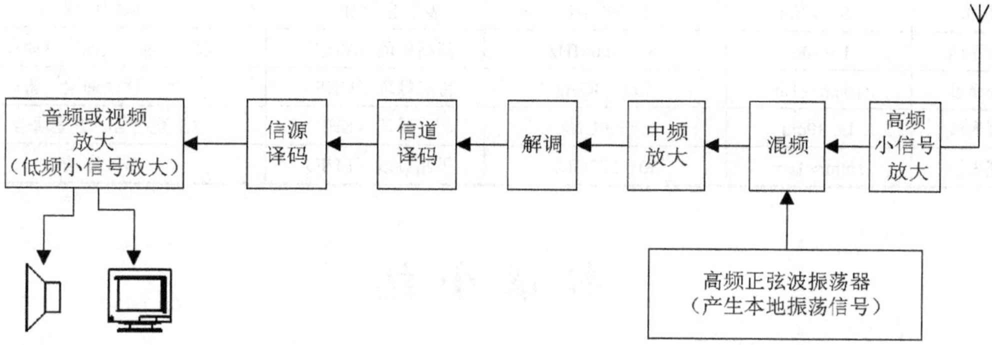

（b）接收过程

图 1.3.2 无线数字通信系统的组成框图

由图 1.3.2 可见，无线数字通信系统涉及的基本功能电路除了无线模拟通信系统包括的基本功能电路，还在发送过程中增加了信源编码电路和信道编码电路（以此实现 A/D 转换功能），在接收过程中增加了信道译码电路和信源译码电路（以此实现 D/A 转换功能）。

信源编码是为了提高信号传输的有效性而对信号所采取的措施。信源编码后的信号为调制信号。为了确保信息传输的安全保密性，可对信源编码后的信号进行加密处理。

信道编码是为了提高信号传输的可靠性而采取的一种差错控制编码，即在信源编码后的信号中按照某种规则附加上若干码元，形成新的数字信号。若信号在传输过程中遭到破坏，则接收端会按照一定的规则自动检查出错误或自动纠错。

信道译码和信源译码用于将收到的编码信号恢复为编码前的信号。

考虑到信源编码电路、信道编码电路、信道译码电路、信源译码电路在“数字电路”和“通信原理”课程中有所介绍，且这 4 种电路属于数字电路范畴，因此不在本书中进行介绍。

实际的无线模拟通信系统和无线数字通信系统中不一定全部包含图 1.3.1 与图 1.3.2 中的各个环节，具体包含哪些环节，取决于通信系统的实际需要。

4．通信频段

通信系统的种类较多，如电话、广播、电视、导航等。通信系统涉及的频率范围较宽，从几十千赫兹到几百吉赫兹。根据不同频率无线电波的传播特点，可将其分为多个通信频段，如表 1.3.1 所示。其中，较低频段的无线电波（长波和中波）主要采用地波方式传播；较高频段的无线电波（短波）主要采用天波（电离层反射）方式传播；更高频段的无线电波以直线方式传播为主。

表 1.3.1　无线电波的通信频段

波段名称	波长范围	频率范围	频段名称	主要用途
长波	10^3～10^4m	30～300kHz	低频段（LF）	电力通信、导航
中波	10^2～10^3m	300～3MHz	中频段（MF）	调幅广播、导航
短波	10～10^2m	3～30MHz	高频段（HF）	调幅广播
超短波	1～10m	30～300MHz	甚高频段（VHF）	调幅广播、电视、移动通信
分米波	10cm～1m	300～3GHz	特高频段（UHF）	电视、移动通信、雷达
厘米波	1～10cm	3～30GHz	超高频段（SHF）	微波通信、卫星通信
毫米波	1mm～1cm	30～300GHz	极高频段（EHF）	微波通信

本 章 小 结

1．凡是在发信者和接收者之间，利用任何方法，通过任何传输媒介完成信息传递都可以称为通信。能够完成信息传递的设备总和称为通信系统。通信系统的作用就是把发信者的信息准确地传递给接收者。

2．为了有效地传输无线电信号，通常在无线通信系统中采取两种措施：调制与解调。调制就是指用调制信号控制载波信号的某一参数，使之随调制信号的变化规律而变化。解调就是指从高频已调波信号中恢复出调制信号。

3．在发送端采取调制措施以后，所需天线尺寸可大大减小；不同发射台可以采用不同频率的高频振荡信号作为载波，这样，不同发射台发射的信号在频谱上就可以互相区分开，有助于接收设备正确地选择出有用信号，以实现频分多路通信。另外，调制还改变了相对带宽，提高了系统性能。

4．根据传输信号的不同，可将通信系统分为模拟通信系统和数字通信系统两大类。其中，模拟通信系统传输的是模拟电信号，数字通信系统传输的是数字电信号。无线数字通信系统涉及的基本功能电路除了无线模拟通信系统包括的基本功能电路，还在发送过程中增加了信源编码电路和信道编码电路（以此实现 A/D 转换功能），在接收过程中增加了信道译码电路和信源译码电路（以此实现 D/A 转换功能）。

习　　题

1.1　什么是通信？

1.2 什么是通信系统？通信系统的作用是什么？
1.3 什么是调制？什么是解调？
1.4 通信系统中为什么要使用调制与解调？
1.5 模拟通信系统和数字通信系统的区别是什么？

第 2 章　高频电路基础知识

△2.1　选频网络

在通信系统中，信号在传输过程中不可避免地会受到各种噪声的干扰，无论是发送设备还是接收设备，都需要把有用信号从众多无用信号和噪声中选取出来并放大，同时要抑制和滤除无用信号和噪声，这一任务是由选频网络完成的。

通常，可将选频网络分为两大类：一类是由电容和电感组成的选频网络（LC 谐振回路），另一类是集中选频滤波器（包括石英晶体滤波器、陶瓷滤波器和声表面波滤波器等）。本书重点讲授由电容和电感组成的选频网络，即LC 谐振回路。

LC 谐振回路是通信系统中最常用的无源选频网络。LC 谐振回路包括 LC 串联谐振回路和 LC 并联谐振回路。利用 LC 谐振回路的幅频特性和相频特性，不仅可以进行选频操作（如在高频小信号调谐放大电路、高频功率放大电路和正弦波振荡电路中），还可以进行信号的频幅转换和频相转换（如在斜率鉴频和相位鉴频电路中）。另外，利用电容和电感，还可以组成各种形式的 LC 阻抗变换电路。

实际的电信号大多是以某一频率为中心频率，且具有一定带宽的多频信号，因此衡量 LC 谐振回路的主要技术指标有谐振频率、通频带和选择性。

视频：2.1.1 LC 串联谐振回路

2.1.1　LC 串联谐振回路

【导学】

- LC 串联谐振回路的结构。
- LC 串联谐振回路相关参数的分析与计算。

1. 电路结构

图 2.1.1 所示为由电感、电容和外加电压源组成的 LC 串联谐振回路。其中，r 为电感的损耗电阻，电容的损耗电阻一般可以忽略，R_s 为外加电压源的内阻。

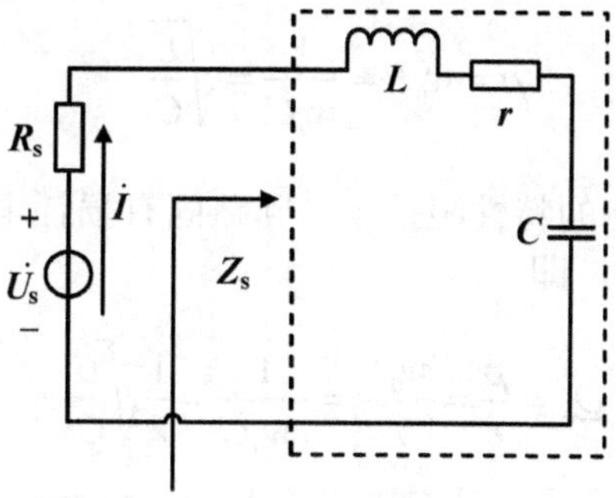

图 2.1.1　LC 串联谐振回路

2．相关参数的分析与计算

在如图 2.1.1 所示的 LC 串联谐振回路中，当信号角频率为 w 时，相关参数的分析与计算如下。

（1）LC 串联谐振回路的阻抗 Z_s 可表示为

$$Z_s = r + jwL + \frac{1}{jwC} = r + j(wL - \frac{1}{wC}) = r + jX \tag{2.1.1}$$

（2）LC 串联谐振回路的谐振条件为

$$X = wL - \frac{1}{wC} = 0 \tag{2.1.2}$$

式（2.1.2）可进一步写为 $wL = \frac{1}{wC}$ 或 $wC = \frac{1}{wL}$。因此，LC 串联谐振回路的谐振条件也可描述为，当 LC 串联谐振回路中电感的感抗与电容的容抗相等或电感的导纳与电容的导纳相等时，LC 串联谐振回路发生谐振。

（3）LC 串联谐振回路的谐振频率为

$$w_0 = \frac{1}{\sqrt{LC}} \quad 或 \quad f_0 = \frac{1}{2\pi\sqrt{LC}} \tag{2.1.3}$$

（4）当 LC 串联谐振回路发生谐振时，$X = wL - \frac{1}{wC} = 0$。此时，LC 串联谐振回路的阻抗为

$$Z_s = r + jX = r \tag{2.1.4}$$

由式（2.1.4）可知，当 LC 串联谐振回路发生谐振时，LC 串联谐振回路呈纯电阻性。此时，LC 串联谐振回路的阻抗最小。

（5）LC 串联谐振回路的品质因数。

将 LC 串联谐振回路发生谐振时的感抗或容抗称为 LC 串联谐振回路的特性阻抗，用 ρ 表示，即

$$\rho = w_0 L = \frac{1}{w_0 C} = \sqrt{\frac{L}{C}} \tag{2.1.5}$$

通常把 LC 串联谐振回路的特性阻抗 ρ 与回路固有损耗电阻 r 的比值称为 LC 串联谐振回路的品质因数，用 Q_0 表示，即

$$Q_0 = \frac{\rho}{r} = \frac{w_0 L}{r} = \frac{1}{r w_0 C} = \frac{1}{r}\sqrt{\frac{L}{C}} \tag{2.1.6}$$

视频：2.1.2 LC 并联谐振回路（空载）

2.1.2 LC 并联谐振回路（空载）

【导学】

- LC 并联谐振回路（空载）的结构。
- LC 并联谐振回路（空载）相关参数的分析与计算。

1. 电路结构

图 2.1.2 所示为由电感、电容和外加电流源组成的 LC 并联谐振回路。其中，r 为电感的损耗电阻，电容的损耗电阻一般可以忽略，R_S 为外加电流源的内阻。

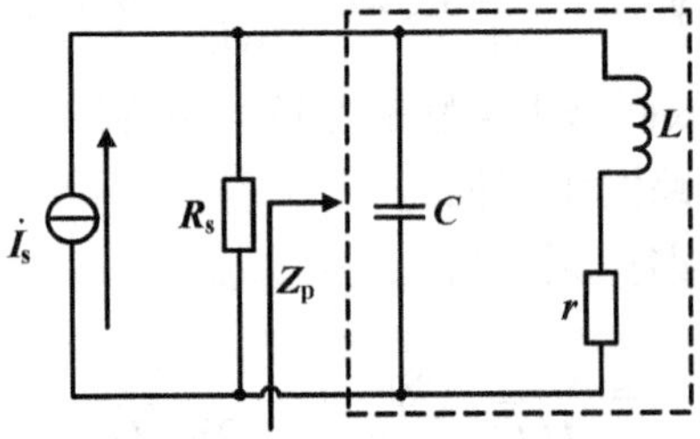

图 2.1.2　LC 并联谐振回路

2. 相关参数的分析与计算

在如图 2.1.2 所示的 LC 并联谐振回路中，当信号角频率为 w 时，相关参数的分析与计算如下。

（1）LC 并联谐振回路的阻抗 Z_p 可表示为

$$Z_p = \frac{\frac{1}{jwC}(jwL + r)}{\frac{1}{jwC} + (jwL + r)} = \frac{\frac{1}{jwC}(jwL + r)}{r + (jwL + \frac{1}{jwC})} = \frac{\frac{1}{jwC}(jwL + r)}{r + j(wL - \frac{1}{wC})} \tag{2.1.7}$$

在实际应用中，通常满足 $wL \gg r$ 的条件，因此，可将 Z_p 进一步写为

$$Z_p \approx \frac{\frac{1}{jwC} jwL}{r + j(wL - \frac{1}{wC})} = \frac{\frac{L}{C}}{r + j(wL - \frac{1}{wC})} = \frac{1}{\frac{rC}{L} + j(wC - \frac{1}{wL})} \tag{2.1.8}$$

（2）LC 并联谐振回路的导纳 Y_p 为

$$Y_p = \frac{1}{Z_p} \approx \frac{rC}{L} + j(wC - \frac{1}{wL}) = G_p + jB \tag{2.1.9}$$

其中，$G_p = \frac{rC}{L} = \frac{1}{R_p}$ 为电导；$B = wC - \frac{1}{wL}$ 为电纳。

在实际应用中，为了方便分析问题，根据式（2.1.9），可将如图 2.1.2 所示的 LC 并联谐振回路等效为如图 2.1.3 所示的等效 LC 并联谐振回路。在图 2.1.3 中，电感和电容的导纳之和即电纳 B，电阻 R_p 对应的电导即 G_p。

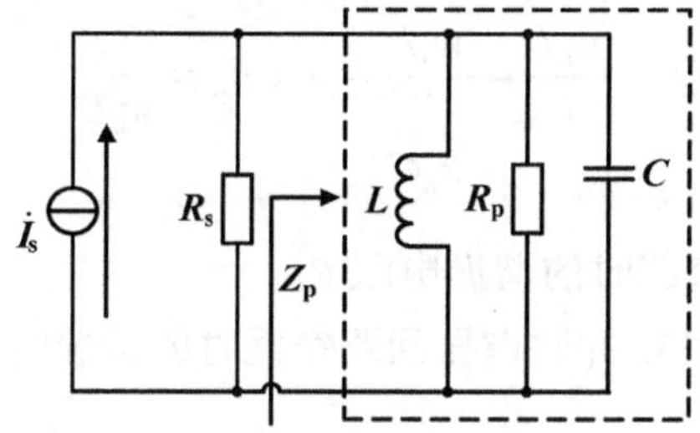

图 2.1.3　等效 LC 并联谐振回路

（3）LC 并联谐振回路的谐振条件为

$$B = wC - \frac{1}{wL} = 0 \tag{2.1.10}$$

即 $wC = \frac{1}{wL}$ 或 $wL = \frac{1}{wC}$。因此，LC 并联谐振回路的谐振条件可描述为，当 LC 并联谐振回路中电容的导纳与电感的导纳相等或电感的感抗与电容的容抗相等时，LC 并联谐振回路发生谐振。

（4）LC 并联谐振回路的谐振频率为

$$w_0 = \frac{1}{\sqrt{LC}} \text{ 或 } f_0 = \frac{1}{2\pi\sqrt{LC}} \tag{2.1.11}$$

（5）LC 并联谐振回路发生谐振时的导纳为

$$Y_p \approx G_p + jB \approx G_p = \frac{1}{R_p} \tag{2.1.12}$$

因此，LC 并联谐振回路的谐振阻抗为

$$Z_{\mathrm{p}}=\frac{1}{Y_{\mathrm{p}}}\approx\frac{L}{rC}=R_{\mathrm{p}} \tag{2.1.13}$$

R_{p} 即 LC 并联谐振回路空载时的谐振电阻。当 LC 并联谐振回路发生谐振时，LC 并联谐振回路呈纯电阻性。此时，LC 并联谐振回路的总导纳最小，总阻抗最大。

（6）LC 并联谐振回路的品质因数。

与 LC 串联谐振回路一样，对于 LC 并联谐振回路，同样可以定义其品质因数 $Q_0=\frac{w_0L}{r}$。

由式（2.1.13）可得

$$r=\frac{L}{R_{\mathrm{p}}C} \tag{2.1.14}$$

因此，LC 并联谐振回路的品质因数可进一步写为

$$Q_0=\frac{w_0L}{r}=\frac{w_0L}{\dfrac{L}{R_{\mathrm{p}}C}}=w_0CR_{\mathrm{p}}=\frac{R_{\mathrm{p}}}{w_0L} \tag{2.1.15}$$

（7）LC 并联谐振回路空载时的谐振电阻 R_{p}。

根据式（2.1.15），可将 LC 并联谐振回路空载时的谐振电阻 R_{p} 进一步写为

$$R_{\mathrm{p}}=Q_0w_0L=\frac{Q_0}{w_0C} \tag{2.1.16}$$

由以上分析可以看出，无论是 LC 并联谐振回路还是 LC 串联谐振回路，其发生谐振的条件是相同的，均为回路中所有电感的总感抗与所有电容的总容抗相等或所有电感的总导纳与所有电容的总导纳相等。发生谐振时，LC 谐振回路呈纯电阻性。

当 LC 并联谐振回路发生谐振时，总导纳最小，对应的总阻抗（LC 并联谐振回路的谐振电阻）最大；当 LC 串联谐振回路发生谐振时，总阻抗（LC 串联谐振回路的谐振电阻）最小。

视频：2.1.3 LC 谐振回路的频率特性

2.1.3　LC 谐振回路的频率特性

【导学】

- LC 谐振回路的阻抗分析。
- LC 谐振回路的频率特性分析。
- 归一化谐振曲线的分析与特性。
- 通频带的定义与计算。
- 矩形系数的定义与计算。

1．LC 谐振回路的阻抗

由如图 2.1.1 所示的 LC 串联谐振回路可以看出，LC 串联谐振回路的总阻抗可写为

$$Z_s = r + jwL + \frac{1}{jwC} = r + j(wL - \frac{1}{wC}) = r\left[1 + \frac{j(wL - \frac{1}{wC})}{r}\right]$$

$$= r\left[1 + j\frac{w_0L}{r}(\frac{wL}{w_0L} - \frac{\frac{1}{wC}}{w_0L})\right] = r\left[1 + jQ_0(\frac{wL}{w_0L} - \frac{w_0C}{wC})\right] \quad (2.1.17)$$

$$= r\left[1 + jQ_0(\frac{w}{w_0} - \frac{w_0}{w})\right]$$

由如图 2.1.3 所示的等效 LC 并联谐振回路可以看出，LC 并联谐振回路的总阻抗可写为

$$Z_p = \frac{1}{\frac{1}{jwL} + \frac{1}{R_p} + jwC} = \frac{1}{\frac{1}{R_p} + j(wC - \frac{1}{wL})} = \frac{R_p}{1 + jR_p(wC - \frac{1}{wL})}$$

$$= \frac{R_p}{1 + jR_p w_0 C(\frac{wC}{w_0C} - \frac{\frac{1}{wL}}{w_0C})} = \frac{R_p}{1 + jQ_0(\frac{wC}{w_0C} - \frac{w_0L}{wL})} = \frac{R_p}{1 + jQ_0(\frac{w}{w_0} - \frac{w_0}{w})} \quad (2.1.18)$$

在式（2.1.17）和式（2.1.18）中，w 为信号角频率，w_0 为 LC 谐振回路发生谐振时的角频率（谐振角频率），$w_0L = \frac{1}{w_0C}$。

在实际应用中，信号角频率 w 与谐振角频率 w_0 有一定的偏差，表示为 $\Delta w = w - w_0$，称为失谐。对于 LC 谐振回路，通常研究其谐振角频率 w_0 附近的频率特性，即 w 与 w_0 十分接近。

因此，在式（2.1.17）和式（2.1.18）中，有

$$\frac{w}{w_0} - \frac{w_0}{w} = \frac{w^2 - w_0{}^2}{w_0w} = \frac{(w - w_0)(w + w_0)}{w_0w} \approx \frac{\Delta w \cdot 2w}{w_0w} = \frac{2\Delta w}{w_0} = \frac{2\Delta f}{f_0} \quad (2.1.19)$$

将式（2.1.19）分别代入式（2.1.17）和式（2.1.18），可得

$$Z_s = r(1 + jQ_0\frac{2\Delta f}{f_0}) = r(1 + j\xi) = |Z_s| e^{j\varphi_s} \quad (2.1.20)$$

$$Z_{\mathrm{p}}=\frac{R_{\mathrm{p}}}{1+\mathrm{j}Q_0\dfrac{2\Delta f}{f_0}}=\frac{R_{\mathrm{p}}}{1+\mathrm{j}\xi}=\left|Z_{\mathrm{p}}\right|\mathrm{e}^{\mathrm{j}\varphi_{\mathrm{p}}} \tag{2.1.21}$$

其中，定义$\xi=Q_0\dfrac{2\Delta f}{f_0}$为广义失谐；$\left|Z_{\mathrm{s}}\right|$和$\left|Z_{\mathrm{p}}\right|$分别为 LC 串联谐振回路与 LC 并联谐振回路阻抗的模值；φ_{s}和φ_{p}分别为 LC 串联谐振回路与 LC 并联谐振回路阻抗的相角，其表达式分别为

$$\left|Z_{\mathrm{s}}\right|=r\sqrt{1+\xi^2} \tag{2.1.22}$$

$$\left|Z_{\mathrm{p}}\right|=\frac{R_{\mathrm{p}}}{\sqrt{1+\xi^2}} \tag{2.1.23}$$

$$\left|\varphi_{\mathrm{s}}\right|=\arctan\xi \tag{2.1.24}$$

$$\left|\varphi_{\mathrm{p}}\right|=-\arctan\xi \tag{2.1.25}$$

2．频率特性

前面提到，当 LC 串联谐振回路发生谐振时，回路呈纯电阻性，对应的总阻抗最小（为电感的损耗电阻 r），即回路的电流$\dot{I}_0$最大。在任意频率下，LC 串联谐振回路的电流$\dot{I}$与$\dot{I}_0$的比即 LC 串联谐振回路的频率特性，用$\dot{N}(f)$表示，也称 LC 串联谐振回路的归一化谐振函数。$\dot{N}(f)$的表达式为

$$\dot{N}(f)=\frac{\dot{I}}{\dot{I}_0}=\frac{\dfrac{\dot{U}_{\mathrm{s}}}{Z_{\mathrm{s}}}}{\dfrac{\dot{U}_{\mathrm{s}}}{r}}=\frac{r}{Z_{\mathrm{s}}}=\frac{r}{r(1+\mathrm{j}\xi)}=\frac{1}{1+\mathrm{j}Q_0\dfrac{2\Delta f}{f_0}} \tag{2.1.26}$$

同理，当 LC 并联谐振回路发生谐振时，回路呈纯电阻性，对应的总阻抗最大（最大值为R_{p}），回路两端的输出电压$\dot{U}_0$最大。在任意频率下，LC 并联谐振回路两端的输出电压$\dot{U}$与$\dot{U}_0$之比即 LC 并联谐振回路的频率特性，用$\dot{N}(f)$表示，也称 LC 并联谐振回路的归一化谐振函数。$\dot{N}(f)$的表达式为

$$\dot{N}(f)=\frac{\dot{U}}{\dot{U}_0}=\frac{\dot{I}_{\mathrm{s}}Z_{\mathrm{p}}}{\dot{I}_{\mathrm{s}}R_{\mathrm{p}}}=\frac{Z_{\mathrm{p}}}{R_{\mathrm{p}}}=\frac{\dfrac{R_{\mathrm{p}}}{1+\mathrm{j}\xi}}{R_{\mathrm{p}}}=\frac{1}{1+\mathrm{j}\xi}=\frac{1}{1+\mathrm{j}Q_0\dfrac{2\Delta f}{f_0}} \tag{2.1.27}$$

$\dot{N}(f)$的幅频特性表达式为

$$N(f)=\frac{1}{\sqrt{1+\left(Q_0\frac{2\Delta f}{f_0}\right)^2}} \tag{2.1.28}$$

3. 归一化谐振曲线

将归一化谐振函数的幅频特性对应的曲线称为归一化谐振曲线。LC 串联谐振回路和 LC 并联谐振回路的归一化谐振曲线的变化趋势是相似的，如图 2.1.4 所示。

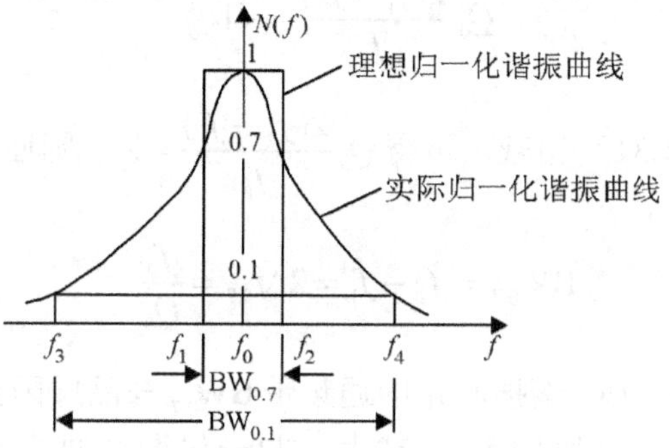

图 2.1.4　归一化谐振曲线

LC 谐振回路的理想归一化谐振曲线应为矩形，通频带内各频率点对应的幅值相等，通频带外各频率点对应的幅值为 0，即通频带内的信号能够顺利通过，通频带外的信号被滤除。

LC 谐振回路的实际归一化谐振曲线只能接近矩形而不是矩形。当 LC 谐振回路发生谐振时，$f=f_0$，$N(f)=1$，$N(f)$取值最大；实际频率 f 偏离谐振频率 f_0 越大，$N(f)$取值越小，归一化谐振曲线衰减越厉害；LC 谐振回路的品质因数 Q_0 越高，实际归一化谐振曲线越尖锐（“瘦”），回路的选择性越好。如果使有用信号的中心频率等于 LC 谐振回路的谐振频率 f_0，就能将有用的频带信号选择出来，而对各种有用信号频带以外的干扰信号进行一定的抑制。

4. 通频带

为了衡量 LC 谐振回路对不同频率信号的通过能力，定义归一化谐振曲线幅值 $N(f)\geqslant\frac{1}{\sqrt{2}}$ 时所包含的频率范围为 LC 谐振回路的通频带（又称带宽），通常用 $\text{BW}_{0.7}$ 表示。由图 2.1.4 可知，$\text{BW}_{0.7}=f_2-f_1$。

通频带的求取方法如下。

令

$$N(f)=\frac{1}{\sqrt{1+\left(Q_0\frac{2\Delta f}{f_0}\right)^2}}=\frac{1}{\sqrt{2}} \tag{2.1.29}$$

则

$$Q_0\frac{2\Delta f}{f_0}=\pm 1$$

即

$$Q_0\frac{2(f_2-f_0)}{f_0}=1 \tag{2.1.30}$$

$$Q_0\frac{2(f_1-f_0)}{f_0}=-1 \tag{2.1.31}$$

将式（2.1.30）和式（2.1.31）相减，可得 $Q_0\frac{2(f_2-f_1)}{f_0}=2$，则通频带为

$$\mathrm{BW}_{0.7}=f_2-f_1=2\Delta f_{0.7}=\frac{f_0}{Q_0} \tag{2.1.32}$$

由式（2.1.32）可知，LC 谐振回路的通频带 $\mathrm{BW}_{0.7}$ 与品质因数 Q_0 成反比，即它们是相互矛盾的两个性能指标。品质因数 Q_0 越大，归一化谐振曲线越尖锐，回路的选择性越好，但通频带越窄。在实际设计中，通频带 $\mathrm{BW}_{0.7}$ 应略大于有用信号的频带宽度。

5．矩形系数

为了衡量实际归一化谐振曲线接近理想归一化谐振曲线的程度，提出了矩形系数这个性能指标。矩形系数 $K_{0.1}$ 定义为归一化谐振函数的幅值减小为 0.1 时的频带宽度 $\mathrm{BW}_{0.1}$ 与通频带 $\mathrm{BW}_{0.7}$ 之比，即

$$K_{0.1}=\frac{\mathrm{BW}_{0.1}}{\mathrm{BW}_{0.7}} \tag{2.1.33}$$

由式（2.1.33）可知，矩形系数 $K_{0.1}$ 是一个大于或等于 1 的数，其越接近 1，对应的归一化谐振曲线越理想，回路的选择性越好。

例题 2.1.1

求 LC 并联谐振回路的矩形系数。

解：根据 $\mathrm{BW}_{0.1}$ 的定义，令归一化谐振函数为

$$N(f)=\frac{1}{\sqrt{1+\left(Q_0\frac{2\Delta f}{f_0}\right)^2}}=0.1$$

用类似求通频带的方法可得

$$\mathrm{BW}_{0.1}=f_4-f_3=2\Delta f_{0.1}=\sqrt{10^2-1}\,\frac{f_0}{Q_0}$$

由此可得 LC 并联谐振回路的矩形系数为

$$K_{0.1}=\frac{\mathrm{BW}_{0.1}}{\mathrm{BW}_{0.7}}=\sqrt{10^2-1}\approx 9.95$$

由上式可知，一个单谐振回路的矩形系数是一个定值，接近 10，说明单谐振回路的归一化谐振曲线不理想。

视频：2.1.4 LC 谐振回路（有载）

2.1.4　LC 谐振回路（有载）

【导学】

- LC 谐振回路（有载）的结构。
- LC 谐振回路（有载）相关参数的分析与计算。

1. 电路结构

实际的 LC 谐振回路总要外接信号源和负载，当考虑信号源内阻和负载电阻时，LC 谐振回路如图 2.1.5 所示。

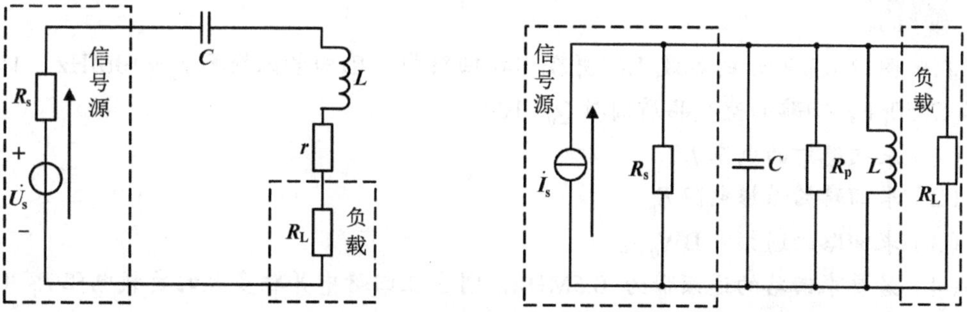

（a）LC 串联谐振回路　　（b）LC 并联谐振回路

图 2.1.5　考虑信号源内阻和负载电阻时的 LC 谐振回路

2. 相关参数的分析与计算

（1）LC 串联谐振回路。

由图 2.1.5（a）可知，当考虑信号源内阻和负载电阻时，LC 串联谐振回路的有载品质因数 Q_{sL} 为

$$Q_{sL}=\frac{w_0L}{R_s+r+R_L}=\frac{w_0L}{R_\Sigma}=\frac{1}{w_0CR_\Sigma} \tag{2.1.34}$$

此时，LC 串联谐振回路的通频带 $\mathrm{BW}_{0.7}$ 为

$$BW_{0.7}=\frac{f_0}{Q_{sL}} \tag{2.1.35}$$

当考虑信号源内阻和负载电阻时，由于LC串联谐振回路的总电阻R_Σ大于LC串联谐振回路空载时的电阻r，因此LC串联谐振回路的有载品质因数相对于其空载品质因数降低了，而对应的通频带则变宽。

（2）LC并联谐振回路。

由图2.1.5（b）可知，当考虑信号源内阻和负载电阻时，LC并联谐振回路的有载品质因数Q_{pL}为

$$Q_{pL}=\frac{R_s // R_p // R_L}{w_0 L}=\frac{R_\Sigma}{w_0 L}=w_0 C R_\Sigma \tag{2.1.36}$$

此时，LC并联谐振回路的通频带$BW_{0.7}$为

$$BW_{0.7}=\frac{f_0}{Q_{pL}} \tag{2.1.37}$$

当考虑信号源内阻和负载电阻时，由于LC并联谐振回路的总电阻R_Σ小于LC并联谐振回路空载时的电阻R_p，因此LC并联谐振回路的有载品质因数相对于其空载品质因数降低了，而对应的通频带则变宽。

例题 2.1.2

在如图2.1.3所示的等效LC并联谐振回路中，已知谐振频率$f_0=10\text{MHz}$，回路中的电容C=50pF，回路的空载品质因数Q_0=100。

（1）求回路中的电感L。

（2）求回路的谐振电阻R_p。

（3）求回路的通频带$BW_{0.7}$。

（4）若要求回路的通频带为0.5MHz，则应在回路中并联多大的负载电阻R_L（忽略信号源内阻的影响）？

解：（1）根据谐振频率表达式$f_0=\frac{1}{2\pi\sqrt{LC}}$，可得

$$L=\frac{1}{4\pi^2 f_0^2 C}$$

将$f_0=10\text{MHz}$、$C=50\text{pF}$代入，可得$L\approx 5.07\mu\text{H}$。

（2）已知空载时LC并联谐振回路的谐振电阻表达式为

$$R_p=Q_0 w_0 L=Q_p 2\pi f_0 L \quad 或 \quad R_p=\frac{Q_0}{w_0 C}=\frac{Q_0}{2\pi f_0 C}$$

将已知参数值代入，即可求得

$$R_p \approx 31.8\text{k}\Omega$$

（3）已知空载时LC并联谐振回路的通频带表达式为

$$\text{BW}_{0.7} = \frac{f_0}{Q_0}$$

将已知参数值代入，即可求得

$$\text{BW}_{0.7} = 100\text{kHz}$$

（4）若要求回路的通频带为$\text{BW}'_{0.7} = 0.5\text{MHz}$，同时LC并联谐振回路的谐振频率$f_0 = 10\text{MHz}$不变（注意：谐振频率$f_0$只受电感或电容的影响），则LC并联谐振回路只能并联带动纯电阻负载，从而导致通频带发生变化。

根据有载时的通频带表达式$\text{BW}'_{0.7} = \dfrac{f_0}{Q_{pL}}$，可求得有载品质因数为

$$Q_{pL} = \frac{f_0}{\text{BW}'_{0.7}}$$

将$\text{BW}'_{0.7} = 0.5\text{MHz}$代入，可求得有载品质因数为

$$Q_{pL} = 20$$

根据有载品质因数的表达式$Q_{pL} = \dfrac{R_\Sigma}{w_0 L}$或$Q_{pL} = R_\Sigma w_0 C$，可得

$$R_\Sigma = R_p \,//\, R_L = Q_{pL} w_0 L = Q_{pL} 2\pi f_0 L \quad 或 \quad R_\Sigma = R_p \,//\, R_L = \frac{Q_{pL}}{w_0 C} = \frac{Q_{pL}}{2\pi f_0 C}$$

将已知参数值代入，经过推导即可求出负载电阻为

$$R_L \approx 7.97\text{k}\Omega$$

例题 2.1.3

在如图2.1.6所示的LC串联谐振回路中，已知信号源的频率$f_0 = 1\text{MHz}$，忽略信号源内阻的影响，回路的空载品质因数Q_0=100，r为电感的损耗电阻。若将图2.3.6中的1-1端短路，则当电容C=100pF时，回路发生谐振；若将1-1端断开，串接一个阻抗Z_x（由电阻R_x和电容C_x串联组成），则回路失谐，但是当电容C=200pF时，回路重新发生谐振，此时回路的有载品质因数Q_{sL}=50。

（1）求回路中的电感L。

（2）求串接的电容C_x。

（3）求串接的电阻R_x。

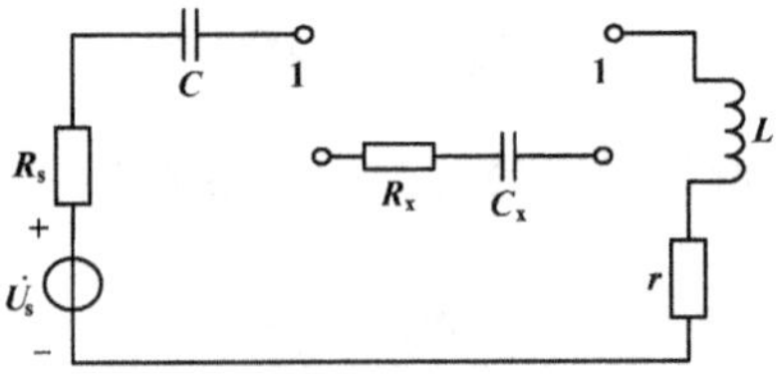

图 2.1.6　例题 2.1.3 图

解：（1）将图 2.1.6 中的 1-1 端短路，如图 2.1.7 所示。当电容 C=100pF 时，LC 串联谐振回路发生谐振。若信号源的频率 $f_0 = 1\text{MHz}$，则只有 LC 串联谐振回路发生谐振且谐振频率也为 1MHz 时，信号才能够顺利通过，因此，LC 串联谐振回路的谐振频率即信号源的频率，即 $f_0 = 1\text{MHz}$。

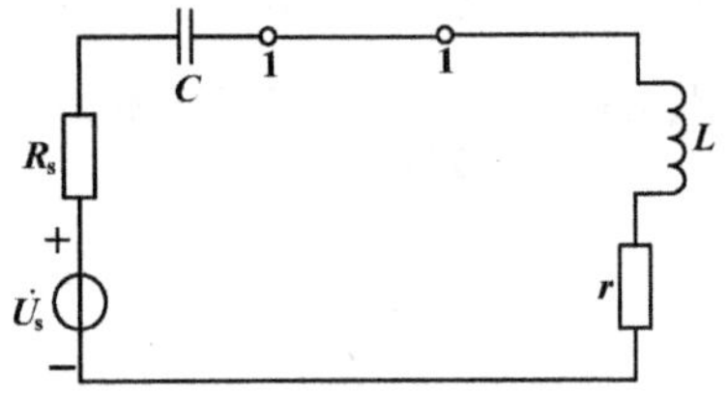

图 2.1.7　将 1-1 端短路

根据 LC 串联谐振回路的谐振频率表达式 $f_0 = \dfrac{1}{2\pi\sqrt{LC}}$，可得

$$L = \frac{1}{4\pi^2 f_0^2 C}$$

将 $f_0 = 1\text{MHz}$、$C = 100\text{pF}$ 代入，可得 $L \approx 253.6\mu\text{H}$。

（2）若将 1-1 端断开，串接一个阻抗 Z_x（由电阻 R_x 和电容 C_x 串联组成，如图 2.1.8 所示），则 LC 串联谐振回路失谐，但是当电容 C=200pF 时，回路重新发生谐振，谐振频率 $f_0 = 1\text{MHz}$，信号仍然能够顺利通过。由于 L 没有发生变化，因此 200pF 的电容和 Z_x 中的 C_x 串联后的总电容仍应为 100pF。

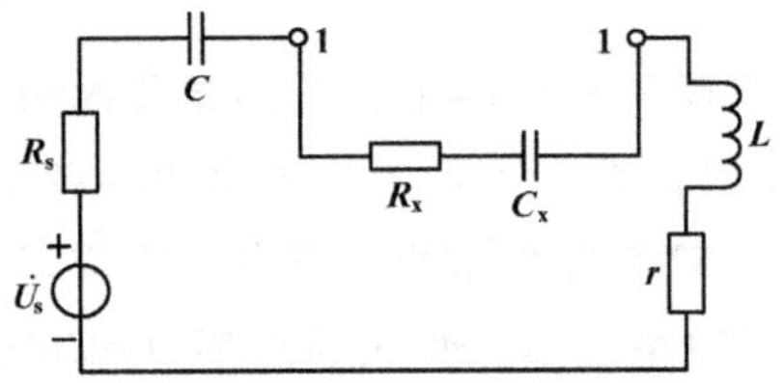

图 2.1.8　将 1-1 端断开并串接 Z_x

根据谐振频率表达式 $f_0 = \dfrac{1}{2\pi\sqrt{LC_\Sigma}}$，可得

$$C_\Sigma = \frac{1}{4\pi^2 f_0^2 L} = 100\text{pF}$$

又由于

$$C_{\Sigma} = \frac{C'C_{\mathrm{x}}}{C'+C_{\mathrm{x}}} = 100\mathrm{pF}，C' = 200\mathrm{pF}$$

因此，可求得

$$C_{\mathrm{x}} = 200\mathrm{pF}$$

（3）根据 LC 串联谐振回路空载品质因数的表达式 $Q_0 = \frac{w_0 L}{r} = \frac{2\pi f_0 L}{r}$，可得电感的损耗电阻 r 为

$$r = \frac{2\pi f_0 L}{Q_0} \approx 15.93\Omega$$

根据 LC 串联谐振回路有载品质因数的表达式 $Q_{\mathrm{sL}} = \frac{w_0 L}{r+R_{\mathrm{x}}} = \frac{2\pi f_0 L}{r+R_{\mathrm{x}}}$，可得

$$r + R_{\mathrm{x}} = \frac{2\pi f_0 L}{Q_{\mathrm{sL}}}$$

将以上两式相除，可得

$$\frac{r+R_{\mathrm{x}}}{r} = \frac{Q_0}{Q_{\mathrm{sL}}}$$

因此

$$R_{\mathrm{x}} = r(\frac{Q_0}{Q_{\mathrm{sL}}} - 1) = r \approx 15.93\Omega$$

2.1.5 LC 阻抗变换电路

【导学】

- 常用 LC 阻抗变换电路的结构。
- 接入系数的分析与计算。

在实际电路中，信号源内阻及负载电阻对 LC 谐振回路的影响较大，使 LC 谐振回路的品质因数降低（选择性变差）、通频带加宽。通常情况下，信号源内阻及负载电阻都是固定值，不能选择。那么，如何才能减小信号源内阻及负载电阻对 LC 谐振回路的影响呢？在高频电子线路中，通常采用 LC 阻抗变换电路将信号源内阻或负载电阻转换为合适的值后与 LC 谐振回路连接。下面介绍几种常用的 LC 阻抗变换电路。

1．变压器阻抗变换电路

视频：2.1.5（1）变压器阻抗变换电路

变压器阻抗变换电路如图 2.1.9（a）所示，将实际负载电阻 R_L 等效到 LC 并联谐振回路两端后的等效电阻为 R'_L，如图 2.1.9（b）所示。

（a）变压器阻抗变换电路　　（b）等效变压器阻抗变换电路

图 2.1.9　变压器阻抗变换电路及其等效电路

通常定义外接元器件的接入系数为

$$p = \frac{\text{外接元器件两端电压}}{\text{LC并联谐振回路两端电压}} \tag{2.1.38}$$

接入系数 p 的大小能够反映外接元器件对 LC 并联谐振回路的影响。

在图 2.1.9（a）中，假设初级电感线圈的匝数为 N_1，次级电感线圈的匝数为 N_2，电感线圈的损耗电阻忽略不计，则实际负载电阻 R_L 的接入系数为

$$p = \frac{U_2}{U_1} = \frac{N_2}{N_1} \tag{2.1.39}$$

根据电路等效原则，图 2.1.9（a）中 R_L 上消耗的功率与图 2.1.9（b）中 R'_L 上消耗的功率应该相等，即

$$\frac{\left(\frac{U_2}{\sqrt{2}}\right)^2}{R_L} = \frac{\left(\frac{U_1}{\sqrt{2}}\right)^2}{R'_L} \tag{2.1.40}$$

因此有

$$R'_L = \left(\frac{U_1}{U_2}\right)^2 R_L = \left(\frac{N_1}{N_2}\right)^2 R_L = \frac{1}{p^2} R_L \tag{2.1.41}$$

由以上分析可以看出，可通过调整变压器初级电感线圈与次级电感线圈的匝数之比来改变等效电阻 R'_L 的大小，从而改变实际负载电阻 R_L 对 LC 并联谐振回路的影响。

在图 2.1.9（a）中，实际负载电阻 R_L 两端的输出电压为 $\dot{U}_2$，LC 并联谐振回路两端的电压为 $\dot{U}_1$，由式（2.1.39）可得两电压幅值之间的关系式为

$$U_1 = \frac{U_2}{p} \tag{2.1.42}$$

2. 电感抽头式阻抗变换电路

视频：2.1.5（2）电感抽头式阻抗变换电路

图 2.1.10（a）所示为电感抽头式阻抗变换电路，将实际负载电阻 R_L 等效到 LC 并联谐振回路两端后的等效电阻为 R'_L，如图 2.1.10（b）所示。

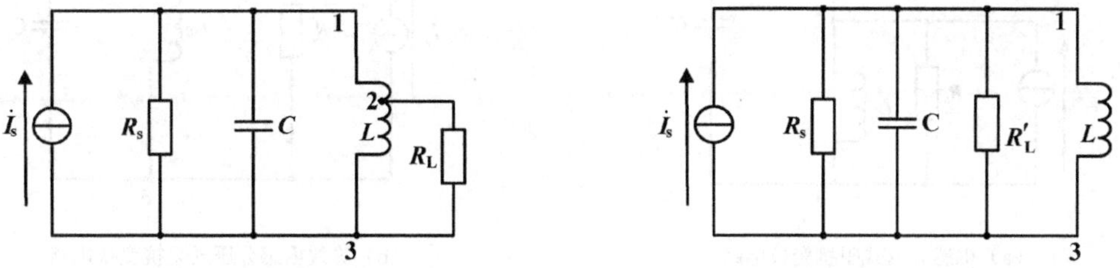

（a）电感抽头式阻抗变换电路　　（b）等效电感抽头式阻抗变换电路

图 2.1.10　电感抽头式阻抗变换电路及其等效电路

在图 2.1.10（a）中，假设端子 1 和 3 之间的线圈匝数为 N_{13}，端子 2 和 3 之间的线圈匝数为 N_{23}，电感线圈的损耗电阻忽略不计，则实际负载电阻 R_L 的接入系数为

$$p=\frac{U_{23}}{U_{13}}=\frac{N_{23}}{N_{13}} \tag{2.1.43}$$

根据电路等效原则，图 2.1.10（a）中 R_L 上消耗的功率与图 2.1.10（b）中 R'_L 上消耗的功率应该相等，即

$$\frac{\left(\frac{U_{23}}{\sqrt{2}}\right)^2}{R_L}=\frac{\left(\frac{U_{13}}{\sqrt{2}}\right)^2}{R'_L} \tag{2.1.44}$$

因此有

$$R'_L=\left(\frac{U_{13}}{U_{23}}\right)^2 R_L=\left(\frac{N_{13}}{N_{23}}\right)^2 R_L=\frac{1}{p^2}R_L \tag{2.1.45}$$

由以上分析可以看出，可通过调整线圈抽头的位置来改变部分线圈与整个线圈的匝数之比，以改变等效电阻 R'_L 的大小，从而改变实际负载电阻 R_L 对 LC 并联谐振回路的影响。

3. 电感分压式阻抗变换电路

视频：2.1.5（3）电感分压式阻抗变换电路

图 2.1.11（a）所示为电感分压式阻抗变换电路，将信号源等效到 LC 并联谐振回路两端后的等效电路如图 2.1.11（b）所示。其中，$\dot{I}'_s$ 和 R'_s 分别是等效后的电流源及其内阻，L_Σ 为总电感，电感线圈的损耗电阻忽略不计。图 2.1.11（b）中的总电感 L_Σ 为

$$L_{\Sigma}=\begin{cases}L_1+L_2 & \text{不考虑互感系数}\\ L_1+L_2\pm 2M & \text{考虑互感系数}\end{cases} \tag{2.1.46}$$

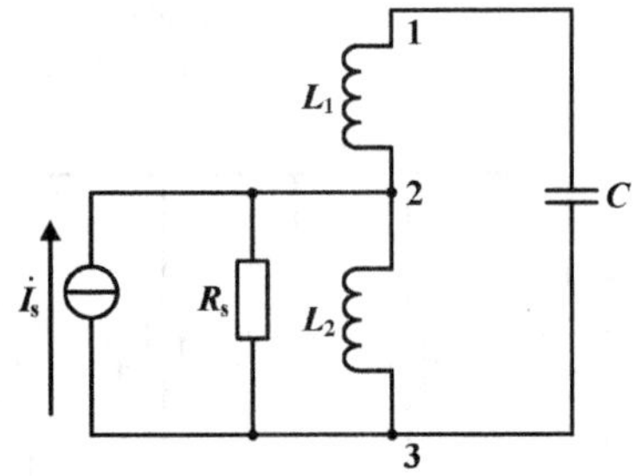

（a）电感分压式阻抗变换电路

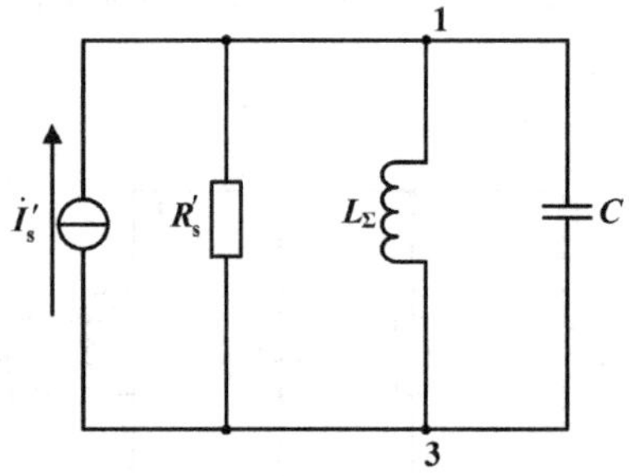

（b）等效电感分压式阻抗变换电路

图 2.1.11　电感分压式阻抗变换电路及其等效电路

当 LC 并联谐振回路发生谐振或失谐不大且外接电路分流很小（可忽略）时，对于如图 2.1.11（a）所示的电感分压式阻抗变换电路，若不考虑互感系数 M，则电流源及其内阻的接入系数可写为

$$p=\frac{U_{23}}{U_{13}}=\frac{\mathrm{j}wL_2}{\mathrm{j}w(L_1+L_2)}=\frac{L_2}{L_1+L_2} \tag{2.1.47}$$

若考虑互感系数 M，则电流源及其内阻的接入系数可写为

$$p=\frac{U_{23}}{U_{13}}=\frac{\mathrm{j}w(L_2\pm M)}{\mathrm{j}w(L_1+L_2\pm 2M)}=\frac{L_2\pm M}{L_1+L_2\pm 2M} \tag{2.1.48}$$

根据电路等效原则，等效后 LC 并联谐振回路外接元器件消耗的功率与等效前 LC 并联谐振回路外接元器件消耗的功率应该相等，从而可得到以下关系式：

$$\begin{cases}\dfrac{I_s'}{\sqrt{2}}\cdot\dfrac{U_{13}}{\sqrt{2}}=\dfrac{I_s}{\sqrt{2}}\cdot\dfrac{U_{23}}{\sqrt{2}}\\[2ex] \dfrac{\left(\dfrac{U_{13}}{\sqrt{2}}\right)^2}{R_s'}=\dfrac{\left(\dfrac{U_{23}}{\sqrt{2}}\right)^2}{R_s}\end{cases} \tag{2.1.49}$$

则

$$\begin{cases}I_s'=\left(\dfrac{U_{23}}{U_{13}}\right)I_s=pI_s\\[2ex] \dfrac{1}{R_s'}=\left(\dfrac{U_{23}}{U_{13}}\right)^2\dfrac{1}{R_s}=p^2\dfrac{1}{R_s}\end{cases}\ \text{或}\ \begin{cases}I_s'=pI_s\\ g_s'=p^2g_s\end{cases}\ \text{或}\ \begin{cases}I_s'=pI_s\\ R_s'=\dfrac{1}{p^2}R_s\end{cases} \tag{2.1.50}$$

其中，$g_s=\dfrac{1}{R_s}$；$g_s'=\dfrac{1}{R_s'}$。

由于信号源的接入系数 $p<1$，因此等效后的电流源内阻 R_s' 将增大，而其对 LC 并联谐振回路的影响则会减小。

视频：2.1.5（4）电容分压式阻抗变换电路

4．电容分压式阻抗变换电路

图 2.1.12（a）所示为电容分压式阻抗变换电路，将实际负载电阻 R_L 等效到LC并联谐振回路两端后的等效电阻为 R_L'，如图2.1.12（b）所示。其中，C_Σ 为总电容，电感线圈的损耗电阻忽略不计。

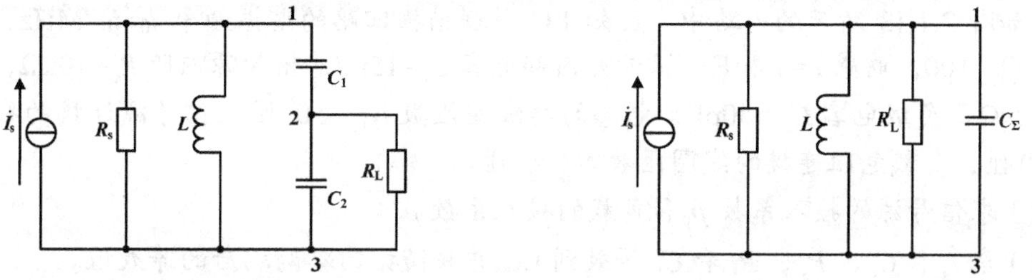

（a）电容分压式阻抗变换电路　　（b）等效电容分压式阻抗变换电路

图 2.1.12　电容分压式阻抗变换电路及其等效电路

等效后的总电容 C_Σ 为

$$C_\Sigma = \frac{C_1 C_2}{C_1 + C_2} \tag{2.1.51}$$

当 LC 并联谐振回路发生谐振或失谐不大且外接电路分流很小（可忽略）时，实际负载电阻 R_L 的接入系数可写为

$$p = \frac{U_{23}}{U_{13}} = \frac{\dfrac{1}{\mathrm{j}wC_2}}{\dfrac{1}{\mathrm{j}wC_\Sigma}} = \frac{\dfrac{1}{C_2}}{\dfrac{1}{\dfrac{C_1C_2}{C_1+C_2}}} = \frac{C_1}{C_1+C_2} \tag{2.1.52}$$

根据电路等效原则，图 2.1.12（a）中 R_L 上消耗的功率与图 2.1.12（b）中 R_L' 上消耗的功率应该相等，即

$$\frac{\left(\dfrac{U_{23}}{\sqrt{2}}\right)^2}{R_L} = \frac{\left(\dfrac{U_{13}}{\sqrt{2}}\right)^2}{R_L'} \tag{2.1.53}$$

因此有

$$R_L' = \left(\frac{U_{13}}{U_{23}}\right)^2 \quad R_L = \frac{1}{p^2} R_L \tag{2.1.54}$$

由于实际负载电阻 R_L 的接入系数 $p<1$，因此等效后的负载电阻 R_L' 将增大，而其对 LC

并联谐振回路的影响则会减小。

在图 2.1.12（a）中，实际负载电阻 R_L 两端的输出电压为 $\dot{U}_{23}$，LC 并联谐振回路两端的电压为 $\dot{U}_{13}$，由式（2.1.52）可得两电压幅值之间的关系式为

$$U_{13} = \frac{U_{23}}{p} \tag{2.1.55}$$

例题 2.1.4

在如图 2.1.13 所示的电路中，已知 LC 并联谐振回路的谐振频率 f_0=6.7MHz，空载品质因数 Q_0=100，电感 L=7.4μH，信号源内部电容 C_s=15pF，信号源内阻 R_s=10kΩ，负载电阻 R_L=2kΩ，负载电容 C_L=40pF，电感的总线圈匝数 N_{13}=50 匝，信号源连接的线圈匝数 N_{23}=10 匝，负载电阻连接的线圈匝数 N_{45}=5 匝。

（1）求信号源的接入系数 p_1 和负载的接入系数 p_2。

（2）求 $\dot{I}_s$、C_s、R_s、R_L 和 C_L 等效到 LC 并联谐振回路两端后的等效值。

（3）画出外接元器件折合到 LC 并联谐振回路两端后的等效电路。

（4）求 LC 并联谐振回路空载时的谐振导纳 g_p。

（5）求电容 C。

（6）求 LC 并联谐振回路的有载品质因数 Q_{pL}。

（7）求 LC 并联谐振回路有载时的通频带 $BW_{0.7}$。

（8）求谐振时的输出电压幅值 U_o。

（9）求谐振时负载上的输出功率 P_o。

（注意：该例题只分析计算过程，不代入数据进行具体计算。）

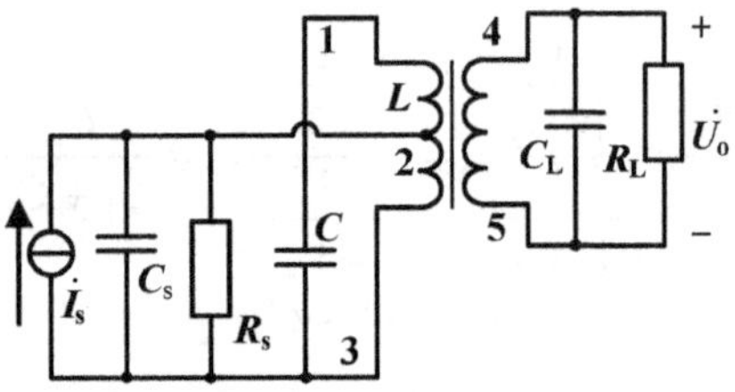

图 2.1.13　例题 2.1.4 图

解：（1）信号源的接入系数为

$$p_1 = \frac{N_{23}}{N_{13}}$$

负载的接入系数为

$$p_2 = \frac{N_{45}}{N_{13}}$$

（2）$\dot{I}_s$ 等效到 LC 并联谐振回路两端后的等效值为

$$\dot{I}_s' = p_1 \dot{I}_s$$

C_s 对应的阻抗 $\dfrac{1}{jwC_s}$ 等效到 LC 并联谐振回路两端后的等效值为

$$\frac{1}{jwC_s'}=\frac{1}{p_1^2}\cdot\frac{1}{jwC_s}$$

于是有

$$C_s'=p_1^2C_s$$

R_s 等效到 LC 并联谐振回路两端后的等效值为

$$R_s'=\frac{1}{p_1^2}R_s$$

用导纳形式表示为

$$g_s'=p_1^2g_s$$

R_L 等效到 LC 并联谐振回路两端后的等效值为

$$R_L'=\frac{1}{p_2^2}R_L$$

用导纳形式表示为

$$g_L'=p_2^2g_L$$

C_L 等效到 LC 并联谐振回路两端后的等效值为

$$C_L'=p_2^2C_L$$

（3）外接元器件折合到 LC 并联谐振回路两端后的等效电路如图 2.1.14 所示，其中，g_p 为 LC 并联谐振回路空载时的谐振导纳。

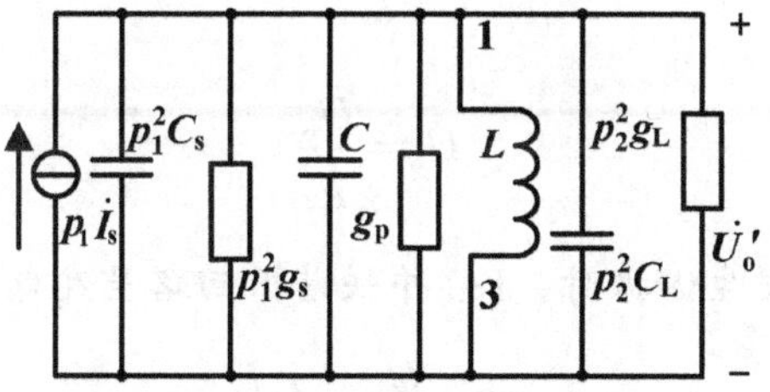

图 2.1.14　外接元器件折合后的等效电路

（4）LC 并联谐振回路空载时的谐振导纳 g_p 为

$$g_p=\frac{1}{Q_0w_0L}=\frac{1}{Q_0 2\pi f_0L}$$

（5）根据有载时 LC 并联谐振回路的谐振频率表达式

$$f_0 = \frac{1}{2\pi\sqrt{LC_\Sigma}}$$

可得回路中的总电容 C_Σ 为

$$C_\Sigma = \frac{1}{4\pi^2 f_0^2 L}$$

根据图 2.1.14 可得回路中的总电容 C_Σ 为

$$C_\Sigma = p_1^2 C_s + C + p_2^2 C_L$$

从而得

$$C = C_\Sigma - p_1^2 C_s - p_2^2 C_L$$

（6）LC 并联谐振回路的有载品质因数 Q_{pL} 为

$$Q_{pL} = \frac{R_\Sigma}{w_0 L} = \frac{1}{g_\Sigma w_0 L} = \frac{1}{g_\Sigma 2\pi f_0 L}$$

其中，$g_\Sigma = p_1^2 g_s + g_p + p_2^2 C_L$。

（7）LC 并联谐振回路有载时的通频带 $BW_{0.7}$ 为

$$BW_{0.7} = \frac{f_0}{Q_{pL}}$$

（8）根据负载的接入系数

$$p_2 = \frac{N_{45}}{N_{13}} = \frac{U_o}{U_o'}$$

可得

$$U_o' = \frac{U_o}{p_2}$$

当 LC 并联谐振回路发生谐振时，LC 并联谐振回路呈纯电阻性，因此

$$U_o' = \frac{U_o}{p_2} = \frac{p_1 I_s}{g_\Sigma}$$

输出电压幅值 U_o 为

$$U_o = \frac{p_1 p_2 I_s}{g_\Sigma}$$

（9）负载上的输出功率 P_o 为

$$p_o = \frac{\left(\frac{U_o}{\sqrt{2}}\right)^2}{R_L}$$

在例题 2.1.4 的分析与计算过程中，由于信号源和负载的接入系数 p_1 与 p_2 均小于 1，因此将信号源中的电容 C_s 和负载中的电容 C_L 折合到 LC 并联谐振回路两端的电容 C_s' 和 C_L' 均变小，$C_\Sigma = p_1^2 C_s + C + p_2^2 C_L$，可近似认为 LC 并联谐振回路的谐振频率 f_0 基本不受信号源和负载的影响。

2.2　固体滤波器

视频：2.2.1 晶体滤波器和陶瓷滤波器

2.2.1　晶体滤波器和陶瓷滤波器

【导学】

- 石英晶体的特点。
- 晶体滤波器和陶瓷滤波器的特点。

石英晶体具有压电效应。当石英晶体受到外部压力或拉的作用时，在它的某些特定表面会出现电荷，而且电荷的密度与外力的大小存在着一定的关系，这就是正压电效应；当石英晶体受到外加交流电压的作用时，在它的某些特定方向上会出现机械形变，而且外加交流电压的大小与其机械形变的大小也存在着一定的关系，这就是逆压电效应。

在石英晶体两端外加交流电压时，石英晶体将随外加交流电压的变化而产生机械振动，而机械振动又会使石英晶体表面产生交变电荷。当石英晶体的几何尺寸和结构一定时，其自身会有一个固有机械振动频率，当外加交流电压的振荡频率正好等于石英晶体的固有机械振动频率时，石英晶体的机械振动将达到最大，其表面的电荷量最多，外电路中的交流电流也最大，即产生了谐振。

某些常用的陶瓷材料（如锆钛酸铅）与石英晶体一样，也具有类似的压电效应和谐振特性。当外加交流输入电信号的振荡频率与这些陶瓷材料的固有机械振动频率一致时，就会产生谐振现象。用压电陶瓷片和石英晶体可以分别做成陶瓷滤波器与晶体滤波器。由于压电陶瓷片和石英晶体都具有谐振特性，其品质因数能够达到几百以上，因此其选择性非常好。

通信系统中常用的陶瓷滤波器是三端陶瓷滤波器，其符号如图 2.2.1 所示。其中，1 是输入端，2 是输出端，3 是公共接地端。

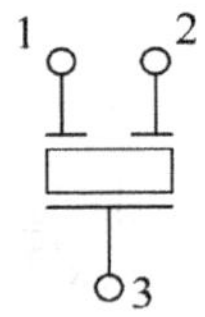

图 2.2.1　三端陶瓷滤波器的符号

陶瓷滤波器的优点是陶瓷易焙烧、耐热、耐湿、受外界影响小等，缺点是频率特性曲线难以控制、生产一致性差。陶瓷滤波器的品质因数比石英晶体的品质因数低得多，约为几百，却比 LC 谐振回路的品质因数高。由于陶瓷材料在自然界中比较丰富，因此陶瓷滤波器的价格相对比较便宜，应用非常广泛。

视频：2.2.2 声表面波滤波器

2.2.2　声表面波滤波器

【导学】

➢ 声表面波滤器的工作原理。
➢ 声表面波滤器的特点。

声表面波滤波器（Surface Acoustic Wave Filter，SAWF）是利用某些晶体（如铌酸锂、石英晶体等）的压电效应和表面波传播的物理特性制作的一种新型电-声换能器件。

图 2.2.2 给出了声表面波滤波器的结构、符号和等效电路。

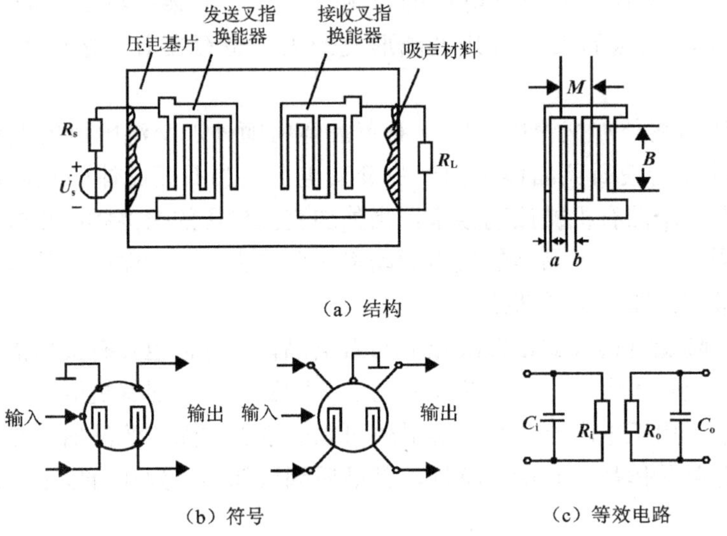

图 2.2.2　声表面波滤波器

声表面波滤波器在经过研磨、抛光的极薄的压电基片上，利用光刻、腐蚀和蒸发等工艺制作成两组叉指状电极，其中，与信号源连接的一组称为发送叉指换能器，与负载连接的一组称为接收叉指换能器。当把输入电信号加到发送叉指换能器上时，叉指对间便会产生交变电场。由于逆压电效应的作用，压电基片将发生周期性的形变（收缩或扩张），从而产生与输入信号频率相同的声波，由于这种波是沿晶体表面传播的，因此称之为声表面波。声表面波向垂直于电极的左、右两个方向传播。其中，向左传播的声表面波被涂在压电基片左端的吸声材料吸收，向右传播的声表面波由接收叉指换能器接收，由于正压电效应的作用，在叉指对间会产生电信号，并由此端输出。

声表面波滤波器的滤波特性（如中心频率、通频带和频率响应特性等）一般由叉指换能器的几何形状和尺寸决定。这些尺寸包括指条宽度 a、指条间隔 b、指条有效长度 B、周期段长 M 和叉指对数等。

声表面波滤波器具有体积小、质量轻、工作频率高（几兆赫兹至几吉赫兹）、相对带宽较宽、矩形系数接近 1 的特点。由于采用了平面加工工艺，因此声表面波滤波器制造简单、成本低、特性一致性好、设计灵活性高、利于批量生产。声表面波滤波器在通信、电视、卫星和宇航等领域得到了广泛应用。

2.3 电噪声

视频：2.3.1 电阻热噪声

△2.3.1 电阻热噪声

【导学】

- 电阻热噪声产生的原理。
- 噪声电流功率频谱密度。
- 噪声电压功率频谱密度。
- 热噪声均方值电流。
- 热噪声均方值电压。

电阻热噪声是由电阻内部自由电子的热运动产生的。自由电子在运动过程中经常会相互碰撞，其运动方向和速度都是不规则的，温度越高，自由电子的运动越剧烈，只有当温度下降到绝对零度时，自由电子才会停止运动。自由电子的这种热运动在电阻内形成非常微弱的电流，这种电流呈现杂乱起伏的状态，称为起伏噪声电流。起伏噪声电流流过电阻本身，就会在其两端产生起伏噪声电压。

由于起伏噪声电压的变化是不规则的，其瞬时振幅和瞬时相位都是随机的，因此无法计算其瞬时值。起伏噪声电压的平均值为零，它正是不规则地偏离此平均值而起伏变化的。起伏噪声电压的均方值是确定的，可以用功率计来测量。

实验发现，在整个无线电波频段内，当温度一定时，单位电阻上消耗的平均功率在单位频带内几乎是一个常数，即功率频谱密度是一个常数。对照白光内包含了所有可见光波长这一现象，人们把这种在整个无线电波频段内具有均匀频谱的起伏噪声称为白噪声。

阻值为 R 的电阻产生的噪声电流功率频谱密度为

$$S_I(f)=\frac{4kT}{R} \tag{2.3.1}$$

阻值为 R 的电阻产生的噪声电压功率频谱密度为

$$S_U(f)=4kTR \tag{2.3.2}$$

其中，k 是玻尔兹曼常数（$k \approx 1.38\times10^{-23}$ J/K）；T 是电阻温度，以热力学温度计量。

在频带宽度为 BW 内产生的热噪声均方值电流为

$$I_n^2=S_I(f)\cdot \mathrm{BW} \tag{2.3.3}$$

在频带宽度为 BW 内产生的热噪声均方值电压为

$$U_n^2=S_U(f)\cdot \mathrm{BW} \tag{2.3.4}$$

一个实际电阻可以分别用噪声电流源和噪声电压源表示，如图 2.3.1 所示。

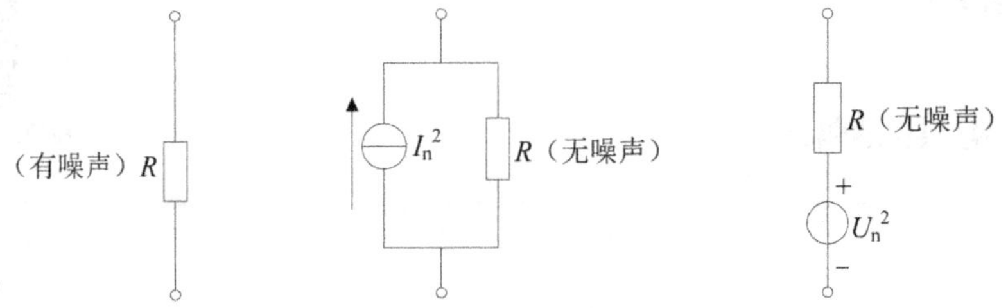

（a）实际电阻　（b）噪声电流源　（c）噪声电压源

图 2.3.1　电阻热噪声等效电路

理想电抗元器件是不会产生热噪声的，但实际电抗元器件总会有损耗电阻，这些损耗电阻将会产生热噪声。实际电感的损耗电阻一般不能忽略，而实际电容的损耗电阻一般可以忽略。

2.3.2　晶体三极管噪声

视频：2.3.2 晶体三极管噪声

【导学】

- ➢ 晶体三极管内部产生的各种噪声。
- ➢ 各种噪声产生的原理及特点。

晶体三极管噪声主要包括热噪声、散弹噪声、分配噪声和闪烁噪声。

1. 热噪声

引线电阻和晶体三极管的发射区、基区、集电区的体电阻均会产生热噪声，其中以基区体电阻 r'_{bb} 的影响为主。

2. 散弹噪声

散弹噪声是晶体三极管的主要噪声源，它是由单位时间内通过 PN 结的载流子数目随机起伏造成的。本质上，它与电阻热噪声类似，都属于具有均匀频谱的白噪声，其电流功率频谱密度为

$$S_I(f) = 2qI_0 \tag{2.3.5}$$

其中，I_0 是通过 PN 结的平均电流；q（$q = 1.602176634 \times 10^{-19}\,\mathrm{C}$）是每个载流子的电荷量。

在平均电流 $I_0 = 0$ 时，散弹噪声为零。但是对于电阻热噪声，只要不是绝对零度，它就存在，这就是散弹噪声与电阻热噪声的区别。

3. 分配噪声

在晶体三极管中，通过发射结的载流子大部分到达集电区，形成集电极电流；而小部分载流子在基区发生复合，形成基极电流。这两部分电流的分配比例是随机的，从而造成集电极电流和基极电流在静态值上下起伏变化，产生噪声，这就是分配噪声。

分配噪声实际上也是一种散弹噪声，但是它的电流功率频谱密度是随着晶体三极管的工作频率而变化的，晶体三极管的工作频率越高，分配噪声的电流功率频谱密度越大。分配噪声的电流功率频谱密度也可近似按照式（2.3.5）进行计算。

4. 闪烁噪声

由于晶体三极管表面清洁处理不好或有缺陷造成的噪声称为闪烁噪声。闪烁噪声与半导体表面少数载流子的复合有关，表现为发射极电流的起伏。

闪烁噪声的电流功率频谱密度与晶体三极管的工作频率近似成反比，因此，闪烁噪声主要在低频范围内起作用。也就是说，闪烁噪声的特点是频谱集中在几千赫兹以下的低频范围，且其电流功率频谱密度随着晶体三极管工作频率的降低而增大。晶体三极管在高频范围工作时，可以忽略其闪烁噪声。

视频：2.3.3 场效应管噪声

2.3.3 场效应管噪声

【导学】

- 场效应管噪声的主要来源。
- 沟道热噪声的电流功率频谱密度。
- 栅极漏电流产生的散弹噪声的电流功率频谱密度。

场效应管噪声主要来源于两方面：①场效应管是依靠多子在沟道中的漂移运动工作的，沟道中多子的不规则热运动会对场效应管的漏极电流产生类似电阻的热噪声，称为沟道热噪声，这是场效应管的主要噪声源；②栅极漏电流产生的散弹噪声。

场效应管在高频下工作时，可忽略闪烁噪声的影响。

沟道热噪声的电流功率频谱密度为

$$S_I(f) = 4kT\left(\frac{2}{3}g_{\mathrm{m}}\right) \tag{2.3.6}$$

其中，g_{m} 是场效应管的跨导。

栅极漏电流产生的散弹噪声的电流功率频谱密度为

$$S_I(f) = 2qI_{\mathrm{g}} \tag{2.3.7}$$

其中，I_{g} 是栅极漏电流。

视频：2.3.4 额定功率与额定功率增益

△2.3.4 额定功率与额定功率增益

【导学】

- ➢ 输入信号的额定功率。
- ➢ 电阻 R 的热噪声额定功率。
- ➢ 额定功率增益。

在分析和计算噪声问题时，利用额定功率和额定功率增益的概念可以将问题简化，物理意义也更加明确。

1. 输入信号的额定功率

输入信号的额定功率是指输入信号源可能输出的最大功率。当负载电阻 R_{L} 与信号源内阻 R_{s} 相匹配时，输入信号源的输出功率最大。

如图 2.3.2（a）所示，若输入信号源为理想电压源，电压为 $\dot{U}_{\mathrm{s}}$、信号源内阻为 R_{s}，则当负载电阻 R_{L} 与信号源内阻 R_{s} 相匹配（$R_{\mathrm{L}} = R_{\mathrm{s}}$）时，信号源的输出功率将达到最大，其额定功率为

$$P_{\mathrm{Ai}} = \frac{\left(\dfrac{U_{\mathrm{s}}}{\sqrt{2}}\right)^2}{2R_{\mathrm{s}}} = \frac{U_{\mathrm{s}}^2}{4R_{\mathrm{s}}} \tag{2.3.8}$$

如图 2.3.2（b）所示，若输入信号为理想电流源，电流为 $\dot{I}_{\mathrm{s}}$、信号源内阻为 R_{s}，则当

负载电阻 R_L 与信号源内阻 R_s 相匹配（$R_L = R_s$）时，信号源的输出功率将达到最大，其额定功率为

$$P_{Ai} = \left(\frac{I_s}{\sqrt{2}}\right)^2 \frac{R_s}{2} = \frac{I_s^2 R_s}{4} \tag{2.3.9}$$

由式（2.3.8）和式（2.3.9）可见，额定功率是表征信号源的一个参量，与其实际负载电阻 R_L 无关。

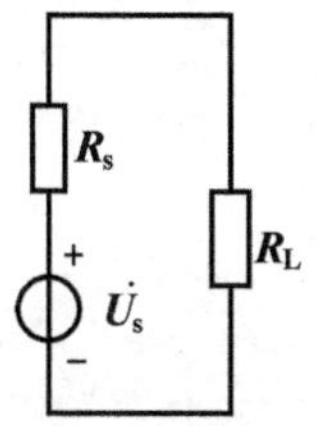

（a）输入信号源为理想电压源

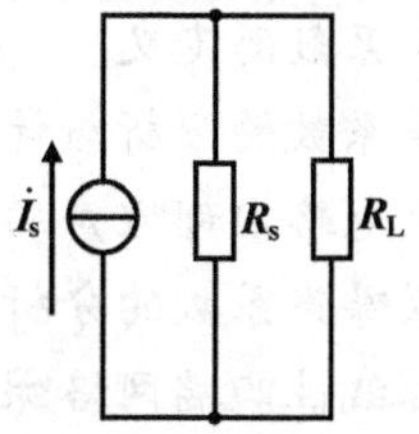

（b）输入信号源为理想电流源

图 2.3.2　输入信号源为理想信号源

2. 电阻 R 的热噪声额定功率

在图 2.3.1 中，若用额定功率表示电阻的热噪声功率，则电阻 R 的热噪声额定功率为

$$P_{nA} = \frac{U_n^2}{4R} = \frac{S_U(f)\cdot \mathrm{BW}}{4R} = \frac{4kTR\cdot \mathrm{BW}}{4R} = kT\cdot \mathrm{BW}$$

或

$$P_{nA} = \frac{I_n^2 R}{4} = \frac{S_I(f)\cdot \mathrm{BW}\cdot R}{4} = \frac{\frac{4kT}{R}\cdot \mathrm{BW}\cdot R}{4} = kT\cdot \mathrm{BW} \tag{2.3.10}$$

由式（2.3.10）可见，电阻的热噪声额定功率只与温度及通频带有关，而与其本身的阻值和负载无关（注意：实际功率与负载是有关的）。这一结论可以推广到任何无源二端网络。

3. 额定功率增益

额定功率增益 G_{PA} 是指一个线性四端网络的输出额定功率 P_{Ao} 与输入额定功率 P_{Ai} 的比值，即

$$G_{PA} = \frac{P_{Ao}}{P_{Ai}} \tag{2.3.11}$$

△2.3.5 噪声系数

视频：2.3.5 噪声系数（1）

视频：2.3.5 噪声系数（2）

【导学】

- 信噪比的定义。
- 噪声系数的定义。
- 噪声系数的分析与计算。
- 放大电路内部噪声的分析与计算。
- 级联噪声系数的分析与计算。
- 无源线性四端网络噪声系数的分析与计算。

为了使放大电路能够正常工作，除了要满足增益、通频带、选择性等性能要求，还应该对放大电路的内部噪声加以限制，通常要对放大电路的输出端提出满足一定信噪比的要求。对于其他线性四端网络，也有同样的要求。

1．信噪比的定义

所谓信噪比（Signal to Noise Ratio，SNR），就是指线性四端网络某一端口的信号功率与噪声功率之比。信噪比通常用分贝值来表示：

$$\mathrm{SNR}=10\lg\frac{P_{\mathrm{s}}}{P_{\mathrm{n}}}\,(\mathrm{dB}) \tag{2.3.12}$$

其中，P_{s}、P_{n} 分别为信号功率与噪声功率。

下面以放大电路为例来推导线性四端网络的噪声系数。

2．噪声系数的定义

如果放大电路内部不产生噪声，则当输入信号与噪声通过时，二者将得到同样的放大效果，即放大电路的输出信噪比与输入信噪比应该是相等的。但是由于实际放大电路是由晶体三极管和电阻等元器件组成的，电阻热噪声和散弹噪声构成了其内部噪声，因此，放大电路的输出信噪比总是小于其输入信噪比。为了衡量放大电路噪声性能的好坏，提出了噪声系数这一性能指标。

所谓噪声系数（Noise Figure，NF），就是指放大电路的输入信噪比与输出信噪比的比值，即

$$\mathrm{NF}=\frac{P_{\mathrm{si}}/P_{\mathrm{ni}}}{P_{\mathrm{so}}/P_{\mathrm{no}}} \tag{2.3.13}$$

上述定义可推广到所有线性四端网络。其中，P_{si} 是放大电路输入信号的功率；P_{so} 是

放大电路输出信号的功率；P_{ni} 是随输入信号一起进入放大电路的噪声功率，其大小是随机的，由于噪声系数是表征放大电路内部噪声的确定值，因此，要对 P_{ni} 进行标准化。通常规定 P_{ni} 是输入信号源内阻 R_s 的热噪声在放大电路的输入端产生的噪声功率，R_s 的温度规定为 290K，称为标准噪声温度，用 T_0 表示，相应的噪声系数称为标准噪声系数（本书中均采用标准噪声系数，以下简称噪声系数）；P_{no} 是由输入信号源内阻 R_s 的热噪声和放大电路内部噪声共同在放大电路输出端产生的总噪声功率。

由式（2.3.13）可以看出，噪声系数是一个大于或等于 1 的数，其值越接近 1，表示放大电路内部噪声性能越好。

如果用分贝值表示噪声系数，则为

$$\mathrm{NF} = 10\lg\frac{P_{si}/P_{ni}}{P_{so}/P_{no}}(\mathrm{dB}) \tag{2.3.14}$$

3．噪声系数的分析与计算

噪声系数可以写成各种不同的形式，以便于分析与计算。其中一种形式是用额定功率来代替实际功率，不用考虑实际负载的大小，仅考虑一种最佳情况。此时，噪声系数可表示为

$$\mathrm{NF} = \frac{P_{sAi}/P_{nAi}}{P_{sAo}/P_{nAo}} = \frac{1}{G_{PA}}\cdot\frac{P_{nAo}}{P_{nAi}} \tag{2.3.15}$$

其中，P_{sAi} 是放大电路输入信号的额定功率；P_{sAo} 是放大电路输出信号的额定功率；G_{PA} 是放大电路的额定功率增益，其计算表达式为 $G_{PA}=\dfrac{P_{sAo}}{P_{sAi}}$；$P_{nAi}$ 是由输入信号源内阻 R_s（R_s 的温度为标准噪声温度）的热噪声在放大电路的输入端产生的噪声的额定功率，表示为 $P_{nAi}=kT_0\cdot\mathrm{BW}$；$P_{nAo}$ 是放大电路输出端产生的总噪声额定功率，表示为 $P_{nAo}=G_{PA}P_{nAi}+P_{nAn}$（$P_{nAn}$ 是放大电路内部噪声额定功率）。

将 $P_{nAo}=G_{PA}P_{nAi}+P_{nAn}$ 代入式（2.3.15），噪声系数可进一步写为

$$\mathrm{NF} = \frac{G_{PA}P_{nAi}+P_{nAn}}{G_{PA}P_{nAi}} = 1+\frac{P_{nAn}}{G_{PA}P_{nAi}} \tag{2.3.16}$$

4．放大电路的内部噪声

由式（2.3.16）可得放大电路内部噪声额定功率 P_{nAn} 的表达式：

$$P_{nAn} = (\mathrm{NF}-1)G_{PA}P_{nAi} \tag{2.3.17}$$

由式（2.3.17）可以看出，当 NF=1 时，P_{nAn}=0，这也进一步说明噪声系数是衡量放大电路内部噪声性能的参数。

5．级联噪声系数

下面先考虑两级放大电路。设第一级、第二级放大电路的噪声系数分别为 NF_1、NF_2，额定功率增益分别为 G_{PA1}、G_{PA2}，且两级放大电路的通频带相同。此时，两级放大

电路的总输出噪声额定功率 P_{nAo} 由 3 部分组成，表示为

$$P_{\text{nAo}} = G_{\text{PA1}}G_{\text{PA2}}P_{\text{nAi}} + G_{\text{PA2}}P_{\text{nAn1}} + P_{\text{nAn2}} \tag{2.3.18}$$

其中，P_{nAn1} 和 P_{nAn2} 分别是第一级放大电路与第二级放大电路的内部噪声额定功率。

由式（2.3.17）可分别写出 P_{nAn1} 和 P_{nAn2} 的表达式

$$P_{\text{nAn1}} = (\text{NF}_1 - 1)G_{\text{PA1}}P_{\text{nAi}} \tag{2.3.19}$$

$$P_{\text{nAn2}} = (\text{NF}_2 - 1)G_{\text{PA2}}P_{\text{nAi}} \tag{2.3.20}$$

将式（2.3.19）和式（2.3.20）代入式（2.3.18），可得

$$P_{\text{nAo}} = G_{\text{PA1}}G_{\text{PA2}}P_{\text{nAi}} + G_{\text{PA2}}(\text{NF}_1 - 1)G_{\text{PA1}}P_{\text{nAi}} + (\text{NF}_2 - 1)G_{\text{PA2}}P_{\text{nAi}} \tag{2.3.21}$$

将式（2.3.21）代入式（2.3.15），化简可得两级放大电路的噪声系数

$$\text{NF} = \text{NF}_1 + \frac{\text{NF}_2 - 1}{G_{\text{PA1}}} \tag{2.3.22}$$

注意：对于两级放大电路，式（2.3.15）中的 G_{PA} 为两级放大电路的总增益，即 $G_{\text{PA}} = G_{\text{PA1}}G_{\text{PA2}}$。

对于 n 级放大电路，可将其前 n−1 级放大电路看作第一级放大电路，第 n 级放大电路看作第二级放大电路，利用式（2.3.22），可推导出 n 级放大电路的总噪声系数为

$$\text{NF} = \text{NF}_1 + \frac{\text{NF}_2 - 1}{G_{\text{PA1}}} + \frac{\text{NF}_3 - 1}{G_{\text{PA1}}G_{\text{PA2}}} + \cdots + \frac{\text{NF}_n - 1}{G_{\text{PA1}}G_{\text{PA2}}\cdots G_{\text{PA}(n-1)}} \tag{2.3.23}$$

由式（2.3.23）可知，在多级放大电路中，各级放大电路的噪声系数对多级放大电路的噪声系数的影响是不同的，前级放大电路的影响比后级放大电路的影响大；此外，多级放大电路的总噪声系数还与各级放大电路的额定功率增益有关。因此，为了减小多级放大电路的总噪声系数，必须减小前级放大电路（特别是第一级放大电路）的噪声系数，并增大前级放大电路（特别是第一级放大电路）的额定功率增益。

6. 无源线性四端网络的噪声系数

虽然无源线性四端网络内部不包含有源器件，但是总会存在耗能电阻，因此，从噪声角度来说，可以将其等效为一个电阻网络。电阻的热噪声额定功率与其值无关，因此，无源线性四端网络的输入噪声额定功率 P_{nAi} 与输出噪声额定功率 P_{nAo} 相同，均为 $kT{\cdot}\text{BW}$，将其代入式（2.3.15），可得无源线性四端网络的噪声系数为

$$\text{NF} = \frac{1}{G_{\text{PA}}} \tag{2.3.24}$$

例题 2.3.1

某接收机由高频小信号放大电路、混频电路和中频放大电路三级电路组成。已知高频小

信号放大电路的噪声系数 $NF_1=2$；混频电路的额定功率增益 $G_{PA2}=0.2$，噪声系数 $NF_2=10$；中频放大电路的噪声系数 $NF_3=4$。若要求加入高频小信号放大电路后，整个接收机的总噪声系数减小为加入前的 $\frac{1}{10}$，则高频小信号放大电路的额定功率增益 G_{PA1} 为多大？

解：由混频电路和中频放大电路组成的两级电路的总噪声系数为

$$NF' = NF_2 + \frac{NF_3 - 1}{G_{PA2}} = 10 + \frac{4-1}{0.2} = 25$$

由此可得高频小信号放大电路、混频电路和中频放大电路组成的三级电路的总噪声系数为

$$NF = \frac{1}{10}NF' = 2.5 = NF_1 + \frac{NF_2 - 1}{G_{PA1}} + \frac{NF_3 - 1}{G_{PA1}G_{PA2}}$$

因此，可求得高频小信号放大电路的额定功率增益为

$$G_{PA1} = 48$$

视频：2.3.6 等效输入噪声温度

△2.3.6　等效输入噪声温度

【导学】

➢ 等效输入噪声温度的定义。
➢ 等效输入噪声温度与噪声系数的关系。

1．等效输入噪声温度的定义

除了噪声系数，等效输入噪声温度 T_e（简称噪声温度）也是衡量线性四端网络噪声性能的一个参数。

噪声温度 T_e 就是将实际线性四端网络的内部噪声看作理想无噪声线性四端网络输入端信号源内阻 R_s 在温度 T_e 下产生的热噪声。此时，R_s 的温度为 T_0+T_e，其中，T_0 为标准噪声温度。

2．噪声温度与噪声系数的关系

噪声温度与噪声系数的等效关系如图 2.3.3 所示。

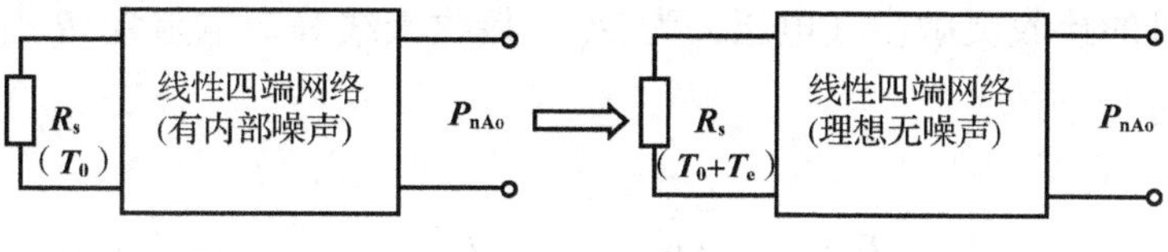

(a)　　　　(b)

图 2.3.3　噪声温度与噪声系数的等效关系

在图 2.3.3（a）中，线性四端网络（有内部噪声）输出端噪声额定功率的表达式为

$$\begin{aligned} P_{\text{nAo}} &= G_{\text{PA}}P_{\text{nAi}} + P_{\text{nAn}} = G_{\text{PA}}P_{\text{nAi}} + (\text{NF}-1)G_{\text{PA}}P_{\text{nAi}} \\ &= \text{NF}\cdot G_{\text{PA}}P_{\text{nAi}} = \text{NF}\cdot G_{\text{PA}}kT_0\cdot \text{BW} \end{aligned} \tag{2.3.25}$$

在图 2.3.3（b）中，线性四端网络（理想无噪声）输出端噪声额定功率的表达式为

$$P_{\text{nAo}} = k(T_0 + T_{\text{e}})\cdot \text{BW}\cdot G_{\text{PA}} \tag{2.3.26}$$

由于图 2.3.3（a）和图 2.3.3（b）是等效关系，因此，式（2.3.25）和式（2.3.26）是相等的，从而可推出噪声温度 T_{e} 与噪声系数 NF 的关系表达式：

$$T_{\text{e}} = (\text{NF}-1)T_0 \quad 或 \quad \text{NF} = 1 + \frac{T_{\text{e}}}{T_0} \tag{2.3.27}$$

由式（2.3.27）可知，噪声温度 T_{e} 越大，线性四端网络的噪声性能越差。理想无噪声线性四端网络的噪声温度 T_{e} 为零。

噪声温度 T_{e} 通常用于低噪声接收系统中，其特点是能够把噪声系数的尺度放大，便于比较。例如，当低噪声高频小信号放大电路的噪声温度 T_{e} 为 25K 时，对应的噪声系数为 1.0862；当混频电路的噪声温度 T_{e} 为 28K 时，对应的噪声系数为 1.0966。可见，在低噪声情况下，采用噪声温度比采用噪声系数更容易显示出不同电路的噪声性能的差别。

视频：2.3.7 接收灵敏度

△2.3.7 接收灵敏度

【导学】

- 接收灵敏度的定义。
- 接收灵敏度的计算。

1. 接收灵敏度的定义

所谓接收灵敏度，就是指接收机在正常工作时，其输入端必须得到的最小电压或功率。显然，接收灵敏度越高，接收机越能够收到更小的信号。

2. 接收灵敏度的计算

假设接收机的接收灵敏度（电压）为 U_{A}，接收天线等效电阻为 R，则接收机输入端的额定信噪比为

$$\frac{P_{\text{sAi}}}{P_{\text{nAi}}} = \frac{\dfrac{U_{\text{A}}^2}{4R}}{kT_0\cdot \text{BW}} = \frac{U_{\text{A}}^2}{4RkT_0\cdot \text{BW}} \tag{2.3.28}$$

假设接收机正常工作时输出端的额定信噪比 $D=\dfrac{P_{\mathrm{sAo}}}{P_{\mathrm{nAo}}}$，则接收机的噪声系数为

$$\mathrm{NF}=\frac{P_{\mathrm{sAi}}/P_{\mathrm{nAi}}}{P_{\mathrm{sAo}}/P_{\mathrm{nAo}}}=\frac{U_{\mathrm{A}}^{2}}{4RkT_{0}\cdot\mathrm{BW}\cdot D} \tag{2.3.29}$$

由式（2.3.29）可推出接收机的接收灵敏度（电压）为

$$U_{\mathrm{A}}=\sqrt{4RkT_{0}\cdot\mathrm{BW}\cdot D\cdot\mathrm{NF}} \tag{2.3.30}$$

一般情况下，取 D=1，此时接收机的灵敏度（电压）U_{A} 主要取决于接收机的噪声系数 NF，NF 越小，U_{A} 越小，接收机的灵敏度越高。

本章小结

1．选频网络的作用就是把有用信号从众多无用信号和噪声中选取出来并放大，同时要抑制和滤除无用信号和噪声。通常，可将选频网络分为两大类：一类是由电容和电感组成的选频网络（LC 谐振回路），另一类是集中选频滤波器（包括石英晶体滤波器、陶瓷滤波器和声表面波滤波器等）。

2．LC 谐振回路是通信系统中最常用的无源选频网络。利用 LC 谐振回路的幅频特性和相频特性，不仅可以进行选频操作，还可以进行信号的频幅转换和频相转换。LC 谐振回路包括 LC 串联谐振回路和 LC 并联谐振回路。LC 谐振回路选频性能的好坏可通过其通频带和选择性这两个相互矛盾的指标来衡量，而矩形系数则是综合说明这两个指标的一个参数。通过矩形系数，可以衡量 LC 谐振回路的归一化谐振曲线接近理想归一化谐振曲线的程度，矩形系数越小，LC 谐振回路的归一化谐振曲线越理想。

3．利用电容和电感，还可以组成各种形式的 LC 阻抗变换电路。LC 阻抗变换电路可以实现信号源内阻或负载的阻抗变换，减小信号源内阻或负载对 LC 谐振回路参数的影响，这对于增大放大电路的增益和改善选频特性都是非常重要的。

4．放大电路的内部噪声对信号的接收和处理都会产生严重的干扰。放大电路的内部噪声主要包括电阻热噪声、晶体三极管噪声和场效应管噪声。为了使放大电路能够正常工作，除了要满足增益、通频带、选择性等性能要求，还应该对放大电路的内部噪声加以限制。噪声系数是衡量放大电路及所有线性二端口网络噪声性能的一个重要指标。在多级放大电路中，减小前级（特别是第一级）放大电路的噪声系数，增大前级（特别是第一级）放大电路的额定功率增益是减小多级放大电路总噪声系数的重要措施。在低噪声情况下，采用噪声温度比采用噪声系数更容易显示出不同电路噪声性能的差别。接收机的灵敏度主要取决于接收机的噪声系数，噪声系数越小，接收机的灵敏度越高。

习　题

2.1 LC 并联谐振回路和 LC 串联谐振回路发生谐振的条件分别是什么？发生谐振时，LC 并联谐振回路和 LC 串联谐振回路的特性分别是什么？

2.2 LC 阻抗变换电路的作用是什么？

2.3 什么是噪声系数？什么是噪声温度？二者的关系是怎样的？

2.4 什么是接收灵敏度？

2.5 在习题 2.5 图所示的电路中，已知 $L_1 = 1\mu H$，$L_2 = 2\mu H$，$C_1 = C_2 = 30pF$，$C_s = 5pF$，$R_s = 10k\Omega$，$R_L = 5k\Omega$，空载品质因数 $Q_0 = 100$。

（1）求 C_s、R_s 的接入系数 p_1 和 R_L 的接入系数 p_2。

（2）求分别将 C_s、R_s 和 R_L 等效到 LC 并联谐振回路两端后的等效值。

（3）求 LC 并联谐振回路空载时的谐振频率 f_0。

（4）求 LC 并联谐振回路空载时的谐振电阻 R_P。

（5）求 LC 并联谐振回路有载时的谐振频率 f_0'。

（6）求 LC 并联谐振回路的有载品质因数 Q_L。

（7）求 LC 并联谐振回路有载时的通频带 $BW_{0.7}$。

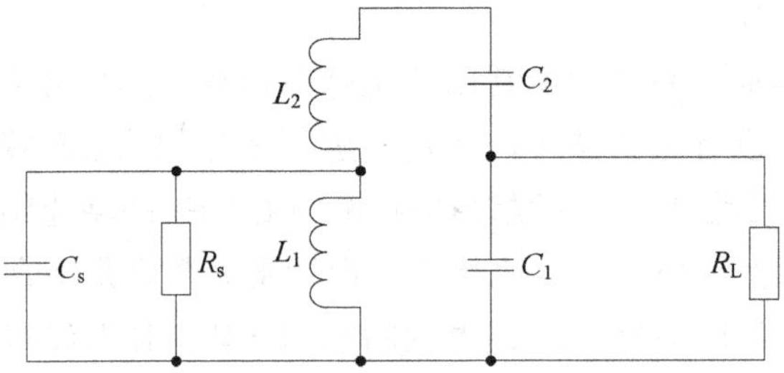

习题 2.5 图

第 3 章　高频小信号调谐放大器

在通信系统中，发射机发送的信号在信道传输过程中衰减很大，并且在同一信道中可能同时存在许多偏离有用信号频率的干扰信号，这就需要一个既有足够的放大增益，又有选频作用的放大器——高频小信号调谐放大器。

所谓小信号，就是指输入信号的幅值很小。高频小信号调谐放大器是采用谐振回路作为负载的高频小信号放大器。根据谐振回路的特性，高频小信号调谐放大器对于靠近谐振频率的信号有较大的增益；对于远离谐振频率的信号，增益迅速减小。因此，高频小信号调谐放大器不仅有放大作用，还有选频作用。

对于高频小信号调谐放大器，由于其输入信号较小，可认为其工作在晶体三极管的线性范围内，因此可以把晶体三极管视为线性元器件，利用晶体三极管的高频小信号线性模型进行分析。晶体三极管的 Y 参数等效电路是分析高频小信号调谐放大电路的重要工具。

^Δ^3.1　晶体三极管的 Y 参数等效电路

视频：3.1 晶体三极管的 Y 参数等效电路

【导学】

- 晶体三极管的 Y 参数方程及方程中各参数的物理意义。
- 简化后的晶体三极管 Y 参数等效电路。
- 用直角坐标形式、极坐标形式表示的 Y 参数及等效电路。

1．具体的晶体三极管的 Y 参数等效电路

现以共射接法的晶体三极管为例，将其看作一个二端口网络，如图 3.1.1（a）所示，其 Y 参数等效电路如图 3.1.1（b）所示。

在图 3.1.1（b）中，y_{ie} 为晶体三极管的输入导纳，y_{oe} 为晶体三极管的输出导纳；受控电流源 $y_{re}\dot{U}_{ce}$ 表示输出电压对输入电流的控制作用（反向控制），$y_{fe}\dot{U}_{be}$ 表示输入电压对输出电流的控制作用（正向控制）；y_{fe} 为正向传输导纳，y_{fe} 越大，表示晶体三极管的放大能力越强；y_{re} 为反向传输导纳，y_{re} 越大，表示晶体三极管的内部反馈越强。

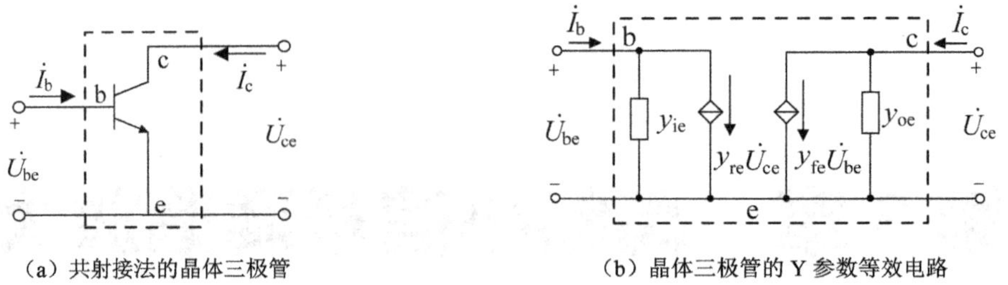

图 3.1.1　共射接法的晶体三极管及其 Y 参数等效电路

在图 3.1.1（b）中，晶体三极管的 Y 参数方程可写为

$$\begin{cases}\dot{I}_b = y_{ie}\dot{U}_{be} + y_{re}\dot{U}_{ce} \\ \dot{I}_c = y_{fe}\dot{U}_{be} + y_{oe}\dot{U}_{ce}\end{cases} \tag{3.1.1}$$

其中，输入导纳 $y_{ie} = \left.\dfrac{\dot{I}_b}{\dot{U}_{be}}\right|_{\dot{U}_{ce}=0}$；反向传输导纳 $y_{re} = \left.\dfrac{\dot{I}_b}{\dot{U}_{ce}}\right|_{\dot{U}_{be}=0}$；正向传输导纳 $y_{fe} = \left.\dfrac{\dot{I}_c}{\dot{U}_{be}}\right|_{\dot{U}_{ce}=0}$；输出导纳 $y_{oe} = \left.\dfrac{\dot{I}_c}{\dot{U}_{ce}}\right|_{\dot{U}_{bc}=0}$。

晶体三极管的 Y 参数可以通过测量得到。根据 Y 参数方程，分别使输出端或输入端交流短路，在另一端加上直流偏压和交流测试信号，测量输入端或输出端的交流电压与交流电流的振幅和相位，将这些测量值代入式（3.1.1），就可求得 4 个导纳参数。因此，Y 参数又称短路导纳参数。通过查阅晶体三极管手册，也可得到各种型号晶体三极管的 Y 参数。

2．简化后的晶体三极管 Y 参数等效电路

反向传输导纳 y_{re} 的存在给实际工作带来很大的危害，是引起高频小信号调谐放大器产生自激振荡的根源，同时使分析过程变得复杂，因此，应尽可能使 y_{re} 减小或削弱它的影响。一般情况下，y_{re} 的值很小，理想情况下，$y_{re}=0$。

在实际应用中，为了简化问题的分析，通常可以忽略 y_{re}，简化后的晶体三极管 Y 参数等效电路如图 3.1.2 所示。

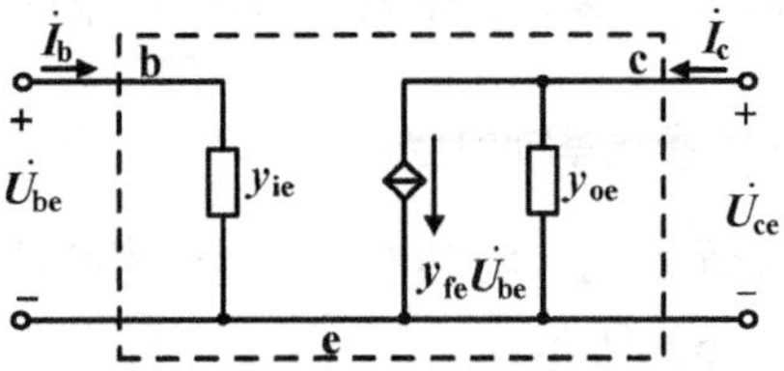

图 3.1.2　简化后的晶体三极管 Y 参数等效电路

3．用直角坐标形式、极坐标形式表示的 Y 参数及等效电路

为了分析方便，在晶体三极管 Y 参数中，输入导纳和输出导纳通常可写成用电导与电

容表示的直角坐标形式，而正向传输导纳和反向传输导纳则通常可写成极坐标形式，即

$$y_{ie}=g_{ie}+jwC_{ie},\ y_{oe}=g_{oe}+jwC_{oe},\ y_{fe}=|y_{fe}|e^{j\varphi_{fe}},\ y_{re}=|y_{re}|e^{j\varphi_{re}} \tag{3.1.2}$$

其中，g_{ie} 和 g_{oe} 分别为输入电导与输出电导；C_{ie} 和 C_{oe} 分别为输入电容与输出电容；$|y_{fe}|$ 和 $|y_{re}|$ 分别为正向传输导纳与反向传输导纳的模值；φ_{fe} 和 φ_{re} 分别为正向传输导纳与反向传输导纳的相角。

用 g_{ie}、g_{oe}、C_{ie} 和 C_{oe} 表示的 Y 参数等效电路如图 3.1.3 所示。

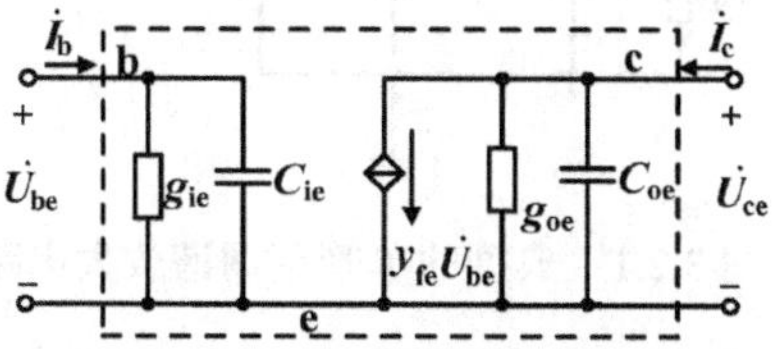

图 3.1.3　用 g_{ie}、g_{oe}、C_{ie} 和 C_{oe} 表示的 Y 参数等效电路

△3.2　单管单调谐放大电路

视频：3.2.1　单管单调谐放大电路的结构

3.2.1　单管单调谐放大电路的结构

【导学】

➢ 单管单调谐放大电路的组成及作用。
➢ 典型的单管单调谐放大电路的结构及其各组成部分的作用。

1．单管单调谐放大电路的组成及作用

单管单调谐放大电路通常由两大部分组成：单管放大电路（甲类状态）和选频网络。其中，选频网络通常选用 LC 并联谐振回路。单管单调谐放大电路能够实现信号的选频、放大及传输。

2．典型的单管单调谐放大电路的结构及其各组成部分的作用

图 3.2.1 所示为典型的单管单调谐放大电路。

在图 3.2.1 中，各组成部分的作用如下。

- 晶体三极管 VT 是放大电路的核心器件，起放大作用。
- 大电容 C_b 与 C_e 是旁路电容，分别与电阻 R_{b2} 和 R_e 组成旁路结构。
- LC 并联谐振回路的作用有 3 个：作为晶体三极管的集电极负载、阻抗变换和选频（其谐振频率应调谐在有用输入信号的中心频率上）。
- 电容 C 是可调的，通过调整其大小，可调整 LC 并联谐振回路的谐振频率，从而可

灵活选择不同频率的输入信号进行放大。

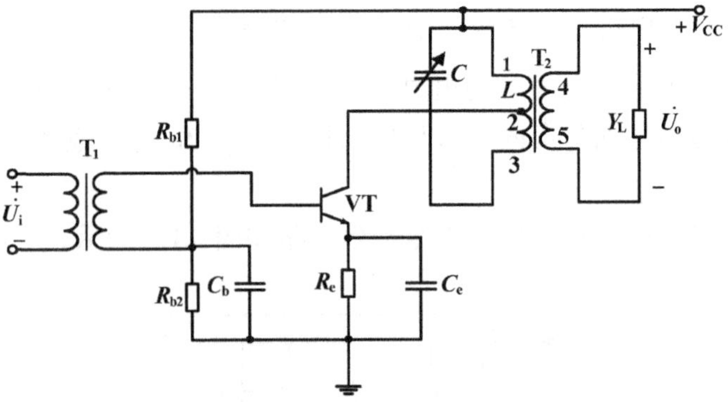

图 3.2.1　典型的单管单调谐放大电路

- 晶体三极管与 LC 并联谐振回路采用自耦变压器耦合方式连接，通过这种耦合方式，可减小晶体三极管输出导纳对 LC 并联谐振回路的影响。
- 输入信号与晶体三极管采用变压器耦合方式连接，可通过调整变压器的主、次线圈匝数之比来灵活调整单管单调谐放大电路获取的实际输入信号的大小。
- 负载（或下一级放大电路）与 LC 并联谐振回路采用变压器耦合方式连接，通过这种耦合方式，既可减小负载对 LC 并联谐振回路的影响，又可使前后级的直流供电电路分开，也比较容易实现前后级之间的阻抗匹配。

3.2.2　单管单调谐放大电路的静态和动态分析

【导学】

- ➢ 单管单调谐放大电路的直流通路与静态工作点的估算。
- ➢ 单管单调谐放大电路的交流通路。
- ➢ 单管单调谐放大电路的 Y 参数等效电路。
- ➢ 单管单调谐放大电路相关参数的分析与计算。

1. 静态分析

视频：3.2.2（1）单管单调谐放大电路的静态分析

（1）直流通路。

对于如图 3.2.1 所示的单管单调谐放大电路，在画其直流通路时，可将大电容 C_b 与 C_e 看作近似断路；变压器 T_1 不起作用，其次线圈相当于一根导线，导致左边的交流信号源不起作用；变压器 T_2 不起作用，其主线圈（电感 L）相当于一根导线，导致负载不再起作用，电容 C 也不再起作用。图 3.2.1 所示的单管单调谐放大电路的直流通路如图 3.2.2 所示。

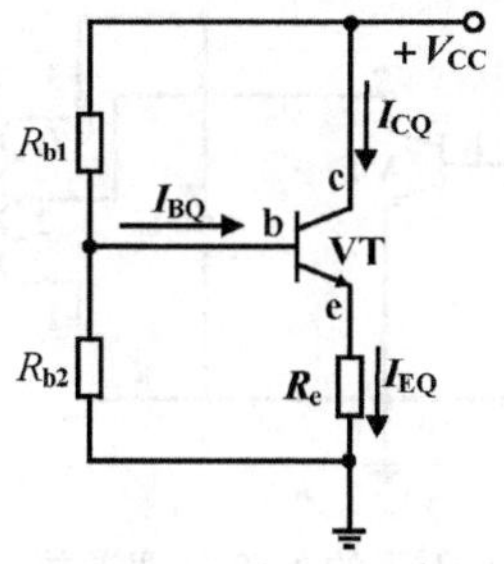

图 3.2.2　图 3.2.1 所示的单管单调谐放大电路的直流通路

（2）静态工作点的估算。

基极到地的电位为

$$U_{BQ} \approx \frac{R_{b2}}{R_{b1} + R_{b2}} V_{CC} \tag{3.2.1}$$

发射极电流为

$$I_{EQ} = \frac{U_{BQ} - U_{BEQ}}{R_e} \tag{3.2.2}$$

基极电流为

$$I_{BQ} \approx \frac{I_{EQ}}{(1+\beta)} \tag{3.2.3}$$

集电极电流为

$$I_{CQ} \approx \beta I_{BQ} \tag{3.2.4}$$

集电极与发射极之间的压差为

$$U_{CEQ} = V_{CC} - I_{EQ} R_e \tag{3.2.5}$$

掌握放大电路的静态分析是十分重要的。若静态工作点设置不当，则往往会引起高频放大电路出现故障。

2．动态分析

（1）交流通路。

对于如图 3.2.1 所示的单管单调谐放大电路，在画其交流通路时，变压器 T_1 和 T_2 均起作用；C_b 与 R_{b2} 组成的旁路结构起到短路的作用；V_{CC} 在交流通路中起到短路接地的作用，从而导致电阻 R_{b1} 的上下端在交流通路中均接地，电阻 R_{b1} 上的压差为 0，因此 R_{b1} 不再起作用，相当于一根导线；C_e 与 R_e 组成的旁路结构起到短路的作用，导致晶体三极管的发射极接地；LC 并联谐振回路起作用，晶体三极管与 LC 并联谐振回路采用自耦变压器耦合方式连接；负载起作用，与 LC 并联谐振回路采用变压器耦合方式连接。图 3.2.1 所示的单管单调谐放大电路的交流通路如图 3.2.3 所示。

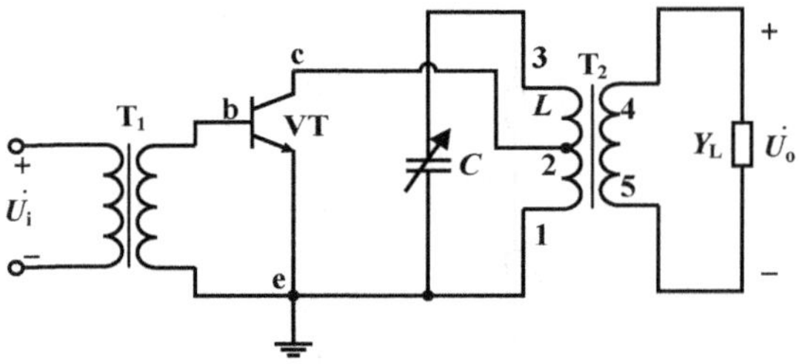

图 3.2.3　图 3.2.1 所示的单管单调谐放大电路的交流通路

（2）Y 参数等效电路。

将图 3.2.3 中的晶体三极管用其简化后的 Y 参数等效电路来代替，即可得到单管单调谐放大电路的 Y 参数等效电路，如图 3.2.4 所示。

视频：3.2.2（2）单管单调谐放大电路的 Y 参数等效电路图

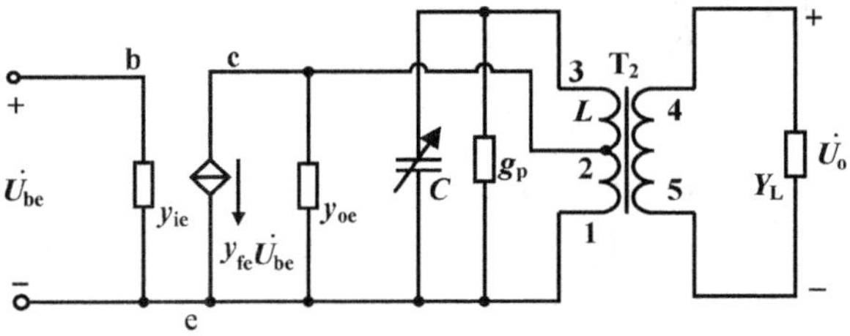

图 3.2.4　图 3.2.1 所示的单管单调谐放大电路的 Y 参数等效电路

在图 3.2.4 中，$y_{ie}=g_{ie}+jwC_{ie}$，$y_{oe}=g_{oe}+jwC_{oe}$，$Y_L=g_L+jwC_L$，$y_{fe}=|y_{fe}|e^{j\varphi_{fe}}$；电导 g_p 为 LC 并联谐振回路空载时的谐振电导，即

$$g_p=\frac{1}{Q_0w_0L}$$

（3）动态参数的分析与计算。

单管单调谐放大电路的主要性能指标有谐振频率、通频带、选择性和电压增益等，下面仍以图 3.2.1 为例讲解其相关参数的分析与估算。

视频：3.2.2（3）单管单调谐放大电路相关参数的分析与计算

① 接入系数。

在图 3.2.4 中，假设 3 和 1 之间的线圈匝数为 N，2 和 1 之间的线圈匝数为 N_1，4 和 5 之间的线圈匝数为 N_2。

晶体三极管与 LC 并联谐振回路采用自耦变压器耦合方式连接，晶体三极管的接入系数为

$$p_1=\frac{N_1}{N} \tag{3.2.6}$$

负载与 LC 并联谐振回路采用变压器耦合方式连接，负载的接入系数为

$$p_2=\frac{N_2}{N} \tag{3.2.7}$$

将晶体三极管与负载折合到 LC 并联谐振回路两端后的等效电路如图 3.2.5 所示。

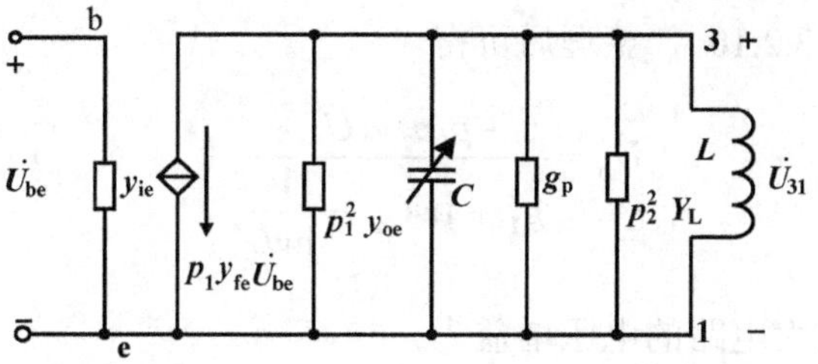

图 3.2.5　将晶体三极管与负载折合到 LC 并联谐振回路两端后的等效电路

② 电压增益和谐振频率。

由于负载的接入系数为 $p_2 = \dfrac{N_2}{N} = \dfrac{\dot{U}_o}{\dot{U}_{31}}$，因此

$$\dot{U}_{31} = \frac{\dot{U}_o}{p_2} \tag{3.2.8}$$

在图 3.2.5 中，由于 $y_{ie} = g_{ie} + jwC_{ie}$，$y_{oe} = g_{oe} + jwC_{oe}$，$Y_L = g_L + jwC_L$，因此可将图 3.2.5 中的输出回路部分进一步表示为用电导、电容、电感表示的电路形式，如图 3.2.6 所示。

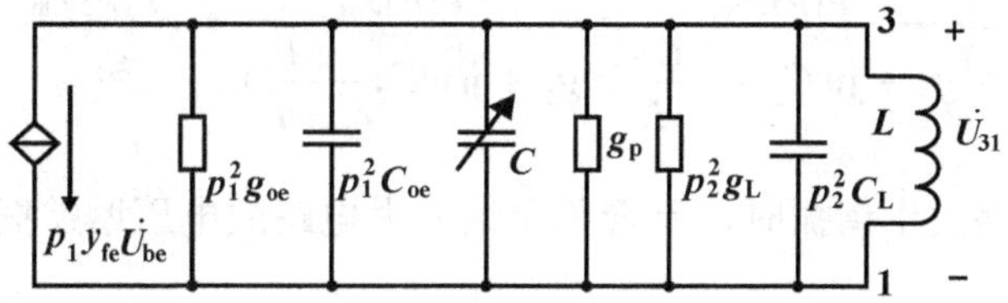

图 3.2.6　用电导、电容、电感表示的输出回路

将图 3.2.6 中相同类型的元器件合并，可进一步得到更简单的电路形式，如图 3.2.7 所示。其中

$$\begin{aligned} g_\Sigma &= p_1^2 g_{oe} + g_p + p_2^2 g_L \\ C_\Sigma &= p_1^2 C_{oe} + C + p_2^2 C_L \end{aligned} \tag{3.2.9}$$

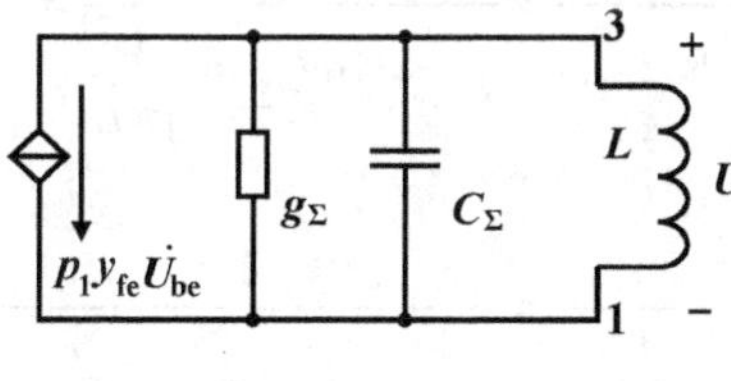

图 3.2.7　相同类型的元器件合并后的输出回路

根据图 3.2.7 可得

$$\dot{U}_{31} = \frac{-p_1 y_{fe}\dot{U}_{be}}{g_\Sigma + jwC_\Sigma + \dfrac{1}{jwL}} \tag{3.2.10}$$

将式（3.2.8）代入式（3.2.10），整理后可得

$$\dot{U}_{\mathrm{o}}=\frac{-p_1p_2y_{\mathrm{fe}}\dot{U}_{\mathrm{be}}}{g_{\Sigma}+\mathrm{j}wC_{\Sigma}+\dfrac{1}{\mathrm{j}wL}} \tag{3.2.11}$$

由此可得单管单调谐放大电路的电压增益为

$$\dot{A}_{\mathrm{u}}=\frac{\dot{U}_{\mathrm{o}}}{\dot{U}_{\mathrm{be}}}=\frac{-p_1p_2y_{\mathrm{fe}}}{g_{\Sigma}+\mathrm{j}wC_{\Sigma}+\dfrac{1}{\mathrm{j}wL}} \tag{3.2.12}$$

当 LC 并联谐振回路发生谐振时，回路中电容的导纳和电感的导纳相等，即 $wC_{\Sigma}=\dfrac{1}{wL}$。此时，LC 并联谐振回路的谐振频率为

$$f_0=\frac{1}{2\pi\sqrt{LC_{\Sigma}}} \tag{3.2.13}$$

LC 并联谐振回路发生谐振时，单管单调谐放大电路的电压增益为

$$\dot{A}_{\mathrm{u0}}=\frac{-p_1p_2y_{\mathrm{fe}}}{g_{\Sigma}+\mathrm{j}wC_{\Sigma}+\dfrac{1}{\mathrm{j}wL}}=\frac{-p_1p_2y_{\mathrm{fe}}}{g_{\Sigma}+\mathrm{j}(wC_{\Sigma}-\dfrac{1}{wL})}=\frac{-p_1p_2y_{\mathrm{fe}}}{g_{\Sigma}} \tag{3.2.14}$$

LC 并联谐振回路发生谐振时，单管单调谐放大电路的电压增益振幅为

$$A_{\mathrm{u0}}=\frac{p_1p_2|y_{\mathrm{fe}}|}{g_{\Sigma}} \tag{3.2.15}$$

③ 有载品质因数（选择性）和通频带。

单管单调谐放大电路的归一化谐振函数可写为

$$\dot{N}(f)=\frac{\dot{A}_{\mathrm{u}}}{\dot{A}_{\mathrm{u0}}}=\frac{-\dfrac{p_1p_2y_{\mathrm{fe}}}{g_{\Sigma}+\mathrm{j}wC_{\Sigma}+\dfrac{1}{\mathrm{j}wL}}}{-\dfrac{p_1p_2y_{\mathrm{fe}}}{g_{\Sigma}}}=\frac{g_{\Sigma}}{g_{\Sigma}+\mathrm{j}wC_{\Sigma}+\dfrac{1}{\mathrm{j}wL}}=\frac{1}{1+\dfrac{\mathrm{j}(wC_{\Sigma}-\dfrac{1}{wL})}{g_{\Sigma}}}$$

$$=\frac{1}{1+\mathrm{j}\dfrac{w_0C_{\Sigma}}{g_{\Sigma}}(\dfrac{wC_{\Sigma}}{w_0C_{\Sigma}}-\dfrac{\frac{1}{wL}}{w_0C_{\Sigma}})}=\frac{1}{1+\mathrm{j}Q_{\mathrm{L}}(\dfrac{wC_{\Sigma}}{w_0C_{\Sigma}}-\dfrac{\frac{1}{wL}}{\frac{1}{w_0L}})}=\frac{1}{1+\mathrm{j}Q_{\mathrm{L}}(\dfrac{w}{w_0}-\dfrac{w_0}{w})} \tag{3.2.16}$$

$$=\frac{1}{1+\mathrm{j}Q_{\mathrm{L}}(\dfrac{f}{f_0}-\dfrac{f_0}{f})}=\frac{1}{1+\mathrm{j}Q_{\mathrm{L}}\dfrac{2\Delta f}{f_0}}$$

其中，Q_L 为有载品质因数：

$$Q_L = \frac{w_0 C_\Sigma}{g_\Sigma} = \frac{1}{g_\Sigma w_0 L} \tag{3.2.17}$$

归一化谐振函数的幅频特性为

$$N(f) = \frac{1}{\left|1 + jQ_L \dfrac{2\Delta f}{f_0}\right|} = \frac{1}{\sqrt{1 + \left(Q_L \dfrac{2\Delta f}{f_0}\right)^2}} \tag{3.2.18}$$

令 $N(f) = \dfrac{1}{\sqrt{2}}$，可求得单管单调谐放大电路的通频带为

$$BW_{0.7} = 2\Delta f_{0.7} = \frac{f_0}{Q_L} \tag{3.2.19}$$

将式（3.2.17）代入式（3.2.19），可将单管单调谐放大电路的通频带进一步写为

$$BW_{0.7} = \frac{f_0}{Q_L} = \frac{f_0}{\dfrac{w_0 C_\Sigma}{g_\Sigma}} = \frac{f_0}{\dfrac{2\pi f_0 C_\Sigma}{g_\Sigma}} = \frac{g_\Sigma}{2\pi C_\Sigma} \tag{3.2.20}$$

由此可见，单管单调谐放大电路的选频特性取决于 LC 并联谐振回路的选频特性，因此，其矩形系数 $K_{0.1}$ 与 LC 并联谐振回路的矩形系数相同。

例题 3.2.1

在如图 3.2.8 所示的高频小信号调谐放大电路中，两级放大电路的结构及相应元器件的参数均相同，假设高频小信号调谐放大电路的工作频率 f_0=30MHz，晶体三极管均采用 3DG47 型 NPN 高频管。当 U_{CE}=6V、I_E=2mA 时，测得晶体三极管的 Y 参数为 g_{ie}=1.2mS，C_{ie}=12pF，g_{oe}=400μS，C_{oe}=9.5pF，$|y_{fe}|$=58.3mS，φ_{fe}=−2.2°，$|y_{re}|\approx 0$；电感 L=1.4μH；LC 并联谐振回路的空载品质因数 Q_0=100。1 和 4 之间的线圈匝数 N_{14}=300 匝，1 和 3 之间的线圈匝数 N_{13}=200 匝，1 和 2 之间的线圈匝数 N_{12}=100 匝；R_{b11}=R_{b21}=15kΩ，R_{b21}=R_{b22}=6.2kΩ；C_1、C_2、C_3、C_{e1}、C_{φ_1}、C_{e2}、C_{φ_2} 均为大电容；L_{φ_1}、L_{φ_2} 均为高频扼流圈。

（1）画出图 3.2.8 的交流通路。

（2）画出图 3.2.8 的 Y 参数等效电路。

（3）求晶体三极管 VT_1 的接入系数 p_1 和第二级放大电路的接入系数 p_2。

（4）求 LC 并联谐振回路空载时的谐振电导 g_p。

（5）画出将 LC 并联谐振回路外接元器件折合后用电导、电容、电感表示的输出回路。

（6）求 LC 并联谐振回路有载时的总谐振电导 g_Σ。

（7）求电容 C。

（8）求谐振时第一级放大电路的电压增益振幅 A_{u0}。

（9）求通频带 $BW_{0.7}$。

（10）求有载品质因数 Q_L。

（注意：只分析计算过程，不代入数据进行具体计算。）

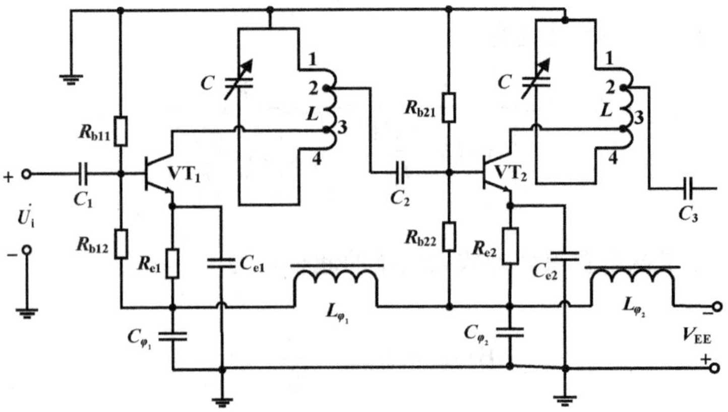

图 3.2.8　高频小信号调谐放大电路

解：（1）图 3.2.8 的交流通路如图 3.2.9 所示。

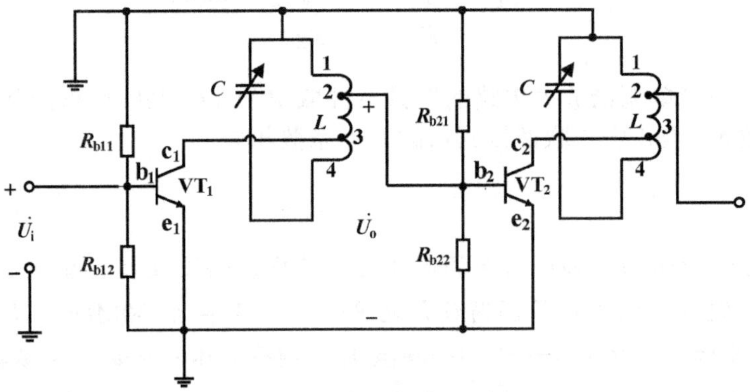

图 3.2.9　图 3.2.8 的交流通路

（2）图 3.2.8 的 Y 参数等效电路如图 3.2.10 所示。

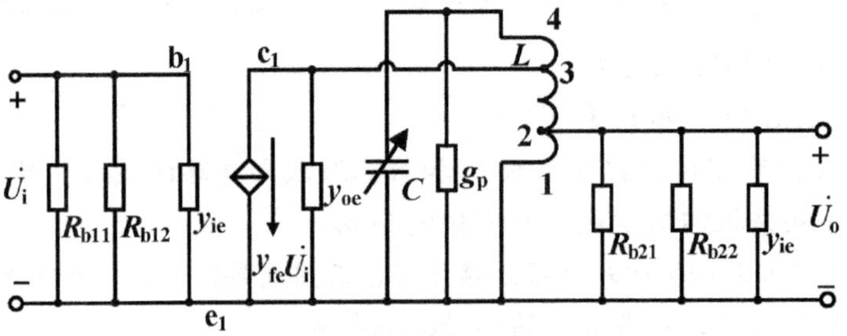

图 3.2.10　图 3.2.8 的 Y 参数等效电路

（3）晶体三极管的接入系数为

$$p_1=\frac{N_{31}}{N_{41}}$$

第二级放大电路的接入系数为

$$p_2=\frac{N_{21}}{N_{41}}$$

（4）LC 并联谐振回路空载时的谐振电导为

$$g_{\mathrm{p}}=\frac{1}{Q_0 w_0 L}$$

其中，$w_0=2\pi f_0$。

（5）将 LC 并联谐振回路外接元器件折合后用电导、电容、电感表示的输出回路如图 3.2.11 所示。

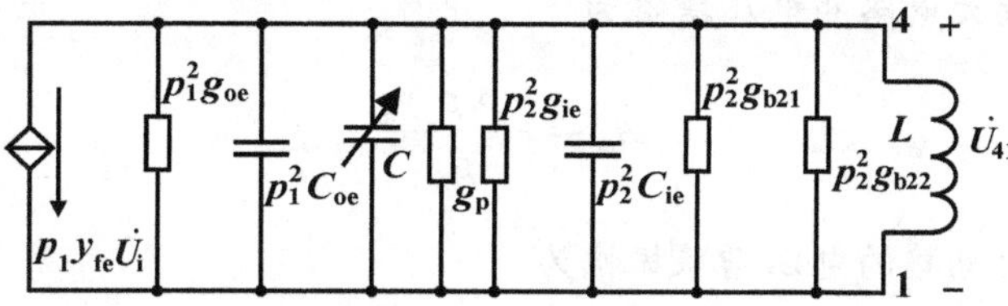

图 3.2.11　用电导、电容、电感表示的输出回路

在图 3.2.11 中，$g_{b21}=\dfrac{1}{R_{b21}}$，$g_{b22}=\dfrac{1}{R_{b22}}$。

（6）LC 并联谐振回路有载时的总谐振电导 g_Σ 为

$$g_\Sigma=p_1^2 g_{oe}+g_p+p_2^2 g_{ie}+p_2^2 g_{b21}+p_2^2 g_{b22}$$

（7）根据谐振频率 $f_0=\dfrac{1}{2\pi\sqrt{LC_\Sigma}}$ 可得

$$C_\Sigma=\frac{1}{4\pi^2 f_0^2 L}$$

而 LC 并联谐振回路有载时的总电容 C_Σ 为

$$C_\Sigma=p_1^2 C_{oe}+C+p_2^2 C_{ie}$$

因此，电容 C 为

$$C=C_\Sigma-p_1^2 C_{oe}-p_2^2 C_{ie}$$

（8）由图 3.2.11 可得

$$\dot{U}_{41}=-\frac{p_1 y_{fe}\dot{U}_i}{g_\Sigma+\mathrm{j}wC_\Sigma+\dfrac{1}{\mathrm{j}wL}}$$

由图 3.2.10 可得

$$\dot{U}_{41}=\frac{\dot{U}_{\mathrm{o}}}{p_2}$$

因此

$$\dot{U}_{\mathrm{o}}=-\frac{p_1 p_2 y_{\mathrm{fe}}\dot{U}_{\mathrm{i}}}{g_{\Sigma}+\mathrm{j}wC_{\Sigma}+\dfrac{1}{\mathrm{j}wL}}$$

由此可得第一级放大电路的电压增益为

$$\dot{A}_{\mathrm{u}}=\frac{\dot{U}_{\mathrm{o}}}{\dot{U}_{\mathrm{i}}}=-\frac{p_1 p_2 y_{\mathrm{fe}}}{g_{\Sigma}+\mathrm{j}wC_{\Sigma}+\dfrac{1}{\mathrm{j}wL}}$$

因此谐振时第一级放大电路的电压增益为

$$\dot{A}_{\mathrm{u0}}=\frac{-p_1 p_2 y_{\mathrm{fe}}}{g_{\Sigma}}$$

即谐振时第一级放大电路的电压增益振幅为

$$A_{\mathrm{u0}}=\frac{p_1 p_2 |y_{\mathrm{fe}}|}{g_{\Sigma}}$$

（9）通频带为

$$\mathrm{BW}_{0.7}=\frac{g_{\Sigma}}{2\pi C_{\Sigma}}$$

（10）有载品质因数为

$$Q_{\mathrm{L}}=\frac{f_0}{\mathrm{BW}_{0.7}}$$

视频：3.3 多级单调谐放大电路

△3.3 多级单调谐放大电路

【导学】

- 多级单调谐放大电路的结构。
- 多级单调谐放大电路相关参数的分析与计算。

如果多级放大电路中的每级放大电路都调谐在同一频率上，则称该电路为多级单调谐放大电路。

假设多级单调谐放大电路由 n 级单管单调谐放大电路串联而成，各级单管单调谐放大电路的电压增益分别为 $\dot{A}_{u1},\dot{A}_{u2},\cdots,\dot{A}_{un}$，则 n 级单调谐放大电路的总电压增益为各级单管单调谐放大电路的电压增益的乘积，即

$$\dot{A}_{u}=\dot{A}_{u1}\dot{A}_{u2}\cdots\dot{A}_{un} \tag{3.3.1}$$

如果每级单管单调谐放大电路的参数和结构均相同，则 n 级单调谐放大电路的总电压增益为

$$\dot{A}_{u}=(\dot{A}_{u1})^{n}=\left(-\frac{p_1p_2y_{fe}}{g_{\Sigma}+jwC_{\Sigma}+\dfrac{1}{jwL}}\right)^{n} \tag{3.3.2}$$

谐振时，n 级单调谐放大电路的总电压增益为

$$\dot{A}_{u0}=\left(-\frac{p_1p_2y_{fe}}{g_{\Sigma}}\right)^{n} \tag{3.3.3}$$

n 级单调谐放大电路的归一化谐振函数为

$$N(f)=\left|\frac{\dot{A}_{u}}{\dot{A}_{u0}}\right|=\frac{1}{\left[\sqrt{1+\left(Q_{L}\dfrac{2\Delta f}{f_0}\right)^{2}}\right]^{n}} \tag{3.3.4}$$

令 $N(f)=\dfrac{1}{\sqrt{2}}$，可求得通频带为

$$BW_{n}=(2\Delta f_{0.7})_{n}=\sqrt{2^{\frac{1}{n}}-1}\frac{f_0}{Q_{L}}=\sqrt{2^{\frac{1}{n}}-1}\cdot BW_{0.7} \tag{3.3.5}$$

由以上分析可知，多级单调谐放大电路的总电压增益相比于单管单调谐放大电路的电压增益增大了，但是其通频带比单管单调谐放大电路的通频带窄，且串联的级数越多，多级单调谐放大电路的通频带越窄。换句话说，如果多级单调谐放大电路的通频带确定以后，则串联的级数越多，要求其中每级单管单调谐放大电路的通频带越宽。因此，电压增益和通频带相矛盾是一个严重的问题，特别是对于要求大增益宽频带的放大电路，这个问题更为突出。

令 $N(f)=0.1$，可求得

$$(2\Delta f_{0.1})_{n}=\sqrt{100^{\frac{1}{n}}-1}\frac{f_0}{Q_{L}} \tag{3.3.6}$$

n 级单调谐放大电路的矩形系数为

$$(K_{0.1})_n = \frac{(2\Delta f_{0.1})_n}{(2\Delta f_{0.7})_n} = \frac{\sqrt{100^{\frac{1}{n}} - 1}}{\sqrt{2^{\frac{1}{n}} - 1}} \tag{3.3.7}$$

多级单调谐放大电路的矩形系数$(K_{0.1})_n$与串联的级数 n 的关系列于表 3.3.1 中。从表 3.3.1 中不难看出，当串联的级数 n 增大时，矩形系数$(K_{0.1})_n$减小，但当串联的级数 n 为 3 或 3 以上时，矩形系数$(K_{0.1})_n$减小不显著。当 $n\to\infty$时，矩形系数为 2.56，与理想矩形系数仍有一定的距离。

表 3.3.1　多级单调谐放大电路的矩形系数$(K_{0.1})_n$与串联的级数 n 的关系

n	1	2	3	4	5	6	7	8	…	∞
$(K_{0.1})_n$	9.95	4.80	3.75	3.40	3.20	3.10	3.00	2.94	…	2.56

单管单调谐放大电路的矩形系数较大，多级单调谐放大电路的通频带较窄。

若采用双调谐放大电路，则可以同时改善放大电路的矩形系数和通频带这两个性能指标。图 3.3.1 给出了一种常用的双调谐放大电路。

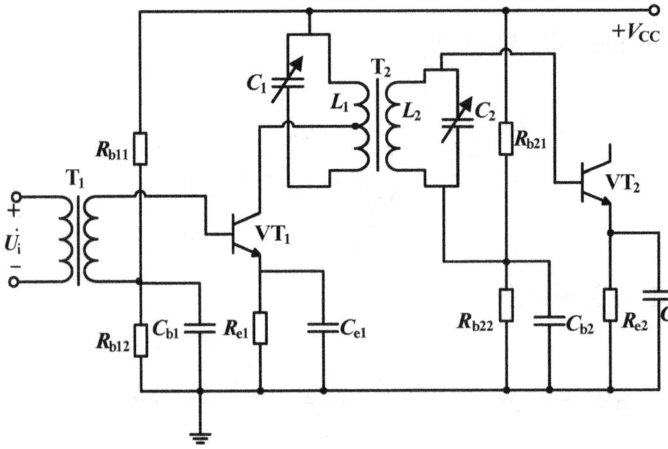

图 3.3.1　常用的双调谐放大电路

所谓双调谐放大电路，就是指采用互感耦合或电容耦合的两个 LC 并联谐振回路作为集电极负载，且两个回路调谐在同一频率上。以临界互感耦合双调谐放大电路为例，在回路有载品质因数相同的情况下，它的矩形系数为 3.16，通频带为单管单调谐放大电路通频带的 $\sqrt{2}$ 倍。但是由于双调谐放大电路调试比较困难，因此比较少用。

例题 3.3.1

已知某中频放大电路的通频带 BW_n=10MHz，若该中频放大电路是采用 3 级相同的单管单调谐放大电路级联而成的，则每级单管单调谐放大电路的通频带 $BW_{0.7}$ 应该为多大？（注意：此题只分析计算过程，不代入数据进行具体计算。）

解：根据题意可知，此题中的参数 $n=3$，即 BW_3 =10MHz。

根据 $BW_3 = \sqrt{2^{\frac{1}{3}} - 1} \cdot BW_{0.7}$，可得每级单管单调谐放大电路的通频带为

$$BW_{0.7} = \frac{BW_3}{\sqrt{2^{\frac{1}{3}} - 1}}$$

本章小结

1．对于高频小信号调谐放大器，由于其输入信号较小，可认为其工作在晶体三极管的线性范围内，因此可以把其中的晶体三极管视为线性元器件，利用晶体三极管的高频小信号线性模型进行分析。晶体三极管的 Y 参数等效电路是分析高频小信号调谐放大电路的重要工具。

2．单管单调谐放大电路通常由两大部分组成：单管放大电路（甲类状态）和选频网络。其中，选频网络通常选用 LC 并联谐振回路。单管单调谐放大电路能够实现信号的选频、放大及传输。

3．单管单调谐放大电路的主要性能指标有谐振频率、通频带、选择性和电压增益等。单管单调谐放大电路的选频特性取决于 LC 并联谐振回路的选频特性，因此，其矩形系数 $K_{0.1}$ 与 LC 并联谐振回路的矩形系数相同。

4．如果多级放大电路中的每级放大电路都调谐在同一频率上，则称该电路为多级单调谐放大电路。多级单调谐放大电路的总电压增益相比于单管单调谐放大电路的电压增益增大了，但是其通频带比单管单调谐放大电路的通频带窄，且串联的级数越多，多级单调谐放大电路的通频带越窄。当串联的级数增多时，多级单调谐放大电路的矩形系数会有所改善，但这种改善是有限的。

习　　题

3.1 在如习题 3.1 图所示的高频小信号调谐放大电路中，两级放大电路的结构及相应元器件的参数均相同。在工作频率 f_0=10MHz 下，测得晶体三极管的参数为 g_{ie}=1000μS，C_{ie}=10pF，g_{oe}=100μS，C_{oe}=5pF，$|y_{fe}|$=100mS，$|y_{re}|\approx 0$；LC 并联谐振回路的空载品质因数 Q_0=100，电感 L=1μH，1 和 3 之间的线圈匝数 N_{13}=200 匝，2 和 3 之间的线圈匝数 N_{23}=40 匝，4 和 5 之间的线圈匝数 N_{45}=100 匝，C_{b1}、C_{b2}、C_{e1}、C_{e2} 均为大电容。

（1）画出习题 3.1 图的交流通路。

（2）画出习题 3.1 图的 Y 参数等效电路。

（3）求晶体三极管 VT_1 的接入系数 p_1 和第二级放大电路的接入系数 p_2。

（4）求 LC 并联谐振回路空载时的谐振电导 g_p。

（5）画出将 LC 并联谐振回路外接元器件折合后用电导、电容、电感表示的输出回路。

（6）求 LC 并联谐振回路有载时的总谐振电导 g_Σ。

（7）求电容 C。

（8）求谐振时第一级放大电路的电压增益振幅 A_{u0}。

（9）求通频带 $BW_{0.7}$。

（10）求有载品质因数 Q_L。

（11）求两级放大电路谐振时的总电压增益振幅 A_{u2} 和通频带 BW_2 各为多少？

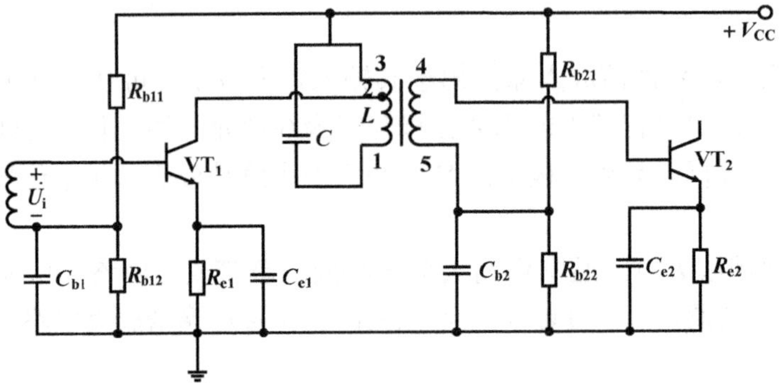

习题 3.1 图

3.2 在如习题 3.2 图所示的高频小信号调谐放大电路中，在工作频率 f_0=30MHz 下，测得晶体三极管的参数为 g_{ie}=2860μS，C_{ie}=18pF，g_{oe}=200μS，C_{oe}=7pF，$|y_{fe}|$=45mS，$|y_{re}|\approx 0$；LC 并联谐振回路的空载品质因数 Q_0=100，电感 L=1.5μH，变压器线圈匝数比 $\frac{N_2}{N_1}=\frac{1}{4}$，$C_1$～$C_6$ 均为大电容，L_{φ_1}、L_{φ_2} 为高频扼流圈。

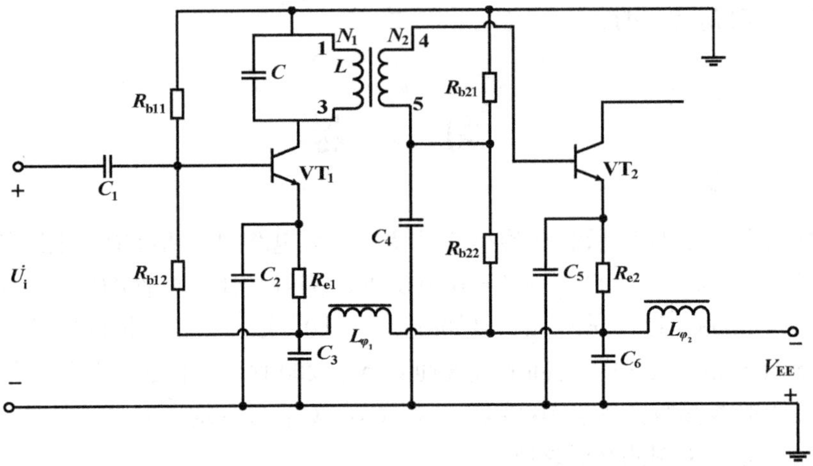

习题 3.2 图

（1）画出习题 3.2 图的交流通路。

（2）画出习题 3.2 图的 Y 参数等效电路。

（3）求晶体三极管 VT_1 的接入系数 p_1 和第二级放大电路的接入系数 p_2。

（4）求 LC 并联谐振回路空载时的谐振电导 g_p。

（5）画出将 LC 并联谐振回路外接元器件折合后用电导、电容、电感表示的输出回路。

（6）求 LC 并联谐振回路有载时的总谐振电导 g_Σ。

（7）求电容 C。

（8）求谐振时第一级放大电路的电压增益振幅 A_{u0}。

（9）求通频带 $BW_{0.7}$。

（10）求有载品质因数 Q_L。

3.3 在 3 级单调谐放大电路中，已知工作频率 f_0=465kHz，每级单管单调谐放大电路的有载品质因数 Q_L=50，请问该 3 级单调谐放大电路的通频带 BW_3 为多少？若 3 级单调谐放大电路的通频带 BW_3'=10MHz，则要求每级单管单调谐放大电路的通频带 $BW_{0.7}$ 为多少？

3.4 已知单管单调谐放大电路的电压增益振幅 A_{u0}=10，通频带 $BW_{0.7}$=4MHz，若用一级和它完全相同的单管单调谐放大电路与之级联，那么两级单管单调谐放大电路的总电压增益振幅 A_{u2} 和总通频带 BW_2 各为多少？若要求两级单管单调谐放大电路的总通频带 BW_2'=4MHz，那么每级单管单调谐放大电路应该怎样改动？改动后两级单管单调谐放大电路的总电压增益振幅 A_{u2}' 为多少？

第 4 章　高频功率放大器

与低频功率放大器一样，输出功率、效率和非线性失真同样是高频功率放大器的 3 个最主要的技术指标。在通信系统中，高频功率放大器作为发射机的重要组成部分，用于对高频已调波信号进行功率放大，经天线将其辐射到空间，因此要求其输出功率很大。从节省能量的角度考虑，效率显得更加重要，因此，高频功率放大器通常采用效率较高的丙类高频功率放大器。为了滤除丙类高频功率放大器工作时产生的众多高次谐波分量，通常采用 LC 并联谐振回路作为选频网络，故称其为丙类高频谐振功率放大器。

根据被放大信号相对频带的宽窄，高频功率放大器可分为负载为 LC 并联谐振回路的窄带高频功率放大器和负载为传输线变压器的宽带高频功率放大器。对于要求工作频带较宽或要求经常迅速更换选频网络中心频率的情况，可采用宽带高频功率放大器。宽带高频功率放大器工作在甲类状态，利用传输线变压器等作为匹配网络，并且可以采用功率合成技术增大其输出功率。

△4.1　高频谐振功率放大器的电路结构及工作原理

视频：4.1.1 高频谐振功率放大器的电路结构

4.1.1　电路结构

【导学】

- 高频谐振功率放大器的电路结构。
- 高频谐振功率放大器各组成部分的作用。
- 输入电压与输出电压的数学表达式，以及相关参数的物理意义。

高频谐振功率放大器的工作原理电路如图 4.1.1（a）所示，等效电路如图 4.1.1（b）所示。

从电路结构上来看，高频谐振功率放大器由放大器件（晶体三极管）、直流供电电源

（V_{BB}、V_{CC}，常称为馈电）和 LC 并联谐振回路 3 部分组成。其中，晶体三极管为核心元器件，起到放大的作用；LC 并联谐振回路的作用是选频、作为集电极负载和进行阻抗变换；直流电源 V_{BB} 和 V_{CC} 的作用是提供合适的静态工作点（V_{CC} 用于提供初始能源）。

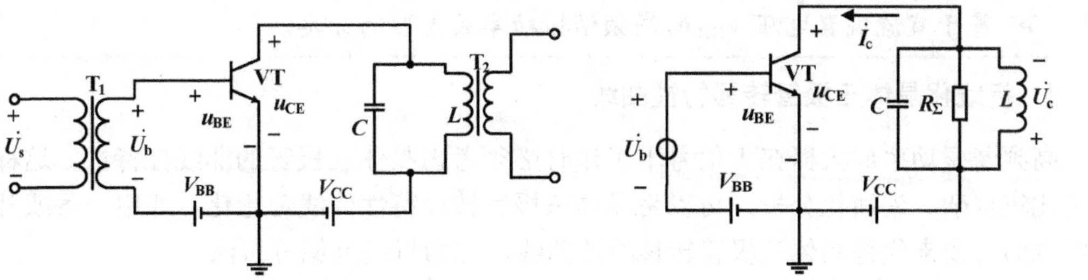

（a）高频谐振功率放大器的工作原理电路　　（b）高频谐振功率放大器的等效电路

图 4.1.1　高频谐振功率放大器的工作原理电路和等效电路

在图 4.1.1（a）中，交流输入信号与输入回路采用变压器耦合方式连接，可通过调整变压器的主、次线圈匝数之比来灵活调整高频谐振功率放大器获取的实际输入信号的大小；负载与 LC 并联谐振回路采用变压器耦合方式连接，可通过调整变压器的主、次线圈匝数之比来减小负载对 LC 并联谐振回路的影响。

在图 4.1.1（b）中，假设输入信号为单频余弦信号 $\dot{U}_b = U_{bm}\cos wt$，LC 并联谐振回路调谐在与输入信号相同的频率上。根据基尔霍夫电压定律，可得以下表达式：

$$u_{BE} = V_{BB} + \dot{U}_b = V_{BB} + U_{bm}\cos wt \quad (4.1.1)$$

$$u_{CE} = V_{CC} - \dot{U}_c = V_{CC} - U_{c1m}\cos wt = V_{CC} - I_{c1m}R_\Sigma \cos wt \quad (4.1.2)$$

其中，u_{BE} 和 u_{CE} 分别是晶体三极管的基极与发射极、集电极与发射极之间的电压；$\dot{U}_b$ 和 $\dot{U}_c$ 分别是交流输入信号与交流输出信号；V_{BB} 和 V_{CC} 分别是加在基极回路与集电极回路中的直流偏置电压；U_{c1m} 和 I_{c1m} 分别是由选频网络（LC 并联谐振回路）选出的基波分量的输出电压振幅与输出电流振幅，且 $U_{c1m}=I_{c1m}R_\Sigma$；R_Σ 是 LC 并联谐振回路有载时的总谐振电阻。

视频：4.1.2 工作原理

4.1.2　工作原理

【导学】

- 折线化晶体三极管转移特性曲线及相关参数的物理意义。
- 晶体三极管的导通条件，以及导通角的定义、取值范围及计算方法。
- 基于导通角的高频谐振功率放大器的分类。
- 晶体三极管集电极电流 i_C 的分段表达式。

> ➢ 转移特性曲线斜率的计算方法。
> ➢ 集电极电流中各次谐波振幅的计算方法。
> ➢ 分解系数、波形系数及其相关曲线的特性。
> ➢ 基于直流偏置电压 V_{BB} 的高频谐振功率放大器的分类。

1．折线化晶体三极管转移特性曲线

高频谐振功率放大器在大信号下工作时必须考虑晶体三极管的非线性特性，这样将使分析比较复杂。为简化分析，可以将晶体三极管转移特性曲线理想化，即用一条或几条直线组成的折线来代替晶体三极管转移特性曲线，称为折线近似分析法。

如图 4.1.2 所示，将晶体三极管转移特性曲线折线化，以此来分析相关参数。在图 4.1.2 中，g 为晶体三极管的跨导（转移特性曲线斜率），即 $g=\left.\dfrac{\Delta i_C}{\Delta u_{BE}}\right|_{u_{CE}=常数}$；$U_{on}$ 为导通电压。当 $u_{BE} \geqslant U_{on}$ 时，晶体三极管导通；当 $u_{BE}<U_{on}$ 时，晶体三极管截止。

若将输入信号在一个周期内的导通情况用对应的导通角度 $2\theta_c$ 来表示，则称 θ_c 为导通角，$0^\circ \leqslant \theta_c \leqslant 180^\circ$。

根据导通角 θ_c 的大小，可将高频谐振功率放大器划分为 4 类：当 $\theta_c=180^\circ$ 时，为甲（A）类高频谐振功率放大器；当 $\theta_c=90^\circ$ 时，为乙（B）类高频谐振功率放大器；当 $90^\circ<\theta_c<180^\circ$ 时，为甲乙（AB）类高频谐振功率放大器；当 $\theta_c<90^\circ$ 时，为丙（C）类高频谐振功率放大器。

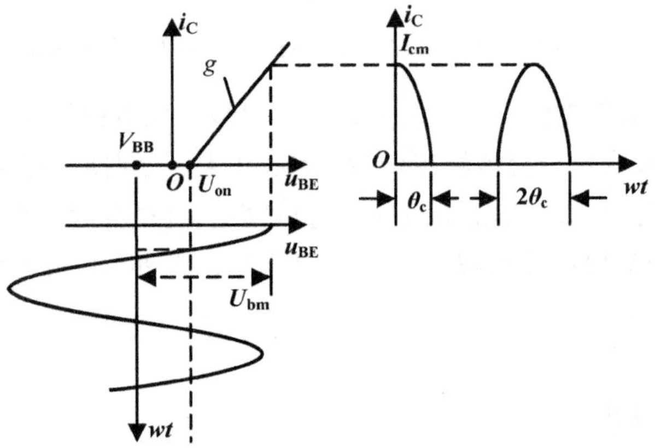

图 4.1.2　折线化的晶体三极管转移特性曲线

2．晶体三极管集电极电流 i_C

由图 4.1.2 可以得到晶体三极管集电极电流 i_C 的分段表达式：

$$i_C=\begin{cases} g(u_{BE}-U_{on}) & u_{BE}\geqslant U_{on} \\ 0 & u_{BE}<U_{on} \end{cases} \tag{4.1.3}$$

当 $u_{BE}\geqslant U_{on}$ 时，晶体三极管导通，将式（4.1.1）代入式（4.1.3），可得

$$i_C = g(u_{BE} - U_{on}) = g(V_{BB} + U_{bm}\cos wt - U_{on}) \tag{4.1.4}$$

令 $u_{BE} = V_{BB} + U_{bm}\cos wt = U_{on}$，可求得导通角 θ_c 为

$$\theta_c = \arccos\frac{U_{on} - V_{BB}}{U_{bm}} \tag{4.1.5}$$

即当 $wt=\theta_c$ 时，$u_{BE}=U_{on}$，此时，$i_C=0$。

由图 4.1.2 可以看出，当 $wt=0$ 时，$i_C=I_{cm}$，代入式（4.1.4），可得

$$\begin{aligned} I_{cm} &= g\left(V_{BB} + U_{bm} - U_{on}\right) \\ &= g\left[U_{bm} - (U_{on} - V_{BB})\right] \\ &= g\left(U_{bm} - U_{bm}\cos\theta_c\right) \\ &= gU_{bm}(1 - \cos\theta_c) \end{aligned} \tag{4.1.6}$$

其中，转移特性曲线斜率 g 为

$$g = \frac{I_{cm}}{U_{bm}(1 - \cos\theta_c)} \tag{4.1.7}$$

由式（4.1.5）～式（4.1.7），可将式（4.1.4）进一步写为

$$\begin{aligned} i_C &= g\left(u_{BE} - U_{on}\right) = g\left(V_{BB} + U_{bm}\cos wt - U_{on}\right) \\ &= g\left[U_{bm}\cos wt - (U_{on} - V_{BB})\right] = gU_{bm}\left[\cos wt - \frac{(U_{on} - V_{BB})}{U_{bm}}\right] \\ &= gU_{bm}\left(\cos wt - \cos\theta_c\right) = \frac{I_{cm}}{1 - \cos\theta_c}(\cos wt - \cos\theta_c) = I_{cm}\frac{\cos wt - \cos\theta_c}{1 - \cos\theta_c} \end{aligned} \tag{4.1.8}$$

由式（4.1.8）可以看出，集电极电流 i_C 为尖顶余弦脉冲函数，由尖顶余弦脉冲的振幅 I_{cm} 和导通角 θ_c 决定。电流 i_C 可用傅里叶级数展开，即

$$i_C = I_{c0} + I_{c1m}\cos wt + I_{c2m}\cos 2wt + \cdots + I_{cnm}\cos nwt + \cdots \tag{4.1.9}$$

其中，I_{c0}、I_{c1m}、I_{c2m} 和 I_{cnm} 分别为直流、基波、2 次谐波与 n 次谐波分量的振幅。由于 i_C 是 I_{cm} 和 θ_c 的函数，因此其各次谐波分量的振幅也是 I_{cm} 和 θ_c 的函数，若 I_{cm} 固定，则它只是 θ_c 的函数。

由傅里叶级数求系数法可分别求得

$$\begin{aligned} I_{c0} &= \frac{1}{2\pi}\int_{-\theta_c}^{+\theta_c} i_C\,d(wt) = I_{cm}\alpha_0(\theta_c) \\ I_{c1m} &= \frac{1}{2\pi}\int_{-\theta_c}^{+\theta_c} i_C\cos wt\,d(wt) = I_{cm}\alpha_1(\theta_c) \\ &\vdots \\ I_{cnm} &= \frac{1}{2\pi}\int_{-\theta_c}^{+\theta_c} i_C\cos nwt\,d(wt) = I_{cm}\alpha_n(\theta_c) \end{aligned} \tag{4.1.10}$$

其中，$\alpha_0(\theta_c),\alpha_1(\theta_c),\cdots,\alpha_n(\theta_c)$称为尖顶余弦脉冲的分解系数，一般可以根据导通角 θ_c 的值查表得到各个分解系数的值。

波形系数的定义为

$$g_1(\theta_c)=\frac{\alpha_1(\theta_c)}{\alpha_0(\theta_c)} \tag{4.1.11}$$

图 4.1.3 给出了尖顶余弦脉冲的分解系数和波形系数曲线。

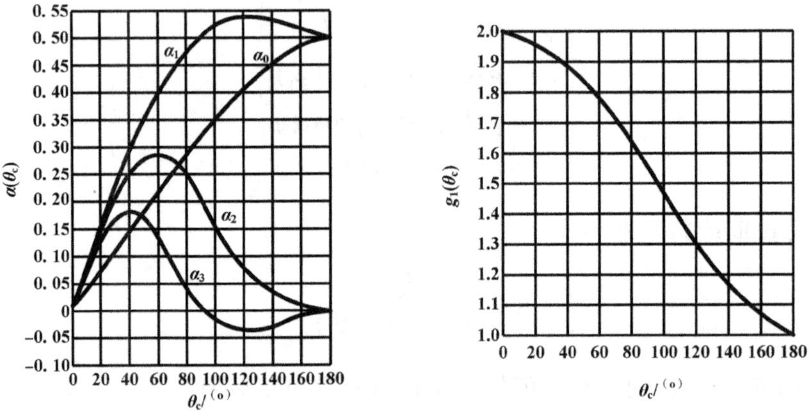

图 4.1.3 尖顶余弦脉冲的分解系数和波形系数曲线

由图 4.1.3 可总结出以下特性：①$\alpha_1(\theta_c)\geqslant\alpha_0(\theta_c)$；②$\alpha_0(\theta_c)$随着 θ_c 的增大而增大；③$\alpha_1(\theta_c)$随着 θ_c 的增大先增大再减小，转折点大约在 120°；④$g_1(\theta_c)$随着 θ_c 的增大而减小。

3. 基于直流偏置电压 V_{BB} 的高频谐振功率放大器的分类

由导通角 $\theta_c=\arccos\dfrac{U_{on}-V_{BB}}{U_{bm}}$ 可得

$$V_{BB}=U_{on}-U_{bm}\cos\theta_c \tag{4.1.12}$$

由于直流偏置电压 V_{BB} 的大小受导通角 θ_c 的影响，因此 4 类高频谐振功率放大器对应的 V_{BB} 也不一样。

甲（A）类高频谐振功率放大器的导通角 θ_c=180°，对应的直流偏置电压 V_{BB} 为

$$V_{BB}=U_{on}-U_{bm}\cos\theta_c=U_{on}-U_{bm}\cos180^\circ=U_{on}+U_{bm}>U_{on} \tag{4.1.13}$$

乙（B）类高频谐振功率放大器的导通角 θ_c=90°，对应的直流偏置电压 V_{BB} 为

$$V_{BB}=U_{on}-U_{bm}\cos\theta_c=U_{on}-U_{bm}\cos90^\circ=U_{on} \tag{4.1.14}$$

甲乙（AB）类高频谐振功率放大器的导通角满足 90°<θ_c<180°，对应的直流偏置电压 V_{BB} 为

$$U_{on}<V_{BB}<U_{on}+U_{bm} \tag{4.1.15}$$

丙（C）类高频谐振功率放大器的导通角 θ_c<90°，对应的直流偏置电压 V_{BB} 为

$$V_{BB} = U_{on} - U_{bm}\cos\theta_c < U_{on} \tag{4.1.16}$$

由式（4.1.13）～式（4.1.16）可以看出，甲（A）类高频谐振功率放大器的 V_{BB} 为 $U_{on}+U_{bm}$；乙（B）类高频谐振功率放大器的 V_{BB} 为 U_{on}；甲乙（AB）类高频谐振功率放大器的 V_{BB} 介于 U_{on} 与 $U_{on}+U_{bm}$ 之间；丙（C）类高频谐振功率放大器的 V_{BB} 小于 U_{on}，即 V_{BB} 可为较小的正值、0 或负值。由此可见，根据直流偏置电压 V_{BB}，也可以判定高频谐振功率放大器的类型。

视频：4.2 高频谐振功率放大器的功率和效率

△4.2　高频谐振功率放大器的功率和效率

【导学】

- 集电极电源 V_{CC} 提供的直流功率的计算。
- 交流输出功率的计算。
- 集电极功耗的计算。
- 集电极效率的计算。

集电极电源 V_{CC} 提供的直流功率为

$$P_D = V_{CC}I_{c0} = V_{CC}I_{cm}\alpha_0(\theta_c) \tag{4.2.1}$$

若高频谐振功率放大器中的 LC 并联谐振回路调谐在基波频率上，则其交流输出功率为

$$\begin{aligned} P_o &= \frac{1}{2}I_{c1m}U_{c1m} = \frac{1}{2}I_{c1m}{}^2R_\Sigma = \frac{1}{2}\frac{U_{c1m}{}^2}{R_\Sigma} \\ &= \frac{1}{2}I_{cm}\alpha_1(\theta_c)U_{c1m} = \frac{1}{2}I_{cm}{}^2\alpha_1(\theta_c)^2R_\Sigma \end{aligned} \tag{4.2.2}$$

其中，$U_{c1m} = I_{c1m}R_\Sigma = I_{cm}\alpha_1(\theta_c)R_\Sigma$；$R_\Sigma$ 是 LC 并联谐振回路的谐振电阻。

集电极功耗为

$$P_c = P_D - P_o \tag{4.2.3}$$

集电极效率为

$$\eta_c = \frac{P_o}{P_D} = \frac{\frac{1}{2}I_{c1m}U_{c1m}}{I_{c0}V_{CC}} = \frac{1}{2}\frac{I_{cm}\alpha_1(\theta_c)U_{c1m}}{I_{cm}\alpha_0(\theta_c)V_{CC}} = \frac{1}{2}g_1(\theta_c)\xi \tag{4.2.4}$$

其中，$g_1(\theta_c) = \dfrac{\alpha_1(\theta_c)}{\alpha_0(\theta_c)}$ 为波形系数；$\xi = \dfrac{U_{c1m}}{V_{CC}}$ 为电压利用系数。由于 $\xi = \dfrac{U_{c1m}}{V_{CC}} \leqslant 1$，因此

$$\eta_c \leqslant \frac{1}{2} g_1(\theta_c) \tag{4.2.5}$$

由式（4.2.5）可知，导通角 θ_c 越小，波形系数 $g_1(\theta_c)$越大，效率越高。因此，在甲类（θ_c=180º）、乙类（θ_c=90º）、甲乙类（90º<θ_c<180º）和丙类（θ_c<90º）这 4 类高频谐振功率放大器中，丙类高频谐振功率放大器的效率是最高的。

若要兼顾高频谐振功率放大器的效率和输出功率两个重要指标，则通常取导通角 θ_c 为 60º～80º，此时高频谐振功率放大器工作在丙类状态，对应的效率比较高、输出功率比较大。

视频：4.3（1）丙类高频谐振功率放大器的性能分析-概述

△4.3 丙类高频谐振功率放大器的性能分析

【导学】

- 折线化转移特性曲线和输出特性曲线。
- 临界饱和线斜率、动态线斜率、转移特性曲线斜率。
- 负载特性分析。
- 放大特性分析。
- 基极调制特性分析。
- 集电极调制特性分析。

若丙类高频谐振功率放大电路的输入信号是振幅为 U_{bm} 的单频余弦信号，那么输出单频余弦信号的振幅 U_{c1m} 与 U_{bm} 有什么关系呢？U_{c1m} 的大小会受到哪些参数的影响呢？

式（4.1.1）～式（4.1.3）分别给出了高频谐振功率放大电路的输入回路、输出回路和晶体三极管转移特性的表达式，由这些公式可以看出，当晶体三极管确定以后，U_{c1m} 的大小与 V_{BB}、V_{CC}、R_Σ 和 U_{bm} 四个参数有关。利用如图 4.3.1 所示的折线化转移特性曲线和输出特性曲线，借助式（4.1.1）～式（4.1.3）来分析以上两个问题。

动态线就是描述集电极电流 i_C 与输出电压 u_{CE} 之间相互变化关系的轨迹线，又称交流负载线，即图 4.3.1 中所示的 *CABD* 折线。由于丙类高频谐振功率放大电路的负载是 LC 选频网络，因此其交流输出电压 u_{CE} 必然是一个完整的余弦信号。

在如图 4.3.1 所示的输出特性曲线中，饱和区内的动态线（线段 *CA*）和截止区内的动态线（线段 *BD*）分别与输出特性曲线中的临界饱和线及截止线重合；放大区内的动态线是一条延长线经过静态工作点 *Q* 的负斜率线段 *AB*，*Q* 的位置取决于 V_{BB} 和 V_{CC}。

图 4.3.1 中存在 3 种斜率：临界饱和线斜率 g_{cr}、动态线斜率 g_d 和转移特性曲线斜率 g，其表达式分别如下。

临界饱和线斜率为

$$g_{cr} = \frac{I_{cm}}{u_{CES}} \tag{4.3.1}$$

其中，u_{CES} 为临界饱和压降。若丙类高频谐振功率放大电路工作于临界状态，则式（4.3.1）可进一步写为

$$g_{cr} = \frac{I_{cm}}{u_{CES}} = \frac{I_{cm}}{V_{CC} - U_{c1m}} \tag{4.3.2}$$

动态线斜率为

$$\begin{aligned} g_d &= \frac{I_{cm}}{U_{c1m}(1-\cos\theta)} = \frac{I_{cm}}{I_{c1m}R_\Sigma(1-\cos\theta)} \\ &= -\frac{I_{cm}}{I_{cm}\alpha_1(\theta)R_\Sigma(1-\cos\theta)} = \frac{1}{\alpha_1(\theta)R_\Sigma(1-\cos\theta)} \end{aligned} \tag{4.3.3}$$

转移特性曲线斜率为

$$g = \frac{I_{cm}}{U_{bm}(1-\cos\theta_c)} \tag{4.3.4}$$

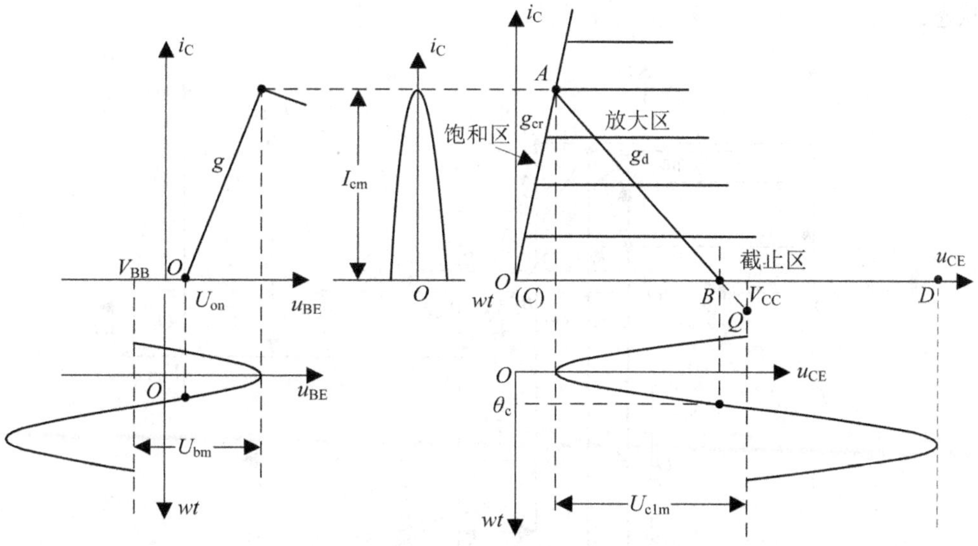

图 4.3.1　折线化转移特性曲线和输出特性曲线

1．负载特性

若 V_{BB}、V_{CC} 和 U_{bm} 这 3 个参数固定，仅调整 R_Σ，则动态线、U_{c1m}、P_o 及 η_c 等性能指标会有什么变化呢？这就是丙类高频谐振功率放大电路的负载特性。

视频：4.3（2）丙类高频谐振功率放大器的性能分析-负载特性

图 4.3.2 给出了 3 种不同斜率情况下的动态线及波形。其中，若 V_{BB} 和 V_{CC} 固定，则静态工作点 Q 固定；若 U_{bm} 固定，则导通角 θ_c

（$\theta_c = \arccos\frac{U_{on} - V_{BB}}{U_{bm}}$）也固定；根据式（4.3.3），放大区内的动态线斜率 g_d 将仅随 LC 并联谐振回路的谐振电阻 R_Σ 而变化。

在图 4.3.2 中，动态线 A_1B_1 的斜率值$|g_d|$最大，即对应的谐振电阻 R_Σ 最小，相应的输出电压振幅 $U_{c1m}^{(1)}$也最小，此时晶体三极管工作在放大区和截止区；动态线 A_2B_2 的斜率值$|g_d|$较小，与输出特性曲线相交于饱和区和放大区的交点处（此点称为临界点），相应的输出电压振幅 $U_{c1m}^{(2)}$增大，此时晶体三极管工作在临界点、放大区和截止区；动态线 A_3B_3 的斜率值$|g_d|$最小，即对应的谐振电阻 R_Σ 最大，相应的输出电压振幅 $U_{c1m}^{(3)}$比 $U_{c1m}^{(2)}$略为增大，此时晶体三极管工作在饱和区、放大区和截止区。根据输出电压振幅大小的不同，这 3 种工作状态分别称为欠压状态、临界状态和过压状态，而放大区和饱和区又可分别称为欠压区与过压区。

根据丙类高频谐振功率放大电路对应的动态线最高点的位置，也可判断出丙类高频谐振功率放大电路的工作状态。若丙类高频谐振功率放大电路对应动态线的最高点位于欠压区（放大区）（如 A_1 点），则可判定其工作在欠压状态；若丙类高频谐振功率放大电路对应动态线的最高点位于临界点（如 A_2 点），则可判定其工作在临界状态；若丙类高频谐振功率放大电路对应动态线的最高点位于过压区（饱和区）（如 A_3 点），则可判定其工作在过压状态。

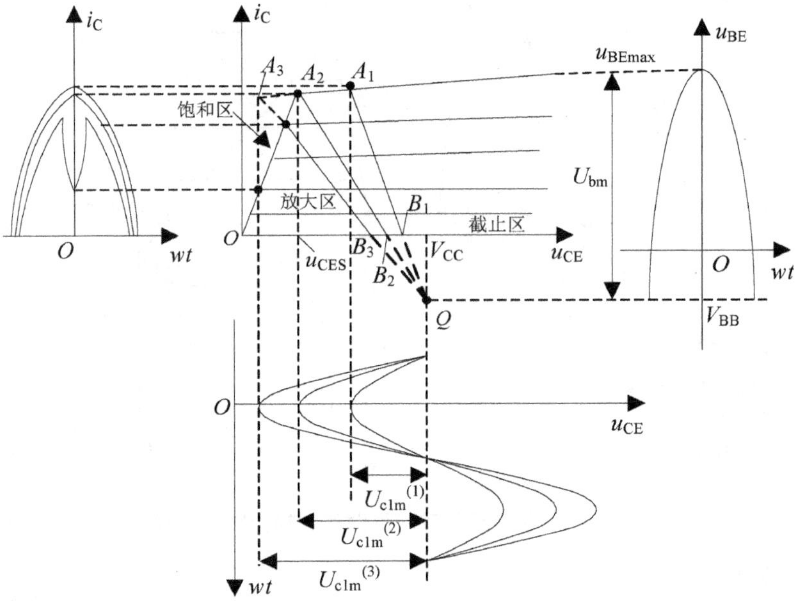

图 4.3.2　3 种不同斜率情况下的动态线及波形

根据丙类高频谐振功率放大电路的 u_{CEmin}（$u_{CEmin} = V_{CC} - U_{c1m}$）和临界饱和压降 u_{CES} 的大小，也可判断其工作状态，若 $u_{CEmin} = u_{CES}$，则可判定其工作在临界状态；若 $u_{CEmin} > u_{CES}$，则可判定其工作在欠压状态；若 $u_{CEmin} < u_{CES}$，则可判定其工作在过压状态。

图 4.3.3 给出了丙类高频谐振功率放大电路的负载特性曲线。

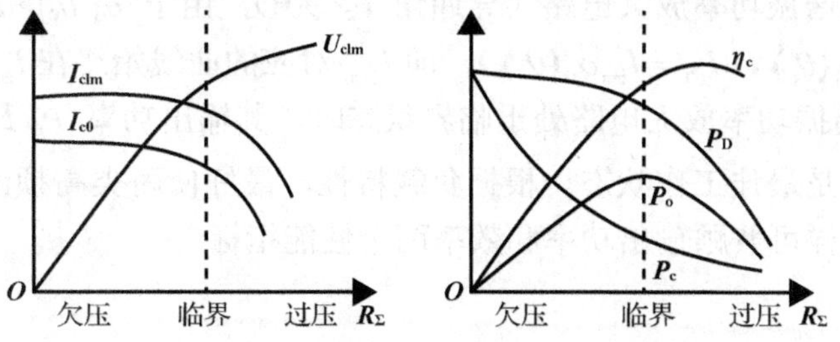

图 4.3.3　丙类高频谐振功率放大电路的负载特性曲线

随着 R_Σ 的逐渐增大，动态线斜率值$|g_d|$（$|g_d|=\left|\dfrac{1}{\alpha_1(\theta_c)R_\Sigma(1-\cos\theta_c)}\right|$）逐渐减小，丙类高频谐振功率放大电路的工作状态将由欠压状态过渡到临界状态，再过渡到过压状态。

在欠压状态下，随着 R_Σ 的逐渐增大，相应的参数分析如下。

（1）由于$u_{BEmax}=V_{BB}+U_{bm}$，V_{BB} 和 U_{bm} 不变，因此u_{BEmax}也不变，对应的I_{cm}也基本不变（略微减小），由于导通角θ_c（$\theta_c=\arccos\dfrac{U_{on}-V_{BB}}{U_{bm}}$）不变，因此$I_{c1m}$（$I_{c1m}=I_{cm}\alpha_1(\theta_c)$）和$I_{c0}$（$I_{c0}=I_{cm}\alpha_0(\theta_c)$）对应的曲线与横坐标轴平行但略微下降。

（2）U_{c1m}（$U_{c1m}=I_{c1m}R_\Sigma$）随着R_Σ的逐渐增大而增大。

（3）直流电源提供的功率P_D（$P_D=I_{c0}V_{CC}$）对应的曲线变化规律与I_{c0}对应的曲线变化规律类似。

（4）输出功率P_o（$P_o=\dfrac{1}{2}{I_{c1m}}^2R_\Sigma$）随着$R_\Sigma$的逐渐增大而增大。

（5）损耗功率P_c（$P_c=P_D-P_o$）对应的曲线可由P_D和P_o对应的曲线相减得到。

（6）集电极效率η_c（$\eta_c=\dfrac{1}{2}g_1(\theta_c)\dfrac{U_{c1m}}{V_{CC}}$）对应的曲线变化规律与$U_{c1m}$对应的曲线变化规律类似。

在过压状态下，i_C的波形发生凹陷，I_{cm}将急剧减小，随着R_Σ的逐渐增大，相应的参数分析如下。

（1）I_{c1m}（$I_{c1m}=I_{cm}\alpha_1(\theta_c)$）和$I_{c0}$（$I_{c0}=I_{cm}\alpha_0(\theta_c)$）急剧减小。

（2）U_{c1m}（$U_{c1m}=I_{c1m}R_\Sigma$）对应的曲线受I_{c1m}的影响而略微上升。

（3）直流电源提供的功率P_D（$P_D=I_{c0}V_{CC}$）对应的曲线变化规律与I_{c0}对应的曲线变化规律类似。

（4）输出功率P_o（$P_o=\dfrac{1}{2}\dfrac{{U_{c1m}}^2}{R_\Sigma}=\dfrac{1}{2}{I_{c1m}}^2R_\Sigma$）随着$R_\Sigma$的逐渐增大而减小。

（5）损耗功率P_c（$P_c=P_D-P_o$）对应的曲线可由P_D和P_o对应的曲线相减得到。

（6）集电极效率η_c（$\eta_c=\dfrac{1}{2}g_1(\theta_c)\dfrac{U_{c1m}}{V_{CC}}$）对应的曲线变化规律与$U_{c1m}$对应的曲线变化

规律类似。

对于丙类高频谐振功率放大电路（导通角 θ_c<90°），由于 $\alpha_1(\theta_c)>\alpha_0(\theta_c)$，因此 $I_{c1m}>I_{c0}$（其中，$I_{c1m}=I_{cm}\alpha_1(\theta_c)$，$I_{c0}=I_{cm}\alpha_0(\theta_c)$），即 I_{c1m} 对应的曲线始终在 I_{c0} 对应的曲线上面。

当丙类高频谐振功率放大电路处于临界状态时，其输出功率 P_o 最大，集电极效率 η_c 也接近最高，因此是最佳工作状态。根据负载特性，最好使丙类高频谐振功率放大电路工作在临界状态，这样可兼顾输出功率和效率两个性能指标。

2. 放大特性

视频：4.3（3）丙类高频谐振功率放大器的性能分析-放大特性

若 V_{BB}、V_{CC} 和 R_Σ 这 3 个参数固定，仅调整 U_{bm}，则丙类高频谐振功率放大电路的 U_{c1m}、I_{c1m}、I_{c0} 等性能指标随之变化的规律称为放大特性。

当 U_{bm} 发生变化时，将导致 θ_c（$\theta_c=\arccos\dfrac{U_{on}-V_{BB}}{U_{bm}}$）发生变化，从而使输出特性欠压区内的动态线斜率值 $|g_d|$（$|g_d|=\left|\dfrac{1}{\alpha_1(\theta_c)R_\Sigma(1-\cos\theta_c)}\right|$）发生变化，因此，利用输出特性曲线分析放大特性不方便。

图 4.3.4 利用折线化转移特性曲线来分析丙类高频谐振功率放大电路工作时 i_C 的波形随 U_{bm} 的变化规律，并给出了 U_{c1m}、I_{c1m}、I_{c0} 与 U_{bm} 的关系曲线。

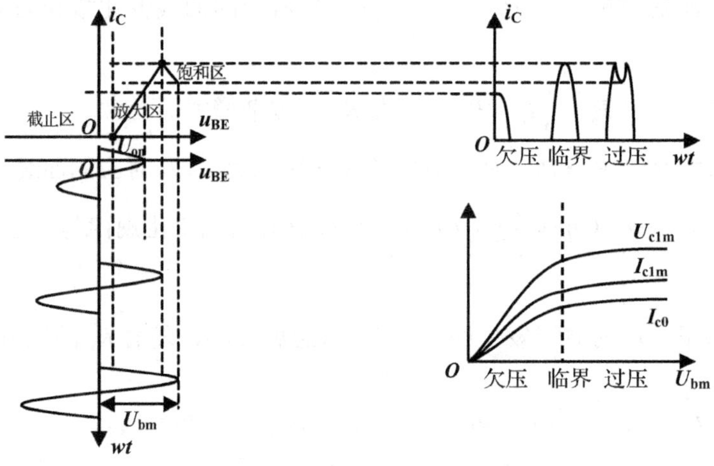

（a）　　　　（b）

图 4.3.4　丙类高频谐振功率放大电路的放大特性曲线

由图 4.3.4（a）可知，随着 U_{bm} 的增大，u_{BE}（$u_{BE}=V_{BB}+U_{bm}\cos wt$）增大，丙类高频谐振功率放大电路的工作状态将由欠压状态过渡到临界状态，再过渡到过压状态。

随着 u_{BE} 的增大，输出波形部分增大，对应的集电极电流 i_C 的最大振幅 I_{cm} 也增大。

当丙类高频谐振功率放大电路过渡到过压状态时，集电极电流 i_C 的波形将发生凹陷。

丙类高频谐振功率放大电路放大特性的具体分析如下。

在欠压状态下，随着 U_{bm} 的逐渐增大，相应的参数分析如下。

（1）I_{cm} 逐渐增大，导通角 θ_c（$\theta_c = \arccos\dfrac{U_{on} - V_{BB}}{U_{bm}}$）也增大，因此，$I_{c1m}$（$I_{c1m} = I_{cm}\alpha_1(\theta_c)$）和 I_{c0}（$I_{c0} = I_{cm}\alpha_0(\theta_c)$）都将逐渐增大。

（2）U_{c1m}（$U_{c1m} = I_{c1m}R_\Sigma$）对应的曲线变化规律与 I_{c1m} 对应的曲线变化规律类似，U_{c1m} 随着 I_{c1m} 的增大而逐渐增大。

（3）由于 $U_{c1m} = I_{c1m}R_\Sigma$，而谐振电阻 R_Σ 通常大于 1，因此 $U_{c1m} > I_{c1m}$（数值），即 U_{c1m} 对应的曲线始终在 I_{c1m} 对应的曲线上面。

上面提到，在过压状态下，i_C 的波形发生凹陷，I_{cm} 将急剧减小，随着 U_{bm} 的逐渐增大，相应的参数分析如下。

（1）I_{c1m}（$I_{c1m} = I_{cm}\alpha_1(\theta_c)$）和 I_{c0}（$I_{c0} = I_{cm}\alpha_0(\theta_c)$）对应的曲线将呈现略微上升的趋势。

（2）U_{c1m}（$U_{c1m} = I_{c1m}R_\Sigma$）受 I_{c1m} 的影响，对应的曲线也呈现略微上升的趋势。

（3）由于 $U_{c1m} = I_{c1m}R_\Sigma$，而谐振电阻 R_Σ 通常大于 1，因此 $U_{c1m} > I_{c1m}$（数值），即 U_{c1m} 对应的曲线始终在 I_{c1m} 对应的曲线上面。

根据放大特性，最好使丙类高频谐振功率放大电路工作在欠压状态。在欠压状态下，U_{c1m} 随着 U_{bm} 的增大而增大，但不是线性关系，θ_c 也会随之增大；而在过压状态下，随着 U_{bm} 的增大，丙类高频谐振功率放大电路的 U_{c1m} 几乎保持不变。

仅当高频谐振功率放大电路为甲类（导通角 θ_c =180°）或乙类（导通角 θ_c =90°）时，导通角 θ_c 固定不变，U_{c1m} 与 U_{bm} 才是线性关系。

3．基极调制特性

若 V_{CC}、R_Σ 和 U_{bm} 固定，则 U_{c1m}、I_{c1m}、I_{c0} 等性能指标随基极直流偏置电压 V_{BB} 变化的规律称为基极调制特性。丙类高频谐振功率放大电路的基极调制特性曲线如图 4.3.5 所示。

视频：4.3（4）丙类高频谐振功率放大器的性能分析-基极调制特性

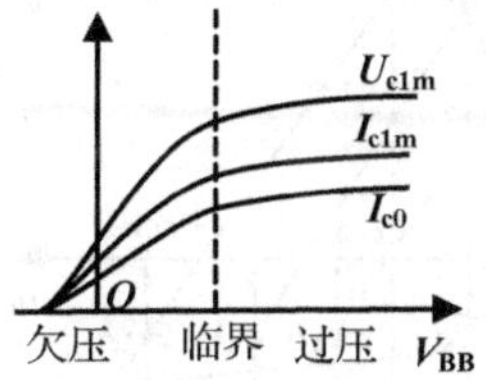

图 4.3.5　丙类高频谐振功率放大电路的基极调制特性曲线

由于基极直流偏置电压 V_{BB} 和交流输入信号 $\dot{U}_b$ 以串联叠加方式处于丙类高频谐振功率放大电路的输入回路，因此 V_{BB} 的变化与 $\dot{U}_b$ 的振幅 U_{bm} 的变化对输出电流 i_C 和输出电压振幅 U_{c1m} 的影响是类似的，可以对图 4.3.5 和图 4.3.4（b）进行对照分析。

随着 V_{BB} 的增大，u_{BE}（$u_{BE} = V_{BB} + U_{bm}\cos wt$）增大，丙类高频谐振功率放大电路的工作状态由欠压状态过渡到临界状态，再过渡到过压状态。

丙类高频谐振功率放大电路基极调制特性的具体分析如下。

在欠压状态下，随着 V_{BB} 的逐渐增大，相应的参数分析如下。

（1）I_{cm} 逐渐增大，导通角 θ_c（$\theta_c = \arccos\dfrac{U_{on} - V_{BB}}{U_{bm}}$）增大，因此 I_{c1m}（$I_{c1m} = I_{cm}\alpha_1(\theta_c)$）和 I_{c0}（$I_{c0} = I_{cm}\alpha_0(\theta_c)$）也逐渐增大。

（2）U_{c1m}（$U_{c1m} = I_{c1m}R_\Sigma$）对应的曲线变化规律与 I_{c1m} 对应的曲线变化规律类似，U_{c1m} 随着 I_{c1m} 的增大而逐渐增大。

（3）由于谐振电阻 R_Σ 通常大于 1，因此 $U_{c1m} > I_{c1m}$（数值），即 U_{c1m} 对应的曲线始终在 I_{c1m} 对应的曲线上面。

在过压状态下，i_C 的波形发生凹陷，I_{cm} 将急剧减小；随着 V_{BB} 的继续增大，导通角 θ_c（$\theta_c = \arccos\dfrac{U_{on} - V_{BB}}{U_{bm}}$）增大，因此相应的参数分析如下。

（1）I_{c1m}（$I_{c1m} = I_{cm}\alpha_1(\theta_c)$）和 I_{c0}（$I_{c0} = I_{cm}\alpha_0(\theta_c)$）对应的曲线呈现略微上升的趋势。

（2）U_{c1m}（$U_{c1m} = I_{c1m}R_\Sigma$）受 I_{c1m} 的影响，对应的曲线也呈现略微上升的趋势。

（3）由于 $U_{c1m} = I_{c1m}R_\Sigma$，而谐振电阻 R_Σ 通常大于 1，因此 $U_{c1m} > I_{c1m}$（数值），即 U_{c1m} 对应的曲线始终在 I_{c1m} 对应的曲线上面。

基极调制的目的就是使 U_{c1m} 随着 V_{BB} 的变化而变化，根据基极调制特性，丙类高频谐振功率放大电路最好工作在欠压状态，以使 V_{BB} 对 U_{c1m} 具有控制作用。

视频：4.3（5）丙类高频谐振功率放大器的性能分析-集电极调制特性

4．集电极调制特性

若 V_{BB}、R_Σ 和 U_{bm} 固定，则 U_{c1m}、I_{c1m}、I_{c0} 等性能指标随集电极直流偏置电压 V_{CC} 变化的规律称为集电极调制特性。丙类高频谐振功率放大电路的集电极调制特性曲线如图 4.3.6 所示。

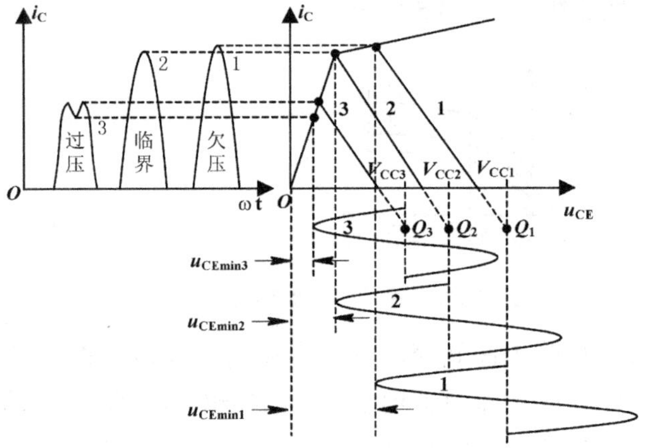

（a）

图 4.3.6　丙类高频谐振功率放大电路的集电极调制特性曲线

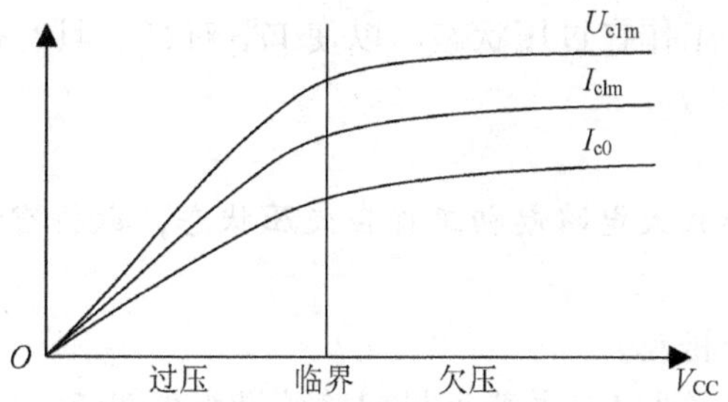

(b)

图 4.3.6　丙类高频谐振功率放大电路的集电极调制特性曲线（续）

由图 4.3.6（a）可以看出，V_{CC} 的变化将导致静态工作点 $Q(V_{BB},V_{CC})$ 左右平移，但是动态线斜率不变，从而使放大区内的动态线左右平移。随着 V_{CC} 的增大，动态线的最高点由放大区过渡到临界点，再过渡到饱和区，因此丙类高频谐振功率放大电路的工作状态由欠压状态过渡到临界状态，再过渡到过压状态。

丙类高频谐振功率放大电路集电极调制特性的具体分析如下。

在过压状态下，随着 V_{CC} 的逐渐增大，u_{CE}（$u_{CE}=V_{CC}-U_{c1m}\cos wt$）逐渐增大，$u_{BC}$（$u_{BC}=u_{BE}-u_{CE}$）小于 0 的程度逐渐增大，即加在晶体三极管集电极上的外加反向电压逐渐增大，这将吸引更多的电子向集电极运动，导致集电极电流逐渐增大，I_{cm} 也就逐渐增大，相应的参数分析如下。

（1）导通角 θ_c（$\theta_c=\arccos\dfrac{U_{on}-V_{BB}}{U_{bm}}$）不变，$I_{c1m}$（$I_{c1m}=I_{cm}\alpha_1(\theta_c)$）和 I_{c0}（$I_{c0}=I_{cm}\alpha_0(\theta_c)$）随着 I_{cm} 的增大而逐渐增大。

（2）U_{c1m}（$U_{c1m}=I_{c1m}R_\Sigma$）对应的曲线变化规律与 I_{c1m} 对应的曲线变化规律类似，U_{c1m} 随着 I_{c1m} 的增大而逐渐增大。

（3）由于 $U_{c1m}=I_{c1m}R_\Sigma$，而谐振电阻 R_Σ 通常大于 1，因此 $U_{c1m}>I_{c1m}$（数值），即 U_{c1m} 对应的曲线始终在 I_{c1m} 对应的曲线上面。

在欠压状态下，随着 V_{CC} 的继续增大，u_{CE}（$u_{CE}=V_{CC}-U_{c1m}\cos wt$）继续增大，$u_{BC}$（$u_{BC}=u_{BE}-u_{CE}$）小于 0 的程度也继续增大，即加在晶体三极管集电极上的外加反向电压逐渐增大，但是由于晶体三极管中电子的浓度一定，因此集电极电流几乎不变（略微增大），I_{cm} 几乎不变（略微增大），相应的参数分析如下。

（1）导通角 θ_c（$\theta_c=\arccos\dfrac{U_{on}-V_{BB}}{U_{bm}}$）不变，$I_{c1m}$（$I_{c1m}=I_{cm}\alpha_1(\theta_c)$）和 I_{c0}（$I_{c0}=I_{cm}\alpha_0(\theta_c)$）随着 V_{CC} 的继续增大几乎不变（略微增大）。

（2）U_{c1m}（$U_{c1m}=I_{c1m}R_\Sigma$）对应的曲线变化规律与 I_{c1m} 对应的曲线变化规律类似，U_{c1m} 随着 V_{CC} 的继续增大几乎不变（略微增大）。

（3）由于 $U_{c1m}=I_{c1m}R_\Sigma$，而谐振电阻 R_Σ 通常大于 1，因此 $U_{c1m}>I_{c1m}$（数值），即 U_{c1m} 对应的曲线始终在 I_{c1m} 对应的曲线上面。

集电极调制的目的就是使 U_{c1m} 随着 V_{CC} 的变化而变化，根据集电极调制特性，丙类高频谐振功率放大电路最好工作在过压状态，以使 V_{CC} 对 U_{c1m} 具有控制作用。

例题 4.3.1

若丙类高频谐振功率放大电路起初工作在欠压状态，欲将它调整到临界状态，则可采取哪些措施？

解： 可采取以下 4 种措施。

（1）根据负载特性，增大 LC 并联谐振回路的谐振电阻 R_{Σ}，其他 3 个参数不变。

（2）根据放大特性，增大交流输入信号的幅值 U_{bm}，其他 3 个参数不变。

（3）根据基极调制特性，增大基极直流偏置电压 V_{BB}，其他 3 个参数不变。

（4）根据集电极调制特性，减小集电极直流偏置电压 V_{CC}，其他 3 个参数不变。

例题 4.3.2

实测一丙类高频谐振功率放大电路，发现其输出功率 P_o 仅为设计值的 20%，I_{c0} 却略大于设计值。试问该丙类高频谐振功率放大电路工作在什么状态？如何调整才能使 P_o 和 I_{c0} 接近设计值呢？

解： 在本题中，“略”这个字十分重要。具体分析如下。

（1）根据负载特性，在欠压状态下，当增大 LC 谐振回路的谐振电阻 R_{Σ} 时，丙类高频谐振功率放大电路从欠压状态逐渐向临界状态过渡，I_{c0} 略微减小，I_{c1m} 略微减小，输出功率 P_o（$P_o=\frac{1}{2}I_{c1m}{}^2R_{\Sigma}$）增大。符合题意要求。

（2）根据放大特性，在过压状态下，当减小 U_{bm} 时，丙类高频谐振功率放大电路从过压状态逐渐向临界状态过渡，I_{c0} 略微减小，I_{c1m} 略微减小，输出功率 P_o（$P_o=\frac{1}{2}I_{c1m}{}^2R_{\Sigma}$）也略微减小。不符合题意要求。

（3）根据基极调制特性，在过压状态下，当减小 V_{BB} 时，丙类高频谐振功率放大电路从过压状态逐渐向临界状态过渡，I_{c0} 略微减小，I_{c1m} 略微减小，输出功率 P_o（$P_o=\frac{1}{2}I_{c1m}{}^2R_{\Sigma}$）也略微减小。不符合题意要求。

（4）根据集电极调制特性，在欠压状态下，当减小 V_{CC} 时，丙类高频谐振功率放大电路从欠压状态逐渐向临界状态过渡，I_{c0} 略微减小，I_{c1m} 略微减小，输出功率 P_o（$P_o=\frac{1}{2}I_{c1m}{}^2R_{\Sigma}$）也略微减小。不符合题意要求。

综合以上分析，只有改变 R_{Σ} 才符合题意要求。因此该丙类高频谐振功率放大电路工作在欠压状态，增大 R_{Σ} 就可以使 P_o 和 I_{c0} 接近设计值。

例题 4.3.3

已知高频谐振功率放大电路工作在临界状态，导通电压 U_{on}=0.5V，转移特性曲线斜率 g=10mA/V，I_{cm}=20mA，V_{CC}=10V。

（1）求 θ_c 分别为 180°、90°和 60°时的输出功率。

（2）求 θ_c 分别为 180°、90°和 60°时的集电极效率。

（3）求 θ_c 分别为 180°、90°和 60°时的基极直流偏置电压 V_{BB}。

（注意：忽略集电极饱和压降，计算过程只列出表达式。）

解：若忽略集电极饱和压降，则有

$$u_{CES}=u_{CEmin}=V_{CC}-U_{c1m}\cos wt=V_{CC}-U_{c1m}=0$$

即

$$U_{c1m}=V_{CC}=10V$$

（1）输出功率的表达式为

$$P_o=\frac{1}{2}I_{c1m}U_{c1m}=\frac{1}{2}I_{cm}\alpha_1(\theta_c)U_{c1m}$$

将不同的 θ_c 对应的分解系数代入上边的输出功率的表达式中，即可求得对应的输出功率。

（2）集电极效率的表达式为

$$\eta_c=\frac{P_o}{P_D}=\frac{\frac{1}{2}I_{cm}\alpha_1(\theta_c)U_{c1m}}{I_{cm}\alpha_0(\theta_c)V_{CC}}=\frac{1}{2}g_1(\theta_c)\xi=\frac{1}{2}g_1(\theta_c)$$

其中，电压利用系数 $\xi=\frac{U_{c1m}}{V_{CC}}=1$。

将不同的 θ_c 对应的波形系数代入上边的集电极效率的表达式中，即可求得对应的集电极效率。

（3）根据转移特性曲线斜率的表达式 $g=\frac{I_{cm}}{U_{bm}(1-\cos\theta_c)}$，可得

$$U_{bm}=\frac{I_{cm}}{g(1-\cos\theta_c)}$$

根据导通角的表达式 $\theta_c=\arccos\frac{U_{on}-V_{BB}}{U_{bm}}$，可推出基极直流偏置电压 V_{BB} 的表达式为

$$V_{BB}=U_{on}-U_{bm}\cos\theta_c$$

将不同的 θ_c 对应的余弦函数值代入上边的基极直流偏置电压 V_{BB} 的表达式，即可求得不同的基极直流偏置电压。

例题 4.3.4

已知高频谐振功率放大电路工作在临界状态，直流电源 V_{CC}=18V，临界饱和线斜率 g_{cr}=0.6mA/V，导通角 θ_c=60°，R_Σ=100Ω。

（1）求输出功率 P_o。

（2）求直流电源提供的功率 P_D。

（3）求集电极效率 η_c。

（注意：计算过程只列出表达式。）

解：（1）临界饱和线斜率的表达式为

$$g_{cr} = \frac{I_{cm}}{u_{CES}}$$

当高频谐振功率放大电路工作在临界状态时，满足以下条件：

$$u_{CES} = V_{CC} - U_{c1m}$$

由以上两式可得

$$g_{cr} = \frac{I_{cm}}{V_{CC} - U_{c1m}} = \frac{\dfrac{I_{c1m}}{\alpha_1(\theta_c)}}{V_{CC} - U_{c1m}} = \frac{I_{c1m}}{\alpha_1(\theta_c)(V_{CC} - U_{c1m})}$$

LC 谐振回路的谐振电阻的表达式为

$$R_\Sigma = \frac{U_{c1m}}{I_{c1m}}$$

由于 g_{cr}、V_{CC}、θ_c 和 R_Σ 都为已知参数，因此，将 g_{cr} 和 R_Σ 的表达式联合即可求得基波分量的电压振幅 U_{c1m} 与电流振幅 I_{c1m}，从而可求出以下 3 个参数。

（1）输出功率为

$$P_o = \frac{1}{2} I_{c1m} U_{c1m}$$

（2）直流电源提供的功率为

$$P_D = I_{c0} V_{CC} = \frac{I_{c1m}}{\alpha_1(\theta_c)} \alpha_0(\theta_c) V_{CC} = \frac{I_{c1m}}{g_1(\theta_c)} V_{CC}$$

（3）集电极效率为

$$\eta_c = \frac{P_o}{P_D} \times 100\%$$

△4.4 直流馈电线路与 LC 选频匹配网络

视频：4.4.1 直流馈电线路

4.4.1 直流馈电线路

【导学】

➢ 直流馈电线路的作用、形式及设计原则。

> ➢ 集电极馈电线路的结构与工作原理。
> ➢ 基极馈电线路的结构与工作原理。

为了使高频谐振功率放大电路工作在所需的状态（如丙类状态）下，必须在高频谐振功率放大电路的输入、输出回路中加上合适的直流偏置电压。直流馈电线路的作用就是把直流电源馈送到高频谐振功率放大电路的输入、输出回路，以保证高频谐振功率放大电路工作在所需的状态下。

直流馈电线路有两种基本形式：串联馈电线路和并联馈电线路。直流馈电线路的设计原则如下。

（1）直流电流有直流通路，交流电流有交流通路，且交流电流不能流过直流电源（避免电源两端的电压产生波动），因此需要借助一些馈电元器件来实现，如高频扼流圈、旁路电容和隔直电容等。

（2）无论哪种馈电线路形式，都要求直流偏置电压与交流输入电压串联叠加。

1．集电极馈电线路

图 4.4.1 给出了集电极馈电线路的两种基本形式。

由于集电极电流为尖顶余弦脉冲，包括直流、基波及各次谐波分量，因此集电极馈电线路除了应有效地将直流偏置电压加在晶体三极管的集电极与发射极之间，还应使所需谐波分量流过负载回路而产生输出功率，同时有效地滤除其他谐波分量。图 4.4.1 中的高频扼流圈 L_c 和大电容 C_c、C_{c1}、C_{c2} 的作用就是阻止交流电流流过直流电源并为其提供短路通道，以免直流电源两端电压产生波动。

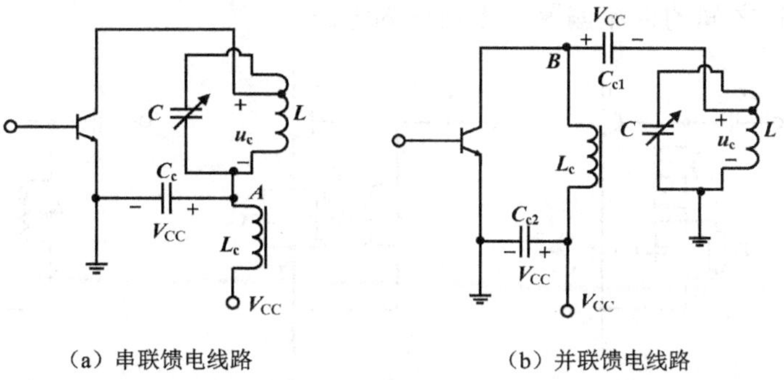

图 4.4.1　集电极馈电线路的两种基本形式

在如图 4.4.1（a）所示的串联馈电线路中，晶体三极管、直流电源和 LC 并联谐振回路是串联的关系。串联馈电线路的优点是高频扼流圈 L_c 和大电容 C_c 对地的分布电容不会影响 LC 并联谐振回路的谐振频率，原因是图 4.4.1（a）中的 A 点在高频等效电路中通过大电容 C_c 短路接地；缺点是可调电容 C 不能直接接地，安装和调整不方便。

在如图 4.4.1（b）所示的并联馈电线路中，晶体三极管、直流电源和 LC 并联谐振回路是并联的关系。并联馈电线路的优点和缺点与串联馈电线路的优点和缺点正好相反，即其优点是 LC 并联谐振回路下端接地，故安装和调整方便；缺点是高频扼流圈 L_c 和大电容

C_{c1} 不处于高频低电位［图 4.4.1（b）中的 *B* 点在高频等效电路中处于高频高电位］，因此它们对地的分布电容将直接影响 LC 并联谐振回路的谐振频率。

2. 基极馈电线路

基极馈电线路也有串联馈电线路和并联馈电线路两种基本形式，对于丙类高频谐振功率放大电路，通常采用自给偏压形式（不需要外加直流电源）。图 4.4.2 给出了 3 种基极馈电线路，均为自给偏压形式。

在无输入信号时，自给偏压电路的偏置电压为零；随着输入信号振幅的逐渐增大，在图 4.4.2（a）、（b）中，晶体三极管的基极与发射极之间的直流偏置电压向负值方向增大；在图 4.4.2（c）中，晶体三极管的基极与发射极之间的直流偏置电压始终为零。

（1）在图 4.4.2（a）中，通过电容 C_{b2} 耦合到基极的输入信号为交流信号，当输入信号的振幅超过晶体三极管的导通电压后，晶体三极管导通，产生余弦脉冲电流，其中包含的直流分量 I_{B0} 从发射极经过电阻 R_b 流向基极（电容 C_{b1} 为隔直电容），使基极的直流电位为负值，由于发射极接地，因此晶体三极管的基极与发射极之间为负的直流偏置电压。改变电阻 R_b 的大小，可以调节所提供的直流偏置电压的大小。

（2）在图 4.4.2（b）中，通过电容 C_b 耦合到基极的输入信号为交流信号，当输入信号的振幅超过晶体三极管的导通电压后，晶体三极管导通，产生余弦脉冲电流，其中包含的直流分量 I_{E0} 从发射极经过电阻 R_e 流向接地端（电容 C_e 为隔直电容），由于高频扼流圈 L_b 对直流分量起到短路作用，因此晶体三极管的基极与发射极之间仍为负的直流偏置电压。改变电阻 R_e 的大小，可以调节所提供的直流偏置电压的大小。

（3）在图 4.4.2（c）中，由于高频扼流圈 L_b 对直流信号起到短路作用，因此晶体三极管的基极与发射极之间的直流偏置电压始终为零。

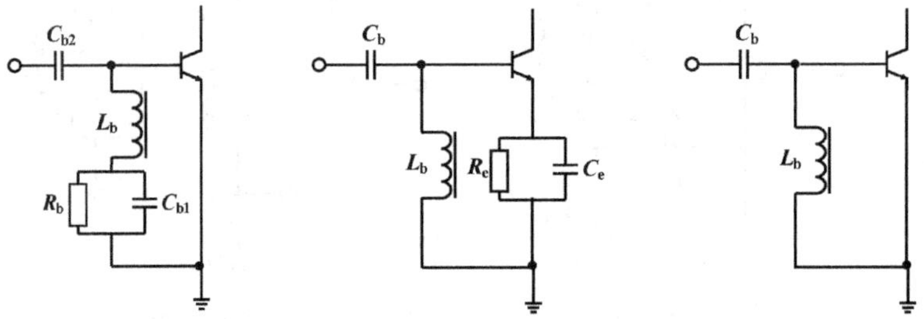

（a）基极自偏压并联馈电线路　（b）发射极自偏压串联馈电线路　（c）零偏压并联馈电线路

图 4.4.2　基极馈电线路的 3 种基本形式

4.4.2 LC 选频匹配网络

【导学】

➢ LC 选频匹配网络的作用。

> ➢ 倒 L 型选频匹配网络的结构与工作原理。
> ➢ T 型和 π 型选频匹配网络的结构与工作原理。

为使高频谐振功率放大电路的输入端能够从信号源或前级电路得到有效的输入功率，输出端能够向负载输出不失真的最大功率或满足后级放大电路的要求，在高频谐振功率放大电路的输入端和输出端必须加上匹配网络。

LC 选频匹配网络的作用就是在所要求的信号频带内进行有效的阻抗变换，并充分滤除无用的杂散信号。在具体应用时，为了获得良好的选频匹配效果，通常采用多个 LC 选频匹配网络级联的方式。

为了衡量输出匹配网络上的功率损耗，定义回路效率为

$$\eta_n = \frac{P_L}{P_o} \tag{4.4.1}$$

其中，P_o 和 P_L 分别是高频谐振功率放大电路的输出功率与负载上得到的功率。

LC 选频匹配网络有倒 L 型、T 型、π 型等几种不同的组成形式。其中，倒 L 型是基本形式，T 型和 π 型选频匹配网络都可以看作两个倒 L 型选频匹配网络的组合。

1. 倒 L 型选频匹配网络

视频：4.4.2（2）LC 选频匹配网络-倒 L 型选频匹配网络

倒 L 型选频匹配网络由两个异性电抗元器件组成，常用的形式有两种：口朝右的倒 L 型选频匹配网络和口朝左的倒 L 型选频匹配网络，分别如图 4.4.3（a）、（b）所示。为了便于进行电路分析，分别将图 4.4.3（a）、（b）等效为图 4.4.3（c）、（d）。

在图 4.4.3 中，X_1、X_2、X_p、X_s 是相应电抗元器件的电抗值，R_i 是倒 L 型选频匹配网络在工作频率处的等效输入电阻，R_L 是负载电阻。图 4.4.3（a）、（b）中的两个异性电抗元器件的位置可互换，只需满足两个电抗元器件为异性质即可。

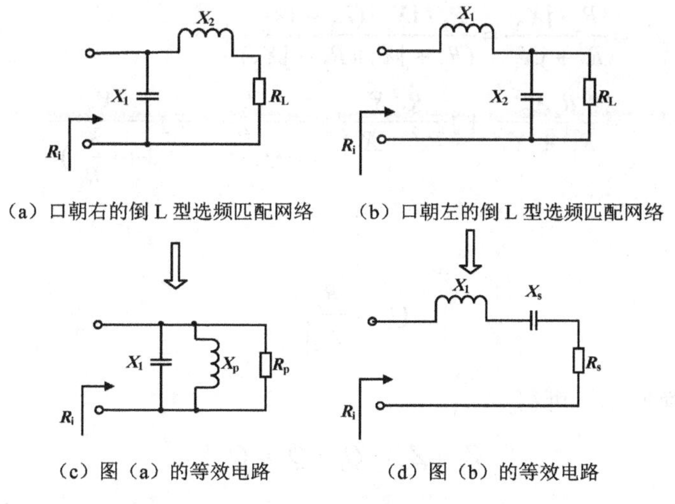

图 4.4.3　倒 L 型选频匹配网络

（1）串/并联等效转换。

视频：4.4.2（1）LC 选频匹配网络-串并联等效转换

为了便于进行电路分析，通常将串联支路等效转换为并联支路或将并联支路等效转换为串联支路，如图 4.4.4 所示。其中，X_1 是相应电抗元器件的电抗值（感抗或容抗），R_x 是相应电抗元器件的损耗电阻，R_1 是外接电阻；X_2 是等效转换后的电抗值（感抗或容抗），R_2 是等效转换后的外接电阻。

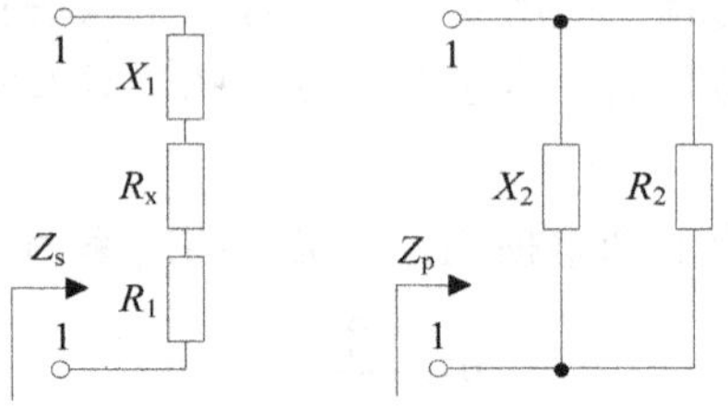

（a）串联支路　　（b）等效并联支路

图 4.4.4　串/并联等效转换电路

串联支路和并联支路的等效转换原则为等效转换前后的电路总阻抗相等，品质因数也相等。

在图 4.4.4（a）中，1-1 端子之间的串联支路的总阻抗为

$$Z_s = (R_1 + R_x) + jX_1 = R_{1\Sigma} + jX_1 \tag{4.4.2}$$

品质因数为

$$Q_1 = \frac{|X_1|}{R_{1\Sigma}} \tag{4.4.3}$$

在图 4.4.4（b）中，1-1 端子之间的等效并联支路的总阻抗为

$$\begin{aligned} Z_p &= \frac{R_2 \cdot jX_2}{R_2 + jX_2} = \frac{R_2 \cdot jX_2 \cdot (R_2 - jX_2)}{(R_2 + jX_2)(R_2 - jX_2)} \\ &= \frac{R_2 X_2^2}{R_2^2 + X_2^2} + j\frac{R_2^2 X_2}{R_2^2 + X_2^2} = \frac{R_2}{1 + (\frac{R_2}{X_2})^2} + j\frac{X_2}{1 + (\frac{X_2}{R_2})^2} \end{aligned} \tag{4.4.4}$$

品质因数为

$$Q_2 = \frac{R_2}{|X_2|} \tag{4.4.5}$$

根据等效转换原则，可得

$$Z_s = Z_p，\ Q_1 = Q_2 = Q \tag{4.4.6}$$

因此有

$$R_{1\Sigma}=\frac{R_2}{1+(\frac{R_2}{X_2})^2}=\frac{R_2}{1+Q^2}\text{，}\quad X_1=\frac{X_2}{1+(\frac{X_2}{R_2})^2}=\frac{X_2}{1+(\frac{1}{Q})^2} \tag{4.4.7}$$

通常情况下，品质因数是比较高的，当 $Q>>1$ 时，有

$$R_{1\Sigma}\approx\frac{R_2}{Q^2}\text{，}\quad X_1\approx X_2 \tag{4.4.8}$$

由式（4.4.8）可知，当 $Q>>1$ 时，将串联支路等效转换为并联支路后，电抗元器件的性质不变，大小也基本不变；串联支路中的电阻要比并联支路中的电阻小得多。

（2）口朝右的倒 L 型选频匹配网络。

为便于分析，将图 4.4.3（a）中由 X_2 与 R_L 组成的串联支路等效转换为图 4.4.3（c）中由 X_p 与 R_p 组成的并联支路。在图 4.4.3（c）中，当发生谐振时，可得到以下两个表达式：

$$X_1+X_P=0 \tag{4.4.9}$$

$$R_i=R_p \tag{4.4.10}$$

根据串联支路和并联支路之间的等效转换关系，可知图 4.4.3（c）中的电阻 R_p 和图 4.4.3（a）中的电阻 R_L 的关系为

$$R_p=(1+Q^2)R_L \tag{4.4.11}$$

其中，Q 为如图 4.4.3（a）所示的口朝右的倒 L 型选频匹配网络的品质因数。由式（4.4.10）和式（4.4.11）可得

$$Q=\sqrt{\frac{R_p}{R_L}-1}=\sqrt{\frac{R_i}{R_L}-1} \tag{4.4.12}$$

根据品质因数的定义，可得

$$Q=\frac{|X_2|}{R_L}=\frac{R_p}{|X_p|} \tag{4.4.13}$$

因此有

$$|X_2|=QR_L=\sqrt{\frac{R_i}{R_L}-1}R_L=\sqrt{R_L(R_i-R_L)} \tag{4.4.14}$$

$$|X_1|=|X_p|=\frac{R_p}{Q}=\frac{R_i}{Q}=\frac{R_i}{\sqrt{\frac{R_i}{R_L}-1}}=R_i\sqrt{\frac{R_L}{R_i-R_L}} \tag{4.4.15}$$

由式（4.4.14）和式（4.4.15）可知，图 4.4.3（a）所示的口朝右的倒 L 型选频匹配网络中电抗元器件的电抗值 X_1、X_2 取决于倒 L 型选频匹配网络的输入电阻 R_i 和负载电阻 R_L。由式（4.4.11）可知，口朝右的倒 L 型选频匹配网络能够通过在谐振频率处增大负载

电阻的等效值来满足信号源或前级放大电路的需求。

（3）口朝左的倒 L 型选频匹配网络。

为便于分析，将图 4.4.2（b）中由 X_2 与 R_L 组成的并联支路等效转换为图 4.4.2（d）中由 X_s 与 R_s 组成的串联支路。在图 4.4.2（d）中，当发生谐振时，可得到以下两个表达式：

$$X_1 + X_s = 0 \tag{4.4.16}$$

$$R_i = R_s \tag{4.4.17}$$

根据串联支路和并联支路之间的等效转换关系，可知图 4.4.2（d）中的电阻 R_s 和图 4.4.2（b）中的电阻 R_L 的关系为

$$R_s = \frac{R_L}{(1+Q'^2)} \tag{4.4.18}$$

其中，Q' 为如图 4.4.2（b）所示的口朝左的倒 L 型选频匹配网络的品质因数。由式（4.4.17）和式（4.4.18）可得

$$Q' = \sqrt{\frac{R_L}{R_s} - 1} = \sqrt{\frac{R_L}{R_i} - 1} \tag{4.4.19}$$

根据品质因数的定义，可得

$$Q' = \frac{R_L}{|X_2|} = \frac{|X_s|}{R_s} = \frac{|X_1|}{R_i} \tag{4.4.20}$$

从而有

$$|X_1| = Q'R_i = \sqrt{\frac{R_L}{R_i} - 1}R_i = \sqrt{R_i(R_L - R_i)} \tag{4.4.21}$$

$$|X_2| = \frac{R_L}{Q'} = \frac{R_L}{\sqrt{\frac{R_L}{R_i} - 1}} = R_L\sqrt{\frac{R_i}{R_L - R_i}} \tag{4.4.22}$$

由式（4.4.21）和式（4.4.22）可知，图 4.4.2（b）所示的口朝左的倒 L 型选频匹配网络中电抗元器件的电抗值 X_1、X_2 也取决于倒 L 型选频匹配网络的输入电阻 R_i 和负载电阻 R_L。由式（4.4.18）可知，口朝左的倒 L 型选频匹配网络能够通过在谐振频率处减小负载电阻的等效值来满足信号源或前级放大电路的需求。

视频：4.4.2（3）LC 选频匹配网络-T 型和 π 型选频匹配网络

2. T 型和 π 型选频匹配网络

T 型和 π 型选频匹配网络都是由 3 个电抗元器件组成的，其中两个电抗元器件同性质，另一个电抗元器件异性质，如图 4.4.5（a）、（b）所示。前面提到，T 型和 π 型选频匹配网络都可以看作两个倒 L 型选频匹配网络的组合，分别如图 4.4.5（c）、（d）所示，用类似的

方法可以推导出其有关公式。在图 4.4.5 中，X_{s1}、X_{s2}、X_s、X_p、X_{p1}、X_{p2} 分别表示相应电抗元器件的电抗值。

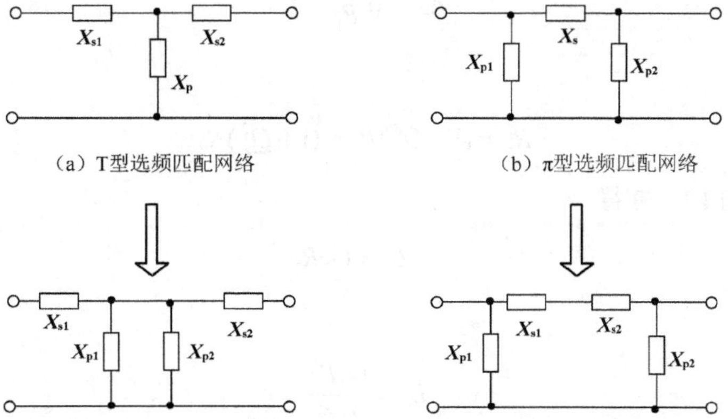

（a）T型选频匹配网络　（b）π型选频匹配网络

（c）T型选频匹配网络等效成两个倒L型选频匹配网络　（d）π型选频匹配网络等效成两个倒L型选频匹配网络

图 4.4.5　T 型和 π 型选频匹配网络及其等效电路

例题 4.4.1

已知负载电阻为 R_2，现利用如图 4.4.6（a）所示的 T 型选频匹配网络，使负载电阻 R_2 在工作频率 f_0 处转换为 R_1，试分析如何确定 T 型选频匹配网络中 3 个电抗元器件的值？

解： 图 4.4.6（a）所示的 T 型选频匹配网络可以等效为如图 4.4.6（b）所示的两个倒 L 型选频匹配网络的组合。由于图 4.4.6（a）中的串联臂上是异性质的元器件 C_s 和 L_s，因此 C_p 应该等效分解为两个并联的异性质元器件——L_1 和 C_1，只有这样才能满足倒 L 型选频匹配网络的组成要求。

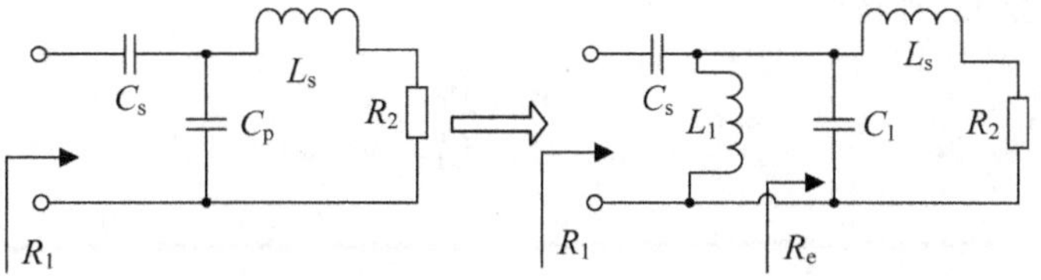

（a）　（b）

图 4.4.6　例题 4.4.1 图

在图 4.4.6（b）中，假设 Q_1、Q_2 分别为左、右两个倒 L 型选频匹配网络的品质因数，R_e 是负载电阻 R_2 在工作频率 f_0 处经过右边倒 L 型选频匹配网络（口朝右）转换后的等效电阻，即左边倒 L 型选频匹配网络（口朝左）的等效负载电阻。

由式（4.4.12）可得

$$Q_2 = \sqrt{\frac{R_e}{R_2} - 1}$$

由式（4.4.19）可得

$$Q_1 = \sqrt{\frac{R_e}{R_1} - 1}$$

因此

$$R_e = (1 + Q_1^2)R_1 = (1 + Q_2^2)R_2$$

根据式（4.4.14），可得

$$w_0 L_s = Q_2 R_2$$

因此有

$$L_s = \frac{Q_2 R_2}{2\pi f_0}$$

根据式（4.4.15），可得

$$\frac{1}{w_0 C_1} = \frac{R_e}{Q_2}$$

根据式（4.4.21），可得

$$\frac{1}{w_0 C_s} = Q_1 R_1$$

因此有

$$C_s = \frac{1}{2\pi f_0 Q_1 R_1}$$

根据式（4.4.22），可得

$$w_0 L_1 = \frac{R_e}{Q_1}$$

由于

$$-\frac{1}{w_0 C_p} = \frac{w_0 L_1 (-\frac{1}{w_0 C_1})}{w_0 L_1 - \frac{1}{w_0 C_1}}$$

因此

$$C_p = \frac{Q_2 - Q_1}{2\pi f_0 R_e}$$

可见，$Q_2>Q_1$，从而可得 $R_1>R_2$，因此，T 型选频匹配网络只能在工作频率处增大负载电阻的等效值。

例题 4.4.2

分析如图 4.4.7 所示的两级高频谐振功率放大电路的组成。

解：在图 4.4.7 中，两级高频谐振功率放大电路的基极馈电线路均采用了自给零偏压馈电形式，集电极馈电线路均采用了并联馈电形式。

为使第一级高频谐振功率放大电路的输入端能够从信号源得到有效的功率，在信号源与第一级高频谐振功率放大电路之间采用了 T 型选频匹配网络（由电容 C_1、C_2 和电感 L_1 组成）。

为使第二级高频谐振功率放大电路的输入端能够从第一级高频谐振功率放大电路得到有效的功率，在两级高频谐振功率放大电路之间也采用了 T 型选频匹配网络（由电容 C_3、C_4 和电感 L_2 组成）。

为使第二级高频谐振功率放大电路的输出端能够向负载输出不失真的最大功率，在第二级高频谐振功率放大电路与负载之间采用了倒 L 型选频匹配网络（由电容 C_5、C_6 和电感 L_3 组成）。

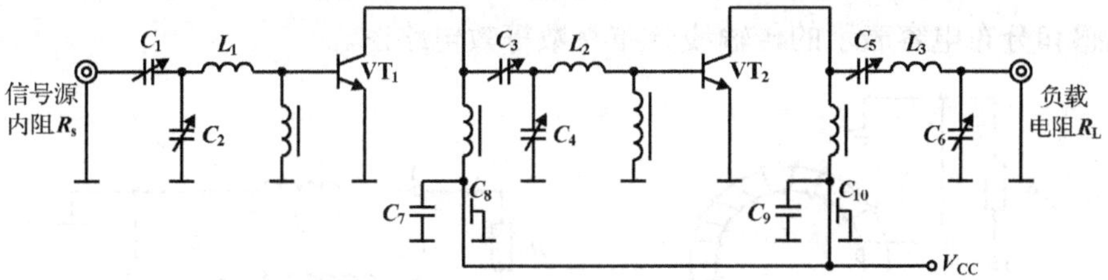

图 4.4.7　两级高频谐振功率放大电路

4.5　宽带高频功率放大电路与功率合成电路

宽带高频功率放大电路采用非调谐宽带网络作为匹配网络，能在很宽的频带范围内获得线性放大。常用的宽带匹配网络是传输线变压器，它能够使宽带高频功率放大电路的最高频率扩展到几百兆赫兹甚至上千兆赫兹，并能够同时覆盖几个倍频程的频带宽度。因为宽带高频功率放大电路没有选频滤波性能，所以它只能工作在非线性失真较小的甲类或乙类状态，效率较低。因此，宽带高频功率放大电路是以牺牲效率来换取工作频带的加宽的。

4.5.1　传输线变压器

视频：4.5.1 传输线变压器

【导学】

- 传输线变压器的结构与工作原理。
- 传输线变压器实现阻抗变换的工作原理。

1. 宽频带特性

普通变压器上、下限频率的扩展方法是相互制约的：为了扩展下限频率，需要增大主线圈的电感，使其在低频段也能取得较大的输入阻抗，可采用高磁导率的磁芯或增加主线圈的匝数，但这样做将使变压器的漏感和分布电容增大，会降低上限频率；为了扩展上限频率，需要减小漏感和分布电容，减小高频功耗，可采用低磁导率的磁芯或减少主线圈的匝数，但这样做又会使下限频率升高。

传输线变压器就是基于传输线原理和变压器原理产生的一种耦合元件。它是将传输线（双绞线、带状线或同轴线等）绕在高磁导率的磁芯上构成的，以传输线方式和变压器方式同时进行能量传输。

图 4.5.1 给出了一种简单的 1∶1 传输线变压器。其中，图 4.5.1（a）所示为传输线变压器的结构示意图，图 4.5.1（b）所示为以传输线方式（等效为传输线）工作的原理图，图 4.5.1（c）所示为以变压器方式（等效为变压器）工作的原理图，图 4.5.1（d）所示为用分布电感和分布电容表示的传输线分布参数等效电路图。

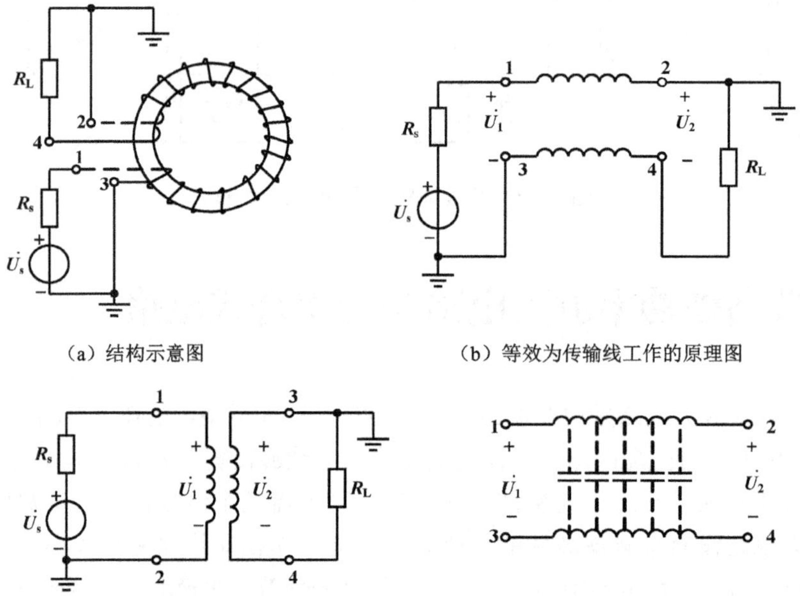

（a）结构示意图　　（b）等效为传输线工作的原理图

（c）等效为变压器工作的原理图　　（d）传输线分布参数等效电路图

图 4.5.1　1∶1 传输线变压器

当以传输线方式工作时，信号从 1、3 端输入，从 2、4 端输出，如图 4.5.1（b）所示。如果信号的波长与传输线的长度能够相比拟，那么两根导线固有的分布电感和相互间的分布电容就构成了传输线分布参数等效电路。如果传输线是无损耗的，则传输线的特性阻抗为

$$Z_c = \sqrt{\frac{\Delta L}{\Delta C}} \tag{4.5.1}$$

其中，ΔL、ΔC 分别是单位线长的分布电感和分布电容。

如果 Z_c 与负载电阻 R_L 相等，则称传输线终端匹配。在无损耗且满足匹配要求的情况下，当传输线长度 l 与工作波长 λ 相比足够小（$l<\frac{\lambda_{min}}{8}$）时，可以认为传输线上任何位置的电压或电流的振幅均相等，输入阻抗 Z_i、传输线的特性阻抗 Z_c 和负载电阻 R_L 这 3 个参数也相等，故为 1∶1 变压器。此时，负载上得到的功率与输入功率相等且不因频率的变化而变化。

当以变压器方式工作时，信号从 1、2 端输入，从 3、4 端输出，如图 4.5.1（c）所示。由于输入线圈和输出线圈的长度相等，故为 1∶1 反相变压器。

在低频段，变压器方式起主要作用，由于磁芯的磁导率高，因此，即使传输线较短，也能够获得足够大的初级电感，保证传输线变压器的低频特性较好。在高频段，传输线方式起主要作用，在无损耗且满足匹配要求的情况下，上限频率将不受漏感、分布电容和高磁导率的磁芯的限制。在实际情况中，虽然要做到严格无损耗和匹配比较困难，但上限频率仍然可以达到很高。因此，传输线变压器具有良好的宽频带特性。

2．阻抗变换特性

与普通变压器一样，传输线变压器也可以实现阻抗变换，但由于受到其结构的限制，只能实现某些特定阻抗比的阻抗变换。

图 4.5.2 所示为一种 4∶1 传输线阻抗变换器的原理图。在无损耗且传输线长度很短的情况下，传输线变压器输入端与输出端的电压相同，均为 $\dot{U}$；流过的电流也相同，均为 $\dot{I}$。由此可得到特性阻抗 Z_c 和输入端输入阻抗 Z_i 分别为

$$Z_c=\frac{\dot{U}}{\dot{I}}=\frac{2\dot{I}R_L}{\dot{I}}=2R_L \tag{4.5.2}$$

$$Z_i=\frac{2\dot{U}}{\dot{I}}=2Z_c=4R_L \tag{4.5.3}$$

其中，Z_i 是 1、4 端之间的等效阻抗。当负载 R_L 为特性阻抗 Z_c 的 $\frac{1}{2}$ 时，此传输线变压器即可实现 4∶1 的阻抗变换。此时的终端匹配条件是 $R_L=\frac{Z_c}{2}$。

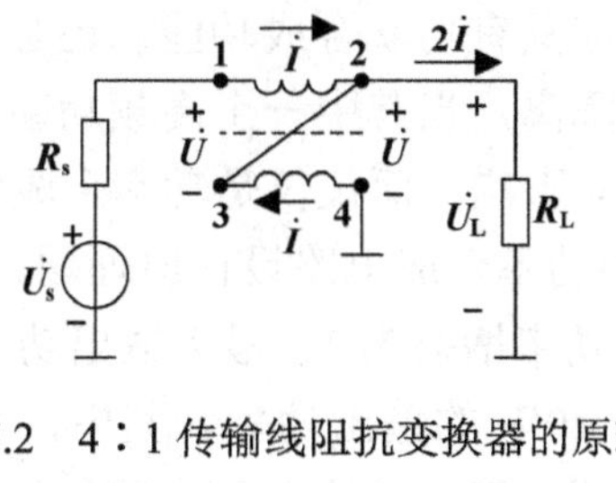

图 4.5.2　4∶1 传输线阻抗变换器的原理图

利用传输线变压器，还可以实现其他一些特定阻抗比的阻抗变换。注意：不同的阻抗比对应的终端匹配条件是不一样的。

图 4.5.3 给出了一个两级宽带高频功率放大电路设计原理图，其中采用 3 个传输线变压器作为匹配网络。两级宽带高频功率放大电路都工作在甲类状态，采用本级交流负反馈方式展宽频带，改善非线性失真。其中，3 个传输线变压器均为 4∶1 传输线阻抗变换器。前两个传输线变压器级联后作为第一级宽带高频功率放大电路的输出匹配网络，总阻抗比为 16∶1，使第二级宽带高频功率放大电路的低输入阻抗与第一级宽带高频功率放大电路的输出阻抗匹配。第三个传输线变压器使第二级宽带高频功率放大电路的输出阻抗与 50Ω 的负载电阻匹配。

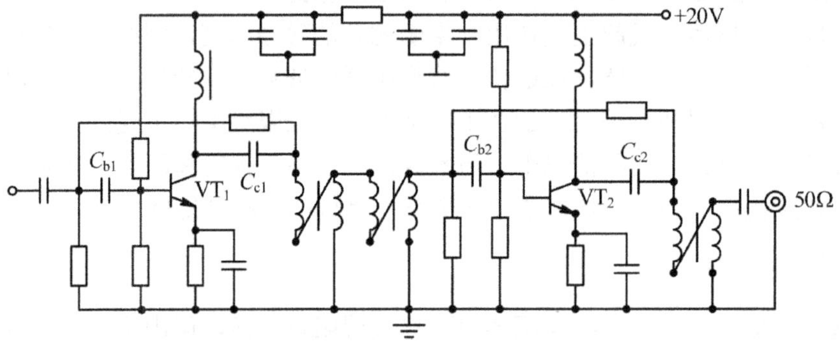

图 4.5.3　两级宽带高频功率放大电路设计原理图

4.5.2　功率合成电路

【导学】

➢ 功率合成技术的定义。

➢ 理想功率合成电路的设计。

利用多个高频功率放大电路同时对输入信号进行放大，并采取相应措施将各个高频功率放大电路的输出信号相加，使得总的输出功率远大于单个高频功率放大电路的输出功率，这就是功率合成技术。利用功率合成技术，能够获得几百瓦甚至上千瓦的高频输出功率。

理想的功率合成电路不仅应具有功率合成功能，还必须在其输入端使与其相连接的前级各个高频功率放大电路互相隔离，当其中一个高频功率放大电路损坏时，相邻的其他高频功率放大电路的工作状态不受影响，而仅仅是功率合成电路输出总的功率减小一些。

图 4.5.4 给出了一个理想的功率合成电路设计原理图。

在图 4.5.4 中，采用了 7 个功率增益为 2、最大输出功率为 10W 的高频功率放大电路，利用功率合成技术，可以获得 40W 的输出功率。其中，采用了 3 个一分为二的功率分配电路和 3 个合二为一的功率合成电路。功率分配电路的作用是将前级高频功率放大电路的输出功率平均分为若干份，分别提供给后级各个高频功率放大电路。

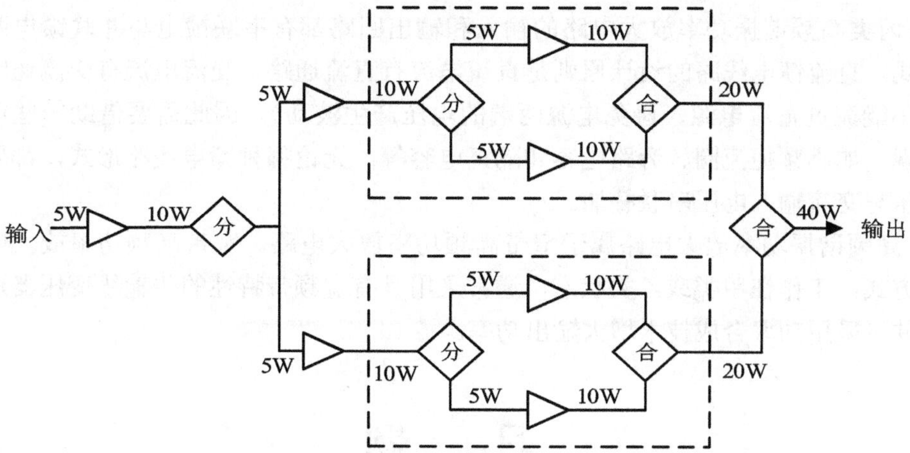

图 4.5.4　理想的功率合成电路设计原理图

利用传输线变压器，可以组成各种类型的功率分配电路和功率合成电路。传输线变压器具有频带宽、结构简单、插入损耗小等优点，也可进一步组成宽频带大功率的高频功率放大电路。

本 章 小 结

1．高频谐振功率放大电路可以工作在甲类、乙类、甲乙类或丙类状态。其中，丙类高频谐振功率放大电路的输出功率虽然不及其他 3 类高频谐振功率放大电路的输出功率，但是它的效率是最高的，从节约能源的角度考虑，它是高频谐振功率放大电路经常选用的一种电路形式。

2．丙类高频谐振功率放大电路的导通角 θ_c 较小，意味着晶体三极管的导通时间短，因此其集电极功耗会减小。但是丙类高频谐振功率放大电路的导通角 θ_c 越小，其输出功率也就越小。因此，丙类高频谐振功率放大电路需要选择合适的导通角 θ_c，以兼顾效率和输出功率两个重要指标。

3．折线分析法是工程上常用的一种近似分析方法。利用折线分析法，可以对丙类高频谐振功率放大电路的性能进行分析。

根据负载特性，最好使丙类高频谐振功率放大电路工作在临界状态，此时其输出功率和效率几乎都达到最佳。

根据放大特性，最好使丙类高频谐振功率放大电路工作在欠压状态，以体现交流输入信号的振幅（U_{bm}）对输出信号振幅 U_{c1m} 的控制作用。

根据基极调制特性，最好使丙类高频谐振功率放大电路工作在欠压状态，以体现基极直流偏置电压（V_{BB}）对输出信号振幅 U_{c1m} 的控制作用。

根据集电极调制特性，最好使丙类高频谐振功率放大电路工作在过压状态，以体现集电极直流偏置电压（V_{CC}）对输出信号振幅 U_{c1m} 的控制作用。

4．丙类高频谐振功率放大电路的输入和输出回路都有串联馈电与并联馈电两种直流馈电形式。直流馈电线路的设计原则是直流电流有直流通路，交流电流有交流通路，且交流电流不能流过直流电源（避免电源两端的电压产生波动），因此需要借助一些馈电元器件来实现，如高频扼流圈、旁路电容和隔直电容等；无论哪种馈电线路形式，都要求直流偏置电压与交流输入电压串联叠加。

5．高频谐振功率放大电路属于窄带高频功率放大电路。宽带高频功率放大电路采用非调谐方式，工作在甲类或乙类状态，通常采用具有宽频带特性的传输线变压器进行阻抗匹配，并可采用功率合成技术增大输出功率。

习　题

4.1 高频谐振功率放大电路根据导通角 θ_c 的大小如何分类？

4.2 高频谐振功率放大电路的最佳导通角如何选择？为什么丙类高频谐振功率放大电路的效率最高？

4.3 高频谐振功率放大电路根据基极回路中的直流偏置电压 V_{BB} 的取值如何分类？

4.4 已知某高频谐振功率放大电路工作在临界状态，LC 选频匹配网络的谐振电阻 R_Σ=100Ω，直流电流分量的振幅 I_{c0}=100mA，集电极直流偏置电压 V_{CC}=20V，导通角 θ_c=60°。

（1）求直流电源提供的功率 P_D。

（2）求基波分量的输出电压振幅 U_{c1m}。

（3）求交流输出功率 P_o。

（4）求集电极功耗 P_c。

（5）求集电极效率 η_c。

4.5 已知某高频谐振功率放大电路的集电极直流偏置电压 V_{CC}=20V，直流电流分量的振幅 I_{c0}=200mA，交流输出功率 P_o=5W, 电压利用系数 ξ=1。

（1）求直流电源提供的功率 P_D。

（2）求集电极功耗 P_c。

（3）求集电极效率 η_c。

（4）求 LC 选频匹配网络的谐振电阻 R_Σ。

（5）求基波分量的输出电流振幅 I_{c1m}。

（6）求导通角 θ_c。

4.6 已知某高频谐振功率放大电路工作在临界状态，临界饱和线斜率 g_{cr}=1.5A/V，集电极直流偏置电压 V_{CC}=24V，导通角 θ_c=70°，交流输出功率 P_o=10W。

（1）求基波分量的输出电流振幅 I_{c1m} 和输出电压振幅 U_{c1m}。

（2）求 LC 选频匹配网络的谐振电阻 R_Σ。

（3）求直流电源提供的功率 P_D。

（4）求集电极效率 η_c。

（5）如果交流输入信号的振幅 U_{bm} 增大为原来的 2 倍，那么高频谐振功率放大电路的工作状态将如何改变？

（6）如果 LC 选频匹配网络的谐振电阻 R_Σ 增大为原来的 2 倍，那么高频谐振功率放大电路的工作状态将如何改变？

4.7 若丙类高频谐振功率放大电路起初工作在过压状态，欲将它调整到临界状态，则可采取哪些措施？

4.8 已知某高频谐振功率放大电路起初工作在临界状态，后来其性能发生了变化：交流输出功率 P_o 明显减小，集电极效率 η_c 反而升高，但是集电极直流偏置电压 V_{CC}、基波分量的输出电压振幅 U_{c1m} 和 u_{BEmax} 都不变。

（1）此时高频谐振功率放大电路工作在什么状态？

（2）导通时间是延长了还是缩短了？分析其性能变化的原因。

4.9 试画出两级高频谐振功率放大电路的实际电路图，有以下几点要求。

（1）两级均采用 NPN 型晶体三极管，发射极接地。

（2）第一级基极采用自给负偏压电路，第二级基极采用零偏压电路。

（3）第一级集电极馈电线路采用并联形式，第二级集电极馈电线路采用串联形式。

（4）两级高频谐振功率放大电路之间采用 T 型选频匹配网络，第二级高频谐振功率放大电路与负载之间采用 π 型选频匹配网络。

第 5 章　正弦波振荡器

无论是在发射机中还是在接收机中，都需要振荡器。例如，在发射机中，高频振荡器用于产生高频载波信号；在接收机中，本地振荡器用于产生混频器所需的本地振荡信号。由此可见，振荡器是无线电发送设备的“心脏”，也是超外差式接收机的主要部分。此外，在诸多仪器中，如信号发生器、频率计、测试仪、自动控制器等，其核心部分都离不开振荡器。

振荡器是一种不需要外加激励信号，能够自动将直流电源能量转换为具有一定波形的交变振荡信号能量的转换装置。振荡器可以产生正弦波和非正弦波。本章仅讨论正弦波振荡器。

正弦波振荡器按其工作原理又可分为反馈型 LC 振荡器和负阻振荡器。

本章在介绍反馈型 LC 振荡器的组成框图及振荡条件的基础上，重点讨论 LC 正弦波振荡器和晶体振荡器。

△5.1　反馈型 LC 振荡器

视频：5.1.1 反馈型 LC 振荡器的工作原理

5.1.1　工作原理

【导学】

- LC 并联谐振回路中自由振荡衰减的原因。
- LC 并联谐振回路获得等幅正弦波振荡的原理。

在反馈型 LC 振荡器中，LC 并联谐振回路是最基本的选频网络，因此，下面首先讨论 LC 并联谐振回路的自由振荡现象，然后以此为基础分析反馈型 LC 振荡器的工作原理。

图 5.1.1 所示为 LC 并联谐振回路与直流电压源 U_s 的连接图。其中，R_p 是 LC 并联谐振回路的谐振电阻。在 $t=0$ 以前，开关 S 接通 1，使 $u_C(0)=U_s$；在 $t=0$ 时，开关 S 迅速断开 1 并接通 2；根据电路分析基础知识，可以求出在 $R_p>\frac{1}{2}\sqrt{\frac{L}{C}}$ 的情况下，$t>0$ 以后 LC 并联谐振回路两端电压的表达式，即 LC 并联谐振回路在欠阻尼情况下的零输入响应：

$$u_C(t)=U_s e^{-\alpha t}\cos w_0 t \tag{5.1.1}$$

其中，振荡角频率 $w_0=\dfrac{1}{\sqrt{LC}}$；衰减系数 $\alpha=\dfrac{1}{2R_pC}$。

当谐振电阻 R_p 较大时，LC 并联谐振回路两端的电压是一个振幅按指数规律衰减的正弦波振荡，其波形如图 5.1.2 所示。

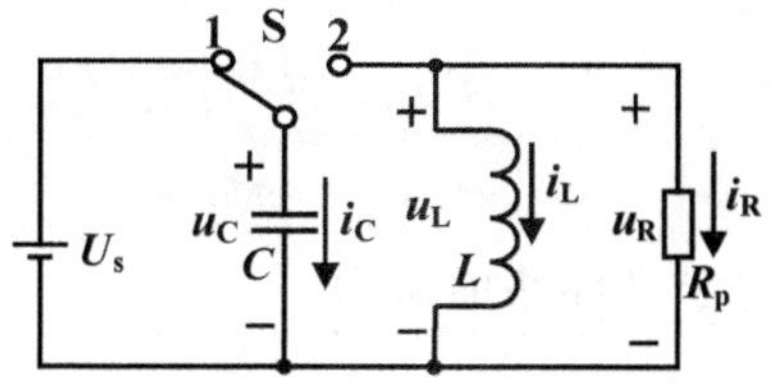

图 5.1.1　LC 并联谐振回路与直流电压源 U_s 的连接图

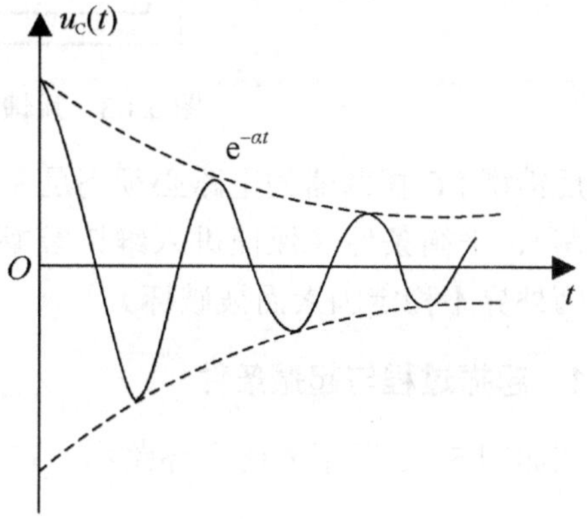

图 5.1.2　LC 并联谐振回路在欠阻尼情况下的振荡波形

在 LC 并联谐振回路中，自由振荡衰减的原因在于损耗电阻的存在。若 LC 并联谐振回路无损耗，即 $R_p\to\infty$，则衰减系数 $\alpha\to 0$，由式（5.1.1）可知，LC 并联谐振回路两端的电压将是一个等幅正弦波振荡。

由此可以产生一个设想：如果采用正反馈方法，不断地适时给 LC 并联谐振回路补充能量，使之刚好与 R_p 上损耗的能量相等，就可以获得等幅正弦波振荡。

视频：5.1.2 振荡过程与振荡条件

5.1.2　振荡过程与振荡条件

【导学】

- 反馈型 LC 振荡器的基本原理。
- 反馈型 LC 振荡器的电路组成及其必须满足的 3 个条件。
- 起振过程与起振条件。
- 平衡过程与平衡条件。
- 平衡状态的稳定性与稳定条件。

采用正反馈方法获得等幅正弦波振荡就是反馈型 LC 振荡器的基本原理。反馈型 LC

振荡器的电路是由主网络和反馈网络组成的一个闭合环路，如图 5.1.3 所示。其中，主网络一般由放大电路和选频网络组成；反馈网络一般由无源器件组成。

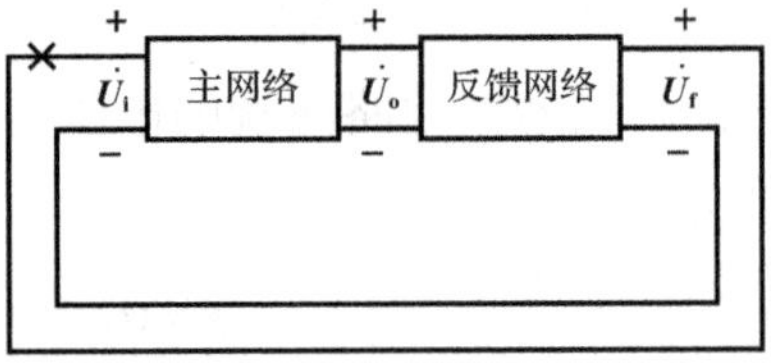

图 5.1.3　反馈型 LC 振荡器的电路组成

反馈型 LC 振荡器的电路必须满足 3 个条件：起振条件（保证接通电源后能够逐步建立起振荡）、平衡条件（保证进入维持等幅持续振荡的平衡状态）和稳定条件（保证平衡状态不因外界不稳定因素而被破坏）。

1．起振过程与起振条件

在如图 5.1.3 所示的闭合环路中，在×处断开，并定义环路增益为

$$\dot{T}(w)=\frac{\dot{U}_{\mathrm{f}}}{\dot{U}_{\mathrm{i}}}=\dot{A}\dot{F} \tag{5.1.2}$$

其中，$\dot{U}_{\mathrm{f}}$、$\dot{U}_{\mathrm{i}}$、$\dot{A}$ 和 $\dot{F}$ 分别为反馈电压、输入电压、主网络增益与反馈系数。从图 5.1.3 中可以看出，反馈电压将作为下一次新的输入电压。

如果选频网络采用 LC 并联谐振回路，则只有频率与 LC 并联谐振回路的谐振频率（假设为 w_0）相等的输入信号才能够通过反馈产生较大的反馈电压 $\dot{U}_{\mathrm{f}}$。若反馈电压 $\dot{U}_{\mathrm{f}}$ 与原输入电压 $\dot{U}_{\mathrm{i}}$ 同相且具有更大的振幅，则经过线性放大和反馈的不断循环，输出振荡电压的振幅就会不断增大。因此，使振幅不断增大的条件为

$$\dot{U}_{\mathrm{f}}(w_0)=\dot{T}(w_0)\dot{U}_{\mathrm{i}}(w_0)>\dot{U}_{\mathrm{i}}(w_0) \tag{5.1.3}$$

即

$$\dot{T}(w_0)>1 \tag{5.1.4}$$

式（5.1.4）也可表示为

$$T(w_0)>1 \tag{5.1.5}$$

$$\varphi_{\mathrm{T}}(w_0)=2n\pi\,(n=0,\ 1,\ 2,\ 3,\cdots) \tag{5.1.6}$$

式（5.1.5）和式（5.1.6）分别称为振幅起振条件与相位起振条件。

在起振过程中，直流电源补充的能量要大于整个环路消耗的能量。

2．平衡过程与平衡条件

振荡电压振幅的增长过程不可能无止境地延续下去，因为放大电路的线性范围是有限

的。随着振幅的增大，放大电路的动态范围将由放大区延伸到饱和区或截止区，其增益逐渐减小。当放大电路的增益减小而使环路增益减小到 1 时，振幅的增长过程将停止，振荡电路达到平衡，进入等幅振荡状态（平衡状态）。

振荡电路进入平衡状态以后，直流电源补充的能量要刚好抵消整个环路消耗的能量。

反馈振荡电路的平衡条件为

$$\dot{T}(w_0)=1 \tag{5.1.7}$$

式（5.1.7）也可表示为

$$T(w_0)=1 \tag{5.1.8}$$

$$\varphi_{\mathrm{T}}(w_0)=2n\pi\,(n=0,\ 1,\ 2,\ 3,\cdots) \tag{5.1.9}$$

式（5.1.8）和式（5.1.9）分别称为振幅平衡条件与相位平衡条件。

根据振幅的起振条件和平衡条件，环路增益的振幅 $T(w_0)$ 应该具有随振幅 U_{i} 的增大而减小的特性，如图 5.1.4 所示。由于一般放大电路的增益特性曲线均具有如图 5.1.4 所示的形状，因此这一条件很容易满足，只要保证起振时环路增益的振幅大于 1 即可。而环路增益的相位 $\varphi_{\mathrm{T}}(w_0)$ 则必须维持在 $2n\pi$（n=0,1,2,3,…）上，保证为正反馈。

3．平衡状态的稳定性与稳定条件

振荡电路在工作过程中不可避免地要受到各种外界因素的影响，如电源电压波动、温度变化和噪声干扰等。这些不稳定因素将使放大电路和 LC 并联谐振回路的参数发生变化，从而使 $T(w_0)$或 $\varphi_{\mathrm{T}}(w_0)$发生变化，破坏原来的平衡条件。

如果通过放大和反馈的不断循环，振荡电路越来越偏离原来的平衡状态，导致振荡电路停振或突变到新的平衡状态，则表明原来的平衡状态是不稳定的；反之，如果通过放大和反馈的不断循环，振荡电路能够产生回到原平衡点的趋势，并且在原平衡点附近建立新的平衡状态，则表明原来的平衡状态是稳定的。

（1）要使振幅稳定，振荡电路在其平衡点处必须具有阻止振幅变化的能力。具体来说，就是在平衡点 $U_{\mathrm{i}}=U_{\mathrm{iA}}$ 附近，当不稳定因素使输入电压振幅 U_{i} 增大时，环路增益的振幅 $T(w_0)$应该减小，以使反馈电压振幅 U_{f} 减小，从而阻止输入电压振幅的增大；当不稳定因素使输入电压振幅 U_{i} 减小时，环路增益的振幅 $T(w_0)$应该增大，以使反馈电压振幅 U_{f} 增大，从而阻止输入电压振幅的减小。这就要求在平衡点附近，$T(w_0)$随 U_{i} 的变化率为负值，即

$$\left.\frac{\partial T(w_0)}{\partial U_{\mathrm{i}}}\right|_{U_{\mathrm{i}}=U_{\mathrm{iA}}}<0 \tag{5.1.10}$$

式（5.1.10）就是振幅稳定条件。对照图 5.1.4 可以看出，满足这个条件的环路增益特性与满足起振条件和平衡条件所要求的环路增益特性是一致的。

（2）振荡电路的相位平衡条件是 $\varphi_{\mathrm{T}}(w_0)=2n\pi\,(n=0,1,2,3,\cdots)$。振荡电路在工作时，

某些不稳定因素可能会破坏这一平衡条件。例如，电源电压波动或静态工作点的变化可能使晶体三极管内部的电容参数发生变化，从而使相位发生变化，产生一个偏移量 $\Delta\varphi$。由于瞬时角频率是瞬时相位的导数，因此瞬时角频率也将随之发生变化。

为了保证相位稳定，要求振荡电路的相频特性 $\varphi_{\mathrm{T}}(w)$ 在振荡频率点处应该具有阻止相位变化的能力。具体来说，就是在平衡点 $w = w_0$ 附近，当不稳定因素使瞬时角频率 w 升高时，相频特性 $\varphi_{\mathrm{T}}(w)$ 应该产生一个 $-\Delta\varphi$，从而产生一个 $-\Delta w$，使瞬时角频率降低；当不稳定因素使 w 降低时，相频特性 $\varphi_{\mathrm{T}}(w)$ 应该产生一个 $+\Delta\varphi$，从而产生一个 $+\Delta w$，使瞬时角频率升高。因此，$\varphi_{\mathrm{T}}(w)$ 的变化曲线在 w_0 附近应为负斜率，如图 5.1.5 所示。

也就是说，相位稳定条件为

$$\left.\frac{\partial\varphi_{\mathrm{T}}(w)}{\partial w}\right|_{w=w_0} < 0 \tag{5.1.11}$$

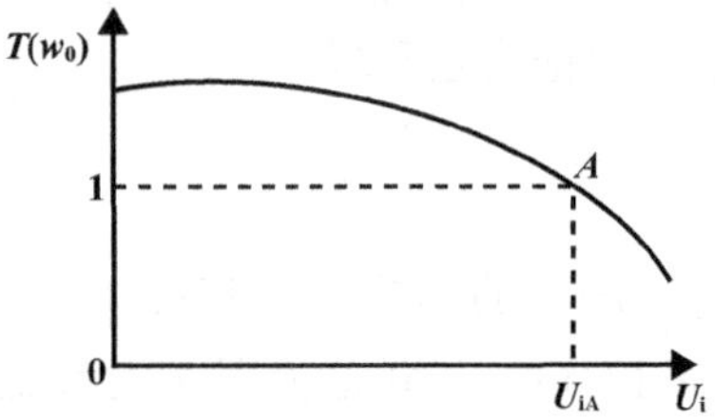

图 5.1.4　满足起振条件和平衡条件的环路增益特性曲线

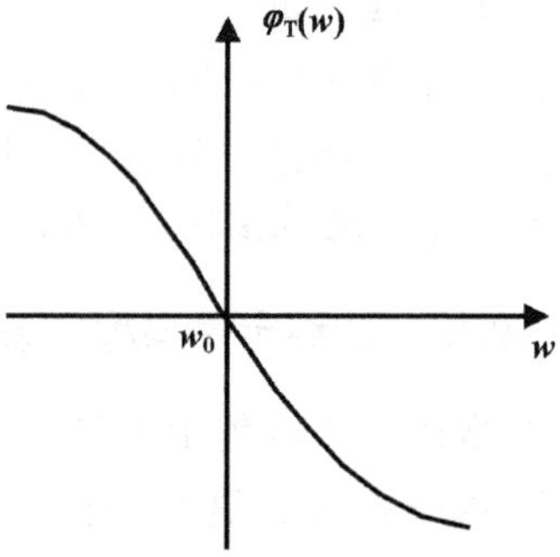

图 5.1.5　满足相位稳定条件的相频特性曲线

视频：5.1.3 反馈型 LC 振荡电路的判断

5.1.3　反馈型 LC 振荡电路的判断

【导学】

➢ 反馈型 LC 振荡电路能够正常振荡需要满足的条件。

根据反馈型 LC 振荡器的基本原理和应当满足的 3 个条件，判断一个反馈型 LC 振荡电路能否正常工作，需要考虑以下几点。

（1）可变增益放大器件（晶体三极管、场效应管或集成电路）应该具有正确的直流偏置电压，开始时应使振荡电路工作在甲类状态，便于起振。

（2）开始起振时，要求环路增益的振幅 $T(w_0) = A(w_0)F(w_0) > 1$。由于反馈网络通常由无源器件组成，而反馈系数 $F(w_0)$ 小于 1，因此 $A(w_0)$ 必须大于 1。共射组态和共基组态放大电路都可以满足这一点。注意：为了增大 $A(w_0)$，负载电阻不能太小。

（3）环路增益的相位在振荡频率点处应为 2π 的整数倍，即环路中应引入正反馈。

（4）选频网络应具有负斜率的相频特性。在振荡频率点附近，可以认为放大电路本身的相频特性为常数，而反馈网络通常由变压器、电阻分压器或电容分压器组成，其相频特性也可视为常数，因此，相位稳定条件应该由选频网络实现。注意：LC 并联谐振回路阻抗的相频特性和 LC 串联谐振回路导纳的相频特性为负斜率，而 LC 并联谐振回路导纳的相频特性和 LC 串联谐振回路阻抗的相频特性为正斜率。

注意：以上要求（1）需要根据实际电路的直流通路进行判断，其余 3 点需要根据实际电路的交流通路进行判断。

例题 5.1.1

判断如图 5.1.6 所示的各个反馈型 LC 振荡电路能否正常工作。

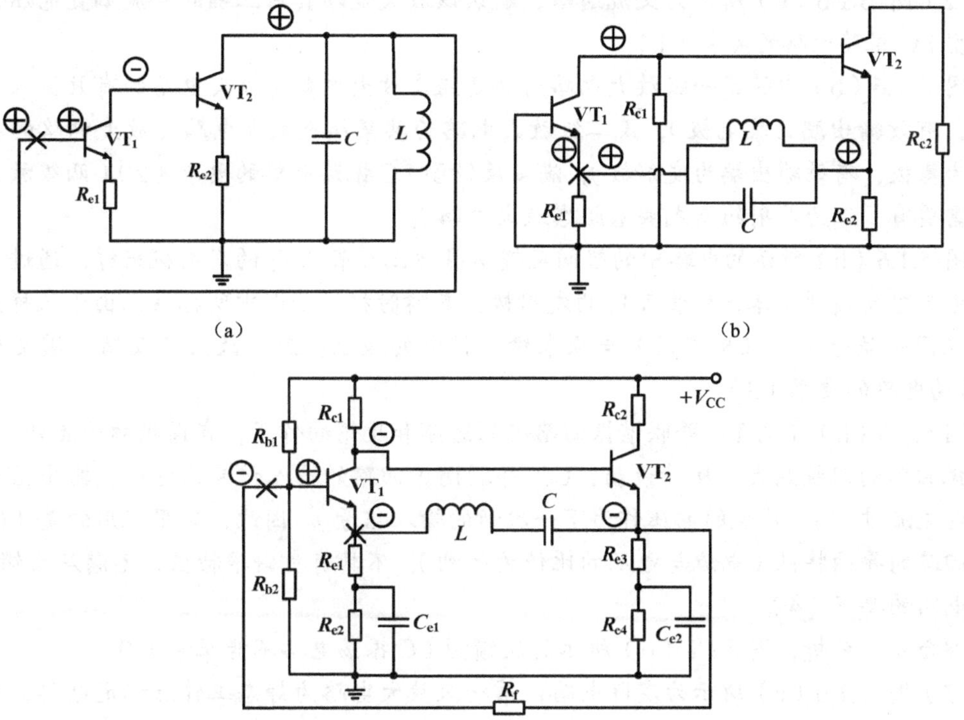

图 5.1.6　例题 5.1.1 图

解：在图 5.1.6 中，3 个电路均为两级放大电路，且两级放大电路中至少有一级是共射组态放大电路或共基组态放大电路，因此，只要其电压增益足够大，振荡的振幅条件就容易满足。而相位条件需要满足两个要求：一是引入正反馈，二是选频网络具有负斜率特性。

（1）图 5.1.6（a）所示为交流通路，默认该放大电路具有正确的直流偏置电压，满足反馈型 LC 振荡电路的要求（1）。

图 5.1.6（a）中的两级放大电路均为共射组态放大电路（两级放大电路的有效输入端均为基极，有效输出端均为集电极），满足反馈型 LC 振荡电路的要求（2）。

图 5.1.6（a）所示的电路中的级间反馈从晶体三极管 VT_2 的集电极采样，通过一根导线反馈到晶体三极管 VT_1 的基极，其瞬时极性如图中所标注。由于采样点和反馈点在同一端子上，且反馈信号与原来输入信号的极性一致，故为正反馈，满足反馈型 LC 振荡电路的要求（3）。

图 5.1.6（a）中的 LC 并联谐振回路起到选频和反馈的作用，在谐振频率点处，反馈电压最大。由于 LC 并联谐振回路的输入信号为晶体三极管 VT_2 的集电极电流，输出信号为其两端电压，并将其两端的输出电压反馈到晶体三极管 VT_1 的基极，作为新的输入信号，因此，这里采用的是 LC 并联谐振回路的阻抗特性（电压与电流的比值为阻抗），具有负斜率特性，满足反馈型 LC 振荡电路的要求（4）。

综合以上分析，图 5.1.6（a）所示的反馈型 LC 振荡电路能够正常工作。

（2）图 5.1.6（b）所示为交流通路，默认该放大电路具有正确的直流偏置电压，满足反馈型 LC 振荡电路的要求（1）。

图 5.1.6（b）中的第一级放大电路为共基组态放大电路（放大电路的有效输入端为发射极，有效输出端为集电极），第二级放大电路为共集组态放大电路（放大电路的有效输入端为基极，有效输出端为发射极），满足反馈型 LC 振荡电路的要求（2）（两级放大电路中只需要有一级为共射组态或共基组态放大电路）。

图 5.1.6（b）所示的电路中的级间反馈从晶体三极管 VT_2 的发射极采样，通过 LC 并联谐振回路反馈到晶体三极管 VT_1 的发射极，其瞬时极性如图中所标注，由于采样点和反馈点在同一端子上，且反馈信号与原来输入信号的极性一致，故为正反馈，满足反馈型 LC 振荡电路的要求（3）。

图 5.1.6（b）中的 LC 并联谐振回路起到选频和反馈的作用，在谐振频率点处，LC 并联谐振回路的阻抗最大，反馈最弱，LC 并联谐振回路的输入信号为电压、输出信号为电流（电流流过 R_{e1}，产生的电压作为下一次新的输入信号）。因此，这里采用的是 LC 并联谐振回路的导纳特性（电流与电压的比值为导纳），不具有负斜率特性，不满足反馈型 LC 振荡电路的要求（4）。

综合以上分析，图 5.1.1（b）所示的反馈型 LC 振荡电路不能正常工作。

（3）图 5.1.6（c）所示为实际电路，第一级放大电路为静态工作点稳定电路，只要直流通路设计合理，即可满足反馈型 LC 振荡电路的要求（1）。

图 5.1.6（c）中的第一级放大电路为共射组态放大电路（放大电路的有效输入端为基极，有效输出端为集电极），第二级放大电路可视为共集组态放大电路（放大电路的有效输入端为基极，有效输出端为发射极），满足反馈型 LC 振荡电路的要求（2）（两级放大电路中只需要有一级为共射组态或共基组态放大电路）。

图 5.1.6（c）所示的电路中有两个级间反馈：第一个级间反馈从晶体三极管 VT_2 的发射极采样，通过 R_f 反馈到晶体三极管 VT_1 的基极，其瞬时极性如图中所标注，采样点和反馈点在同一端子上，由于输入信号与反馈信号的极性相反，故为负反馈，可用于改善输出

波形；第二个级间反馈从晶体三极管 VT_2 的发射极采样，通过 LC 串联支路反馈到晶体三极管 VT_1 的发射极，其瞬时极性如图中所标注，由于采样点和反馈点不在同一端子上，因此输入信号与反馈信号以电压形式求和，又由于输入信号与反馈信号的极性相反，故为正反馈，满足反馈型 LC 振荡电路的要求（3）。

图 5.1.6（c）中的 LC 串联支路起到选频和反馈的作用，在谐振频率点处，LC 串联支路的阻抗最小，反馈最强，其输入信号为电压、输出信号为电流（电流流过 R_{e1}，产生的电压作为反馈信号），因此，这里采用的是 LC 串联支路的导纳特性，具有负斜率特性，满足反馈型 LC 振荡电路的要求（4）。

综合以上分析，图 5.1.6（c）所示的反馈型 LC 振荡电路能够正常工作。

△5.2 LC 正弦波振荡器

LC 正弦波振荡器采用 LC 并联谐振回路作为选频网络，常用的 LC 正弦波振荡器有互感耦合式和三点式两种。

视频：5.2.1 互感耦合式振荡器

5.2.1 互感耦合式振荡器

【导学】

- 互感耦合式振荡器的电路结构。
- 互感耦合式振荡器的工作原理。
- 互感耦合式振荡器中变压器主、次线圈同名端的标注。

在互感耦合式振荡器中，正反馈信号就是通过变压器两个电感之间的互感 M 来耦合实现的，变压器的同名端必须满足振荡的相位平衡条件（引入正反馈），在此基础上适当调节互感 M 以满足振荡的振幅条件。

图 5.2.1（a）所示为常用集电极调谐型互感耦合式振荡器的实际电路，其直流通路如图 5.2.1（b）所示，其交流通路如图 5.2.1（c）所示。

（1）在图 5.2.1（b）中，直流电源 V_{CC} 能够提供正确的直流偏置电压，能够满足反馈型 LC 振荡电路的要求（1）。

注意：图 5.2.1（a）中的电容 C_b 起到通交隔直的作用，是不可缺少的。若没有电容 C_b，则在图 5.2.1（a）中，晶体三极管的基极将通过变压器的次线圈直流接地，导致输入回路得不到正确的直流偏置电压，振荡电路不能起振。

（2）根据图 5.2.1（c），可判得此电路为共射组态放大电路，能够满足反馈型 LC 振荡电路的要求（2）。

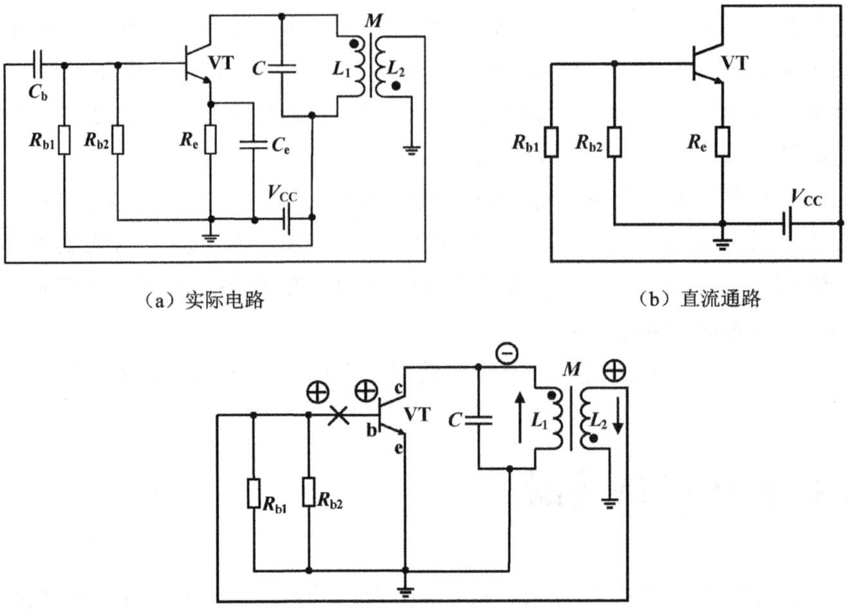

（a）实际电路　　（b）直流通路

（c）交流通路

图 5.2.1　常用集电极调谐型互感耦合式振荡器

（3）共射组态放大电路的有效输入端为基极，有效输出端为集电极。在图 5.2.1（c）中，根据瞬时极性判断方法，假设原输入信号为正极性，因为共射组态放大电路具有倒相作用，所以其输出信号为负极性；由于 LC 并联谐振回路下端接地，因此将主线圈 L_1 上的电流标为从下往上流，并从同名端流出；根据变压器主、次线圈同名端上电流流向一致的原则，次线圈上的电流也应该从同名端流出，因此次线圈 L_2 上的电流标为从上往下流，由于次线圈下端接地，因此次线圈上端应标为正极性，反馈到晶体三极管的基极仍为正极性。由于反馈前后极性一致，因此引入的反馈为正反馈，能够满足反馈型 LC 振荡电路的要求（3）。

（4）在图 5.2.1（c）中，LC 并联谐振回路的作用有 3 个：选频、作为集电极负载、进行阻抗变换。当 LC 并联谐振回路发生谐振时，输出电压最大，反馈最强。LC 并联谐振回路两端的电压通过变压器变压后由次线圈 L_2 反馈到晶体三极管的基极，因此，LC 并联谐振回路的输入信号为集电极电流，输出信号为电压，采用的是 LC 并联谐振回路的阻抗特性（电压除以电流为阻抗），具有负斜率特性，能够满足反馈型 LC 振荡电路的要求（4）。

综合以上分析，图 5.2.1（a）所示的集电极调谐型互感耦合式振荡电路能够正常工作。

互感耦合式振荡电路的频率稳定度不高，而且由于互感耦合元件分布电容的存在限制了振荡频率的提高，因此互感耦合式振荡电路只适用于较低频段。另外，由于高次谐波形成的感抗大，因此取自变压器次线圈的反馈电压中高次谐波的振幅较大，从而导致输出振荡信号中高次谐波分量较大，输出波形不理想。

例题 5.2.1

判断如图 5.2.2 所示的两级互感耦合式振荡电路能否正常工作。

解： 该电路为两级放大电路的交流通路，默认其满足反馈型 LC 振荡电路的要求（1）。

（1）第一级放大电路的有效输入端为发射极，有效输出端为集电极，因此可判得第一级放大电路为共基组态放大电路，其输出电压为 L_2C_1 并联谐振回路两端的电压，经变压器变压后，通过次线圈 L_1 反馈到 VT_2 的基极。

第二级放大电路的有效输入端为基极，有效输出端为发射极，因此可判得第二级放大电路为共集组态放大电路。

两级放大电路中只要有一级为共射组态或共基组态放大电路，即可认为满足反馈型 LC 振荡电路的要求（2）。

（2）根据瞬时极性判断法，判断是否引入了正反馈。

将 VT_1 的发射极与 VT_2 的发射极之间断开，从断开处向左看，假设第一级放大电路（共基组态放大电路，没有倒相作用）原来的输入信号（加在 VT_1 的发射极上）为正极性，则其输出信号（从 VT_1 的集电极引出）也为正极性；由于 L_2C_1 并联谐振回路下端接地，因此可将主线圈 L_2 上的电流标为从上往下流，即从其同名端流入。

根据变压器主、次线圈同名端电流流向一致的原则，变压器次线圈 L_1 上的电流也应该从其同名端流入，即电流从下往上流，由于次线圈 L_1 下端接地，因此次线圈 L_1 上端应标为负极性，反馈到晶体三极管 VT_2 的基极（第二级放大电路的有效输入端）仍为负极性。

由于第二级放大电路为共集组态放大电路（没有倒相作用），因此其发射极处（第二级放大电路的有效输出端）也标为负极性，且发射极上的输出信号作为第一级放大电路新的输入信号，由于断开处反馈前后极性相反，因此引入的反馈为负反馈，不满足反馈型 LC 振荡电路的要求（3）。

（3）在图 5.2.2 中，L_2C_1 和 L_3C_2 两个并联谐振回路都起到选频的作用，当它们发生谐振时，输出电压最大，反馈最强。因为 L_2C_1 和 L_3C_2 并联谐振回路的输入信号均为电流、输出信号均为电压，所以这里利用的是这两个并联谐振回路的阻抗特性（电压除以电流为阻抗），具有负斜率特性，可满足反馈型 LC 振荡电路的要求（4）。

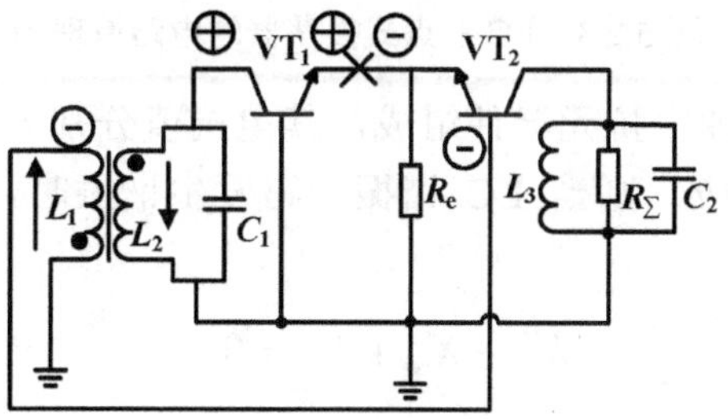

图 5.2.2　例题 5.2.1 图

由于不满足反馈型 LC 振荡电路的要求（3），因此该电路不能正常工作。若将变压器次线圈 L_1 上的同名端标到上面，则可满足反馈型 LC 振荡电路的要求（3）（引入正反馈），从而使如图 5.2.2 所示的电路正常工作。

视频：5.2.2 LC 三点式振荡器的组成原则

5.2.2 LC 三点式振荡器的组成原则

【导学】

- 具体的组成原则。
- 电容三点式振荡器与电感三点式振荡器的判断。

在互感耦合式振荡器中，同名端的正确标注是实现正反馈的关键。在实际工作中，为了避免同名端的麻烦，以及互感耦合不紧密的缺点，采用自耦形式的接法。自耦形式的接法就是把 LC 并联谐振回路中的 L 或 C 变为 2 个，即将有 3 个端点。将这 3 个端点与晶体三极管的 3 个电极分别连接，便组成下面要介绍的 LC 三点式振荡器。

LC 三点式振荡器采用电容耦合形式或自耦变压器耦合形式代替互感耦合形式，能够克服互感耦合式振荡器振荡频率低的缺点，是一种广泛应用的振荡器，其工作频率可达到几百兆赫兹。

1．具体的组成原则

图 5.2.3 所示为 LC 三点式振荡器的电路原理图，将该放大电路看作共射组态放大电路，先分析在满足正反馈条件时，LC 谐振回路中 3 个电抗元器件应具有的性质。

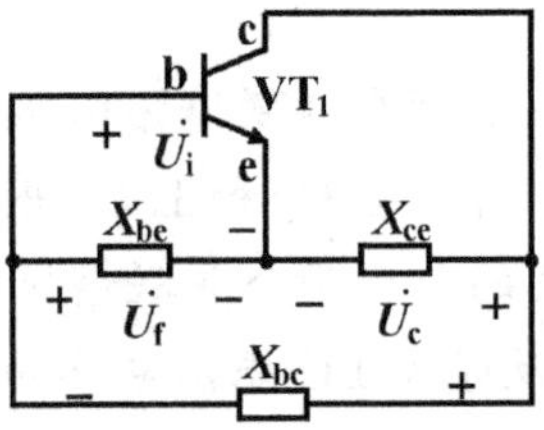

图 5.2.3 LC 三点式振荡器的电路原理图

假定 LC 谐振回路由纯电抗元器件组成，其电抗值分别为 X_{ce}、X_{be} 和 X_{bc}，同时，不考虑晶体三极管的电抗效应，则当 LC 谐振回路发生谐振时，回路呈纯电阻性，满足以下条件：

$$X_{ce}+X_{be}+X_{bc}=0 \tag{5.2.1}$$

即

$$X_{ce}=-(X_{be}+X_{bc})$$

将 $\dot{U}_f$ 看作 $\dot{U}_c$ 在 X_{be}、X_{bc} 支路中，分配在 X_{be} 上的部分电压，即

$$\dot{U}_f = \frac{jX_{be}}{j(X_{be}+X_{bc})}\dot{U}_c = \frac{X_{be}}{X_{be}+X_{bc}}\dot{U}_c = -\frac{X_{be}}{X_{ce}}\dot{U}_c \tag{5.2.2}$$

在满足正反馈条件时，$\dot{U}_f$与$\dot{U}_i$同相；由于将该放大电路看作共射组态放大电路，因此$\dot{U}_c$与$\dot{U}_i$反相，从而$\dot{U}_c$与$\dot{U}_f$也反相，故满足以下条件：

$$\frac{X_{be}}{X_{ce}} > 0 \tag{5.2.3}$$

由式（5.2.3）可以看出，X_{be}与X_{ce}必须是同性质电抗元器件，根据LC谐振回路发生谐振时需要满足的条件（$X_{ce}+X_{be}+X_{bc}=0$），X_{bc}必须是异性质电抗元器件。

综合以上分析，在 LC 三点式振荡器中，与发射极相连接的两个电抗元器件必须同性质，另外一个电抗元器件必须异性质，即射同余异，这就是 LC 三点式振荡器组成的相位判据，或者称为LC三点式振荡器的组成原则。

2．电容三点式振荡器与电感三点式振荡器的判断

与发射极相连接的两个电抗元器件同为电容时的三点式振荡器称为电容三点式振荡器，也称考毕兹振荡器。

与发射极相连接的两个电抗元器件同为电感时的三点式振荡器称为电感三点式振荡器，也称哈特莱振荡器。

视频：5.2.3 电感三点式振荡器

5.2.3　电感三点式振荡器

【导学】

- 电感三点式振荡器的电路结构。
- 电感三点式振荡器振荡频率的分析与计算。
- 电感三点式振荡器中反馈器件的判断及反馈系数的分析与计算。
- 电感三点式振荡器最小电压增益的分析与计算。

1．电路结构

图 5.2.4（a）所示为常见的电感三点式振荡器的实际电路，图 5.2.4（b）所示为其交流通路。根据图 5.2.4（b）可判断出该电路为共基组态放大电路，其输入信号加在晶体三极管的发射极与地之间，输出信号加在晶体三极管的集电极与地之间，晶体三极管的基极接地。

在图 5.2.4（a）中，各组成部分的作用如下。

（1）V_{CC}为直流电压源，在交流通路中起到短路接地的作用。

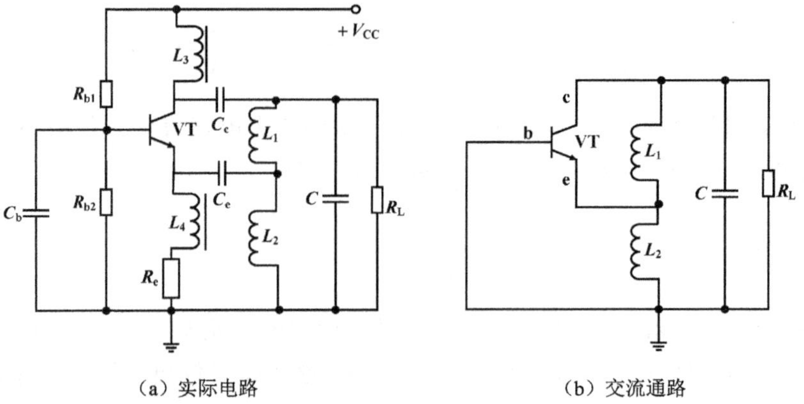

图 5.2.4　常见的电感三点式振荡器

（2）晶体管三极管为核心放大器件，其非线性可实现稳幅作用。

（3）R_{b1} 和 R_{b2} 为分压式偏置电阻，该电路为静态工作点稳定电路。

（4）R_{b2} 和 C_b 组成旁路结构，在交流通路中起到短路的作用，相当于导线。

（5）C_c 和 C_e 是耦合电容（通交隔直），在交流通路中起到短路的作用，相当于导线。

（6）L_3 和 L_4 是高频扼流圈（通直隔交），在交流通路中起到断路的作用。

（7）电感 L_1、L_2 和电容 C 组成的 LC 并联谐振回路作为选频网络，且将其输出电压的一部分（L_2 两端的电压）作为反馈电压加到放大电路的输入端，即 L_2 为反馈器件。

（8）R_L 为负载电阻。

2．振荡频率

根据图 5.2.4（b），可计算出电感三点式振荡器的振荡频率：

$$f_0 = \frac{1}{2\pi\sqrt{L_\Sigma C}} \tag{5.2.4}$$

其中，$L_\Sigma = L_1 + L_2$。

3．反馈系数

由于电感 L_2 为反馈器件，其两端的反馈电压将作为下一次新的输入电压，因此反馈系数表示为

$$F = \frac{\dot{U}_f}{\dot{U}_o} = \frac{\dot{U}_{eb}}{\dot{U}_{cb}} = \frac{jwL_2}{jw(L_1 + L_2)} = \frac{L_2}{L_1 + L_2} \tag{5.2.5}$$

4．最小电压增益

根据反馈型 LC 振荡器的振幅起振条件（$T=AF>1$），可得到如图 5.2.4 所示的电感三点式振荡器的最小电压增益为

$$A_{umin} = \frac{1}{F} = 1 + \frac{L_1}{L_2} \tag{5.2.6}$$

由于电感三点式振荡器已满足反馈型 LC 振荡器的相位条件（引入正反馈、利用 LC 并联谐振回路的阻抗特性），因此只要满足振幅起振条件，它就可以正常工作了。根据图 5.2.4（b）可判断出该电路为共基组态放大电路，能够较容易地满足振幅起振条件。

5.2.4　电容三点式振荡器

视频：5.2.4 电容三点式振荡器

【导学】

- ➢ 电容三点式振荡器的电路结构。
- ➢ 电容三点式振荡器振荡频率的分析与计算。
- ➢ 电容三点式振荡器中反馈器件的判断及反馈系数的分析与计算。
- ➢ 电容三点式振荡器最小电压增益的分析与计算。

1．电路结构

图 5.2.5（a）所示为常见的电容三点式振荡器的实际电路，图 5.2.5（b）所示为其交流通路。根据图 5.2.5（b）可判断出该电路为共基组态放大电路，其输入信号加在晶体三极管的发射极与地之间，其输出信号加在晶体三极管的集电极与地之间，晶体三极管的基极接地。

在图 5.2.5（a）中，各组成部分的作用如下。

（1）V_{CC} 为直流电压源，在交流通路中起到短路接地的作用。

（2）晶体管三极管为核心放大器件，其非线性可起到稳幅作用。

（3）R_{b1} 和 R_{b2} 为分压式偏置电阻，该电路为静态工作点稳定电路。

（4）R_{b2} 和 C_b 组成旁路结构，在交流通路中起到短路的作用，相当于导线。

（5）C_c 是耦合电容（通交隔直），在交流通路中起到短路的作用，相当于导线。

（6）电容 C_1、C_2 和电感 L 组成的 LC 并联谐振回路作为选频网络，并将其输出电压的一部分（C_2 两端的电压）作为反馈电压加到放大电路的输入端，即 C_2 为反馈器件。

（7）R_L 为负载电阻。

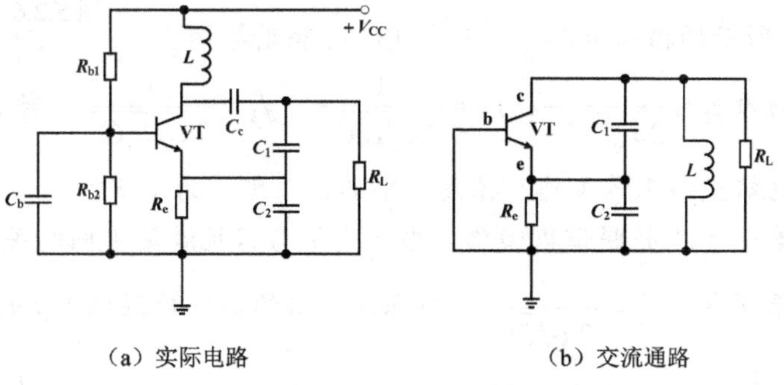

（a）实际电路　　　　（b）交流通路

图 5.2.5　常见的电容三点式振荡器

2．振荡频率

根据图 5.2.5（b），可计算出电容三点式振荡器的振荡频率：

$$f_0=\frac{1}{2\pi\sqrt{LC_{\Sigma}}} \tag{5.2.7}$$

其中，$C_{\Sigma}=\dfrac{C_1C_2}{C_1+C_2}$。

3．反馈系数

由于电容 C_2 为反馈器件，其两端的反馈电压将作为下一次新的输入电压，因此反馈系数表示为

$$F=\frac{\dot{U}_{\mathrm{f}}}{\dot{U}_{\mathrm{o}}}=\frac{\dot{U}_{\mathrm{eb}}}{\dot{U}_{\mathrm{cb}}}=\frac{\dfrac{1}{\mathrm{j}wC_2}}{\dfrac{1}{\mathrm{j}w\dfrac{C_1C_2}{C_1+C_2}}}=\frac{C_1}{C_1+C_2} \tag{5.2.8}$$

4．最小电压增益

根据反馈型 LC 振荡器的振幅起振条件（$T=AF>1$），可得到如图 5.2.5 所示的电容三点式振荡器的最小电压增益为

$$A_{\mathrm{umin}}=\frac{1}{F}=1+\frac{C_2}{C_1} \tag{5.2.9}$$

由于电容三点式振荡器已满足反馈型LC振荡器的相位条件（引入正反馈、利用 LC 并联谐振回路的阻抗特性），因此只要满足振幅起振条件，它就可以正常工作了。根据图 5.2.5（b）可判断出该电路为共基组态放大电路，能够较容易地满足振幅起振条件。

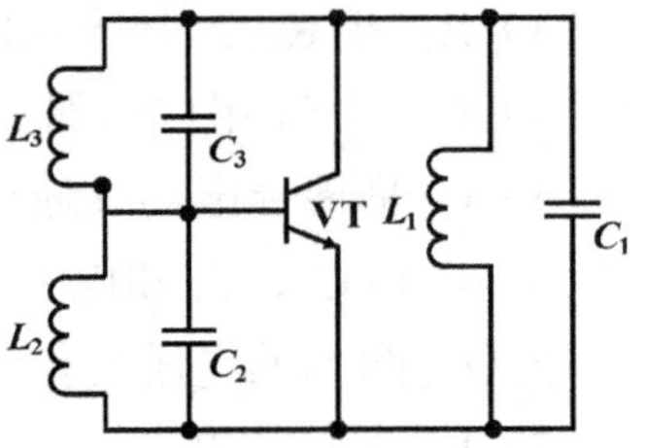

图 5.2.6　例题 5.2.2 图

例题 5.2.2

在如图 5.2.6 所示的振荡电路中，3 个 LC 并联谐振回路的谐振频率分别为 $f_1=\dfrac{1}{2\pi\sqrt{L_1C_1}}$、$f_2=\dfrac{1}{2\pi\sqrt{L_2C_2}}$、$f_3=\dfrac{1}{2\pi\sqrt{L_3C_3}}$。当 f_1、f_2、f_3 满足什么条件时，该振荡电路能够正常工作？振荡电路的振荡频率为多少？

分析：对于单个 LC 并联谐振回路，当其感抗与容抗满足不同的关系时，呈现的性质不同，其本身谐振频率（$f_0=\dfrac{1}{2\pi\sqrt{LC}}$）与振荡电路的实际振荡频率 f 的关系也不同。

（1）当 $wL=\dfrac{1}{wC}$ 时，LC 并联谐振回路发生谐振，即 $f=f_0=\dfrac{1}{2\pi\sqrt{LC}}$，LC 并联谐振

回路呈纯电阻性。

（2）当 $wL<\frac{1}{wC}$ 时，LC 并联谐振回路呈感性（LC 并联谐振回路呈现的性质取决于电抗值小的元器件），即 $f<f_0$。

当 $wL>\frac{1}{wC}$ 时，LC 并联谐振回路呈容性，即 $f>f_0$。

当如图 5.2.6 所示的振荡电路满足 LC 三点式振荡电路的组成原则（射同余异）时，即可认为它能够正常振荡。

解：（1）在图 5.2.6 中，当 L_1C_1 并联谐振回路和 L_2C_2 并联谐振回路呈容性且 L_3C_3 并联谐振回路呈感性时，该振荡电路为电容三点式振荡电路，要求

$$wL_1>\frac{1}{wC_1},\quad wL_2>\frac{1}{wC_2},\quad wL_3<\frac{1}{wC_3}$$

即要求

$$f>f_1,\quad f>f_2,\quad f<f_3$$

因此，当如图 5.2.6 所示的振荡电路的实际振荡频率 f 与 3 个 LC 并联谐振回路的谐振频率满足条件 $f_1\leqslant f_2<f<f_3$ 或 $f_2<f_1<f<f_3$ 时，即可组成电容三点式振荡电路。

（2）在图 5.2.6 中，当 L_1C_1 并联谐振回路和 L_2C_2 并联谐振回路呈感性且 L_3C_3 并联谐振回路呈容性时，该振荡电路为电感三点式振荡电路，要求

$$wL_1<\frac{1}{wC_1},\quad wL_2<\frac{1}{wC_2},\quad wL_3>\frac{1}{wC_3}$$

即要求

$$f<f_1,\quad f<f_2,\quad f>f_3$$

因此，当如图 5.2.6 所示的振荡电路的实际振荡频率 f 与 3 个 LC 并联谐振回路的谐振频率满足条件 $f_1\geqslant f_2>f>f_3$ 或 $f_2>f_1>f>f_3$ 时，即可组成电感三点式振荡电路。

（3）图 5.2.6 所示的振荡电路的振荡频率为

$$f=\frac{1}{2\pi\sqrt{L_\Sigma C_\Sigma}}$$

其中，$L_\Sigma=\frac{L_1(L_2+L_3)}{L_1+L_2+L_3}$；$C_\Sigma=C_1+\frac{C_2C_3}{C_2+C_3}$。

电感三点式振荡器和电容三点式振荡器各有其优点与缺点。

电感三点式振荡器的优点是可采用改变电容的方法来调整电路的振荡频率，且不会影响反馈系数。电感三点式振荡器的缺点是反馈电压取自电感，而电感对高次谐波呈高阻抗性，因此，反馈电压中的高次谐波分量较多，输出波形较差。

电容三点式振荡器的优点是反馈电压取自电容，而电容对晶体三极管非线性特性产生

的高次谐波呈低阻抗性，因此，反馈电压中高次谐波分量很小，输出波形好，接近正弦波。电容三点式振荡器的缺点是反馈系数与 LC 并联谐振回路的电容有关，若用改变电容的方法来调整电路的振荡频率，则必将改变反馈系数，从而影响起振。

两种三点式振荡器的共同缺点是晶体三极管本身的输入/输出电容分别和LC并联谐振回路中的两个电抗元器件并联，因此会影响回路的等效电抗元器件参数，从而影响电路的振荡频率。由于晶体三极管本身的输入/输出电容会随环境温度、电源电压等因素而变化，因此三点式振荡器的频率稳定度不高，一般为10^{-3}量级。

视频：5.2.5（1）改进型电容三点式振荡器-概述

5.2.5 改进型电容三点式振荡器

【导学】

- 克拉泼振荡器和西勒振荡器的电路结构、振荡频率、反馈器件、反馈系数、最小电压增益的分析与计算。
- 晶体三极管本身极间电容对克拉泼振荡器和西勒振荡器频率稳定度的影响。
- 晶体三极管本身极间电容对克拉泼振荡器和西勒振荡器起振条件的影响。

正弦波振荡器不仅要输出具有一定振幅和频率的正弦波，还要保证振幅和频率的稳定性。评价正弦波振荡器的主要指标有振荡频率、频率稳定度、输出功率、效率、输出波形的振幅和波形失真情况等。在通信电路中，更要强调如何提高正弦波振荡器的频率稳定度。

频率稳定度就是在指定时间间隔内，由外界因素变化引起的正弦波振荡器的实际工作频率f偏离标称频率f_0的程度，表示为

$$\frac{\Delta f}{f_0}=\frac{f-f_0}{f_0} \tag{5.2.10}$$

根据时间间隔，可将频率稳定度分为长期稳定度、短期稳定度和瞬时稳定度等。通常所说的频率稳定度主要是指短期稳定度，导致这种振荡频率不稳定的外界因素有温度、电源电压和噪声等。

正弦波振荡器的振荡频率主要取决于 LC 并联谐振回路的参数，同时，与晶体三极管的参数也有关。因此稳频的主要措施有提高振荡回路的标准性、减小晶体管三极管的影响、减弱晶体三极管与LC并联谐振回路之间的耦合、提升LC并联谐振回路的品质因数等。

本节将要介绍的两种改进型电容三点式振荡器由于减弱了晶体三极管与 LC 并联谐振回路之间的耦合，其频率稳定度可达到10^{-4}量级。

1. 克拉泼振荡器

视频：5.2.5（2）改进型电容三点式振荡器-克拉泼振荡器

（1）电路结构。

图 5.2.7（a）所示为一种克拉泼振荡器的实际电路，图 5.2.7（b）所示为其交流通路。根据图 5.2.7（b）可判断出该电路为共基组态放大电路，其输入信号加在晶体三极管的发射极与地之间，其输出信号加在晶体三极管的集电极与地之间，晶体三极管的基极接地。

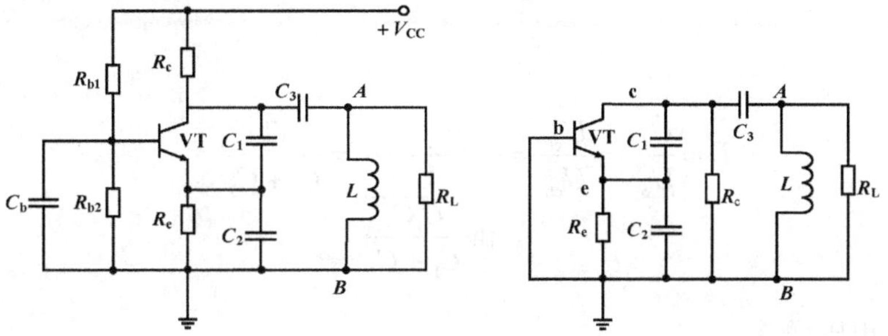

（a）实际电路　　（b）交流通路

图 5.2.7 克拉泼振荡器

与普通电容三点式振荡器相比，克拉泼振荡器在 LC 并联谐振回路中增加了一个与 L 串联的电容 C_3，而且要求各电容取值满足 $C_1 >> C_3$、$C_2 >> C_3$。

在图 5.2.7（a）中，各组成部分的作用如下。

① V_{CC} 为直流电压源，在交流通路中起到短路接地的作用。

② 晶体三极管为核心放大器件，其非线性可起到稳幅作用。

③ R_{b1} 和 R_{b2} 为分压式偏置电阻，该电路为静态工作点稳定电路。

④ R_{b2} 和 C_b 组成旁路结构，在交流通路中起到短路的作用，相当于导线。

⑤ 电容 C_1、C_2、C_3 和电感 L 组成的 LC 并联谐振回路作为选频网络，并将其输出电压的一部分（C_2 两端的电压）作为反馈电压加到放大电路的输入端，即 C_2 为反馈器件。

⑥ 电感 L 与电容 C_3 组成的串联支路必须呈感性（要求 $wL > \dfrac{1}{wC_3}$），只有这样，才能使振荡电路满足射同余异的组成原则，以满足相位条件（引入正反馈），即要求振荡器的实际振荡频率为 $f > \dfrac{1}{2\pi\sqrt{LC_3}}$。

⑦ R_L 为负载电阻。

（2）振荡频率。

若不考虑晶体三极管本身输入/输出电容的影响，则由于 C_3 远小于 C_1 和 C_2，3 个电容串联后的总电容为

$$C_\Sigma = \frac{C_1C_2C_3}{C_1C_2 + C_2C_3 + C_1C_3} = \frac{C_3}{1 + \dfrac{C_3}{C_1} + \dfrac{C_3}{C_2}} \approx C_3 \qquad (5.2.11)$$

因此，克拉泼振荡器的振荡频率为

$$f_0=\frac{1}{2\pi\sqrt{LC_{\Sigma}}}\approx\frac{1}{2\pi\sqrt{LC_3}} \tag{5.2.12}$$

由式（5.2.12）可知，克拉泼振荡器的振荡频率几乎与C_1、C_2无关，主要取决于L和C_3。

（3）反馈系数。

由于电容 C_2 为反馈器件，其两端的反馈电压将作为下一次新的输入电压，因此反馈系数表示为

$$F=\frac{\dot{U}_{\rm f}}{\dot{U}_{\rm o}}=\frac{\dot{U}_{\rm eb}}{\dot{U}_{\rm cb}}=\frac{\dfrac{1}{{\rm j}wC_2}}{\dfrac{1}{{\rm j}w\dfrac{C_1C_2}{C_1+C_2}}}=\frac{C_1}{C_1+C_2} \tag{5.2.13}$$

（4）最小电压增益。

根据反馈型 LC 振荡器的振幅起振条件（$T=AF>1$），可得到克拉泼振荡器的最小电压增益为

$$A_{\rm umin}=\frac{1}{F}=1+\frac{C_2}{C_1} \tag{5.2.14}$$

（5）晶体三极管本身极间电容对振荡器频率稳定度的影响。

在克拉泼振荡器中，若考虑晶体三极管本身极间电容 $C_{\rm cb}$、$C_{\rm ce}$ 和 $C_{\rm be}$ 的影响，则交流通路如图 5.2.8 所示。其中，电阻 $R_{\rm p}$ 为 LC 并联谐振回路空载时的谐振电阻。

① 晶体三极管极间电容 $C_{\rm cb}$ 的接入系数为

$$p_{\rm cb}=\frac{C_3}{C_3+(C_1串C_2)}=\frac{C_3}{C_3+\dfrac{C_1C_2}{C_1+C_2}} \tag{5.2.15}$$

由式（5.2.15）可知，$p_{\rm cb}<1$。

② 晶体三极管极间电容 $C_{\rm ce}$ 的接入系数为

$$p_{\rm ce}=\frac{C_2}{C_1+C_2}p_{\rm cb} \tag{5.2.16}$$

由式（5.2.16）可知，$p_{\rm ce}<1$。

③ 晶体三极管极间电容 $C_{\rm be}$ 的接入系数为

$$p_{\rm be}=\frac{C_1}{C_1+C_2}p_{\rm cb} \tag{5.2.17}$$

由式（5.2.17）可知，$p_{\rm be}<1$。

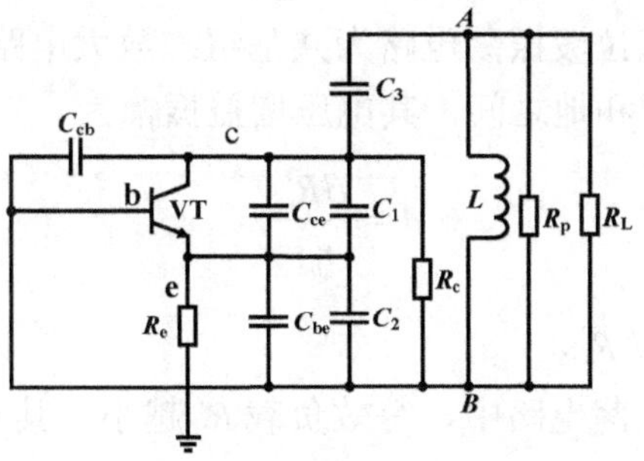

图 5.2.8　考虑晶体三极管本身极间电容时的交流通路

如果将图 5.2.8 中的电容 C_3 用一根导线代替，就变为普通电容三点式振荡电路，如图 5.2.9 所示。

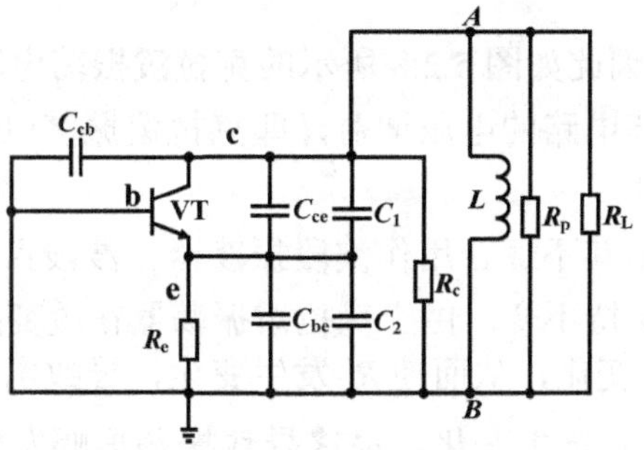

图 5.2.9　考虑晶体三极管本身极间电容时普通电容三点式振荡电路的交流通路

① 晶体三极管极间电容 C_{cb} 的接入系数为

$$p'_{cb}=1 \tag{5.2.18}$$

② 晶体三极管极间电容 C_{ce} 的接入系数为

$$p'_{ce}=\frac{C_2}{C_1+C_2} \tag{5.2.19}$$

③ 晶体三极管极间电容 C_{be} 的接入系数为

$$p'_{be}=\frac{C_1}{C_1+C_2} \tag{5.2.20}$$

从式（5.2.15）～式（5.2.20）中可以看出，晶体三极管本身极间电容 C_{cb}、C_{ce} 和 C_{be} 在克拉泼振荡器中的接入系数相比于其在普通电容三点式振荡器中的接入系数都大大减小，因此，克拉泼振荡器的频率稳定度高于普通电容三点式振荡器的频率稳定度。

（6）晶体三极管本身极间电容对振荡器起振条件的影响。

在设计克拉泼振荡器时，首先根据所需的振荡频率来决定电感 L 和电容 C_3，然后选取电容 C_1、C_2，使其满足 $C_1>>C_3$、$C_2>>C_3$。但是 C_3 不能取得太小，否则将影响克拉泼振荡器的起振，这是为什么呢？

由图 5.2.8 可知，该克拉泼振荡电路为共基组态放大电路，输入电压加在发射极和地之间，输出电压加在集电极和地之间，其电压增益振幅为

$$A=\frac{\beta R_{\mathrm{L}}'}{r_{\mathrm{be}}} \tag{5.2.21}$$

其中，$R_{\mathrm{L}}'=[p_{\mathrm{cb}}{}^{2}(R_{\mathrm{p}}\,/\!/\,R_{\mathrm{L}})]\,/\!/\,R_{\mathrm{c}}$。

由此可见，在克拉泼振荡电路中，等效负载 R_{L}' 越小，其电压增益振幅 A 就越小，环路增益（$T=AF$）也就越小，克拉泼振荡电路越不容易起振。

在如图 5.2.9 所示的普通电容三点式振荡电路中，其电压增益振幅为

$$A'=\frac{\beta(R_{\mathrm{c}}\,/\!/\,R_{\mathrm{L}}\,/\!/\,R_{\mathrm{p}})}{r_{\mathrm{be}}} \tag{5.2.22}$$

由于接入系数 $p_{\mathrm{cb}}<1$，因此如图 5.2.8 所示的克拉泼振荡电路的电压增益小于如图 5.2.9 所示的普通电容三点式振荡电路的电压增益，即克拉泼振荡电路是用牺牲环路增益的方法来换取频率稳定度的提高的。

克拉泼振荡器的缺陷是其不适合用作波段振荡器。波段振荡器要求在一段区间内的振荡频率可变，但振荡振幅保持不变。由于克拉泼振荡器在改变振荡频率时需要调节 C_3，而当 C_3 改变时，p_{cb} 也将发生变化，从而使 R_{L}' 发生变化，导致电压增益振幅 A 也发生变化，进而使环路增益（$T=AF$）发生变化，最终导致振荡振幅发生变化。因此，克拉泼振荡器只适合用作振荡频率固定的振荡器或波段覆盖系数较小的可变频率振荡器。

所谓波段覆盖系数，就是指可以在一定波段范围内连续正常工作的振荡器的最高工作频率与最低工作频率之比。一般克拉泼振荡器的波段覆盖系数为 1.2～1.3。

2. 西勒振荡器

视频：5.2.5（3）改进型电容三点式振荡器-西勒振荡器

针对克拉泼振荡器的缺陷，引出另外一种改进型电容三点式振荡器——西勒振荡器。

（1）电路结构。

图 5.2.10（a）所示为一种西勒振荡器的实际电路，图 5.2.10（b）所示为其交流通路。根据图 5.2.10（b）可判断出该电路为共基组态放大电路，其输入信号加在晶体三极管的发射极与地之间，其输出信号加在晶体三极管的集电极与地之间，晶体三极管的基极接地。

西勒振荡器在克拉泼振荡器的基础上，在电感 L 两端多并联了一个电容 C_4，而且要求各电容取值满足 $C_1>>C_3$、$C_2>>C_3$、$C_1>>C_4$、$C_2>>C_4$。

在图 5.2.10（a）中，各组成部分的作用如下。

① V_{CC} 为直流电压源，在交流通路中起到短路接地的作用。

② 晶体三极管为核心放大器件，其非线性可起到稳幅作用。

③ $\mathrm{R_{b1}}$ 和 $\mathrm{R_{b2}}$ 为分压式偏置电阻，该电路为静态工作点稳定电路。

④ R_{b2} 和 C_b 组成旁路结构，在交流通路中起到短路的作用，相当于导线。

⑤ 电容 C_1、C_2、C_3、C_4 和电感 L 组成的 LC 并联谐振回路作为选频网络，并将其输出电压的一部分（C_2 两端的电压）作为反馈电压加到放大电路的输入端，即 C_2 为反馈器件。

⑥ R_L 为负载电阻。

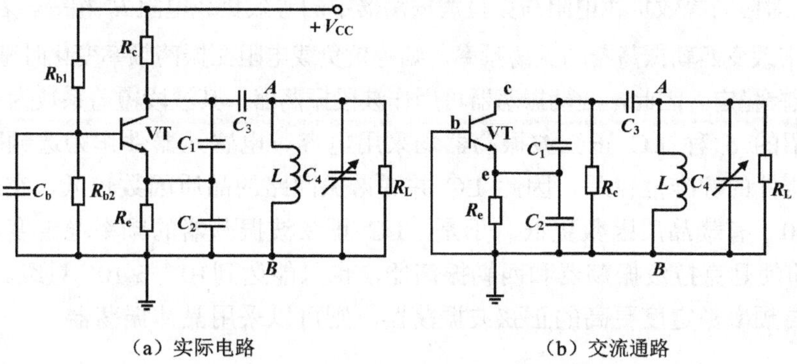

图 5.2.10　西勒振荡器

（2）振荡频率。

若不考虑晶体三极管本身输入/输出电容的影响，则由于 C_3 和 C_4 都远远小于 C_1、C_2，因此，C_3、C_1、C_2 串联后与 C_4 并联的总电容为

$$C_\Sigma = \frac{C_1C_2C_3}{C_1C_2 + C_1C_3 + C_2C_3} + C_4 \approx C_3 + C_4 \tag{5.2.23}$$

于是，西勒振荡器的振荡频率为

$$f_0 = \frac{1}{2\pi\sqrt{LC_\Sigma}} \approx \frac{1}{2\pi\sqrt{L(C_3 + C_4)}} \tag{5.2.24}$$

由式（5.2.24）可知，西勒振荡器的振荡频率几乎与 C_1、C_2 无关，主要取决于 L、C_3 和 C_4。

（3）反馈系数。

由于电容 C_2 为反馈器件，其两端的反馈电压将作为下一次新的输入电压，因此反馈系数表示为

$$F = \frac{\dot{U}_f}{\dot{U}_o} = \frac{\dot{U}_{eb}}{\dot{U}_{cb}} = \frac{\dfrac{1}{jwC_2}}{\dfrac{1}{jw\dfrac{C_1C_2}{C_1 + C_2}}} = \frac{C_1}{C_1 + C_2} \tag{5.2.25}$$

（4）最小电压增益。

根据反馈型 LC 振荡器的振幅起振条件（$T=AF>1$），可得到西勒振荡器的最小电压增益为

$$A_{\text{umin}} = \frac{1}{F} = 1 + \frac{C_2}{C_1} \tag{5.2.26}$$

（5）晶体三极管本身极间电容对西勒振荡器频率稳定度的影响。

在西勒振荡器中，由于 C_4 与 L 并联，因此 C_4 的大小将不会影响晶体三极管本身极间电容的接入系数，对应的等效负载电阻与克拉泼振荡器中的等效负载电阻 R_L' 相等。若使 C_3 固定，通过调整 C_4 来改变西勒振荡器的振荡频率，则等效负载电阻在振荡频率变化时基本保持不变，从而使输出振幅稳定。因此，西勒振荡器可用作波段振荡器，其波段覆盖系数为 1.6～1.8。

以上介绍的 5 种 LC 正弦波振荡器均采用电容、电感元器件作为选频网络。由于电容、电感元器件的标准性较差，因此 LC 并联谐振回路的品质因数较低，空载品质因数一般不超过 300，有载品质因数更低。于是，LC 正弦波振荡器的频率稳定度不高，一般为 10^{-3} 量级，即使是克拉泼振荡器和西勒振荡器，也只能达到 10^{-4}～10^{-5} 量级。

如果需要频率稳定度更高的正弦波振荡器，则可以采用晶体振荡器。

△5.3 晶体振荡器

视频：5.3.1 石英晶振

5.3.1 石英晶振

【导学】

- 石英晶体的特性。
- 石英晶振的结构与特点。
- 石英晶振的频率及其分析。

1. 石英晶体的特性

石英晶体具有压电效应，当把交流电压加在石英晶体两端时，石英晶体先随交流电压而变化，产生应变；然后，机械振动又使石英晶体表面产生交变电荷。当石英晶体的几何尺寸和结构一定时，它本身有一个固有的机械振动频率。当外加交流电压的频率等于石英晶体固有的机械振动频率时，石英晶体的机械振动最大，表面电荷量最多，外电路中的交流电流最大，于是产生谐振。因此，将石英晶体按一定方位切割成片，在两边敷以电极，焊上引线，并用金属或玻璃外壳封装即构成石英晶体谐振器（简称石英晶振）。

石英晶振的固有频率十分稳定，它的温度系数（温度变化 1℃引起的固有频率的相对变化量）在 10^{-6} 以下。

另外，石英晶振的振动具有多谐性，即除了基频振动，还有奇次谐波泛音振动。在实际振荡电路中，石英晶振仅调谐在基频或其中一种奇次谐波泛音频率上。

对于石英晶振，既可利用其基频振动，又可利用其泛音振动，前者称为基频晶体，后者称为泛音晶体。

晶片厚度与振动频率成反比，工作频率越高，要求晶片越薄，因而机械强度越差，加工越困难，使用中也易损坏。由此可见，在同样的工作频率下，泛音晶体的切片可以做得比基频晶体的切片厚一些。当工作频率较高时，通常采用泛音晶体。通常在工作频率低于 20MHz 时采用基频晶体，高于 20MHz 时采用泛音晶体。

2. 石英晶振的结构与特点

（1）石英晶振的符号与结构。

图 5.3.1 所示为石英晶振的符号和等效电路。

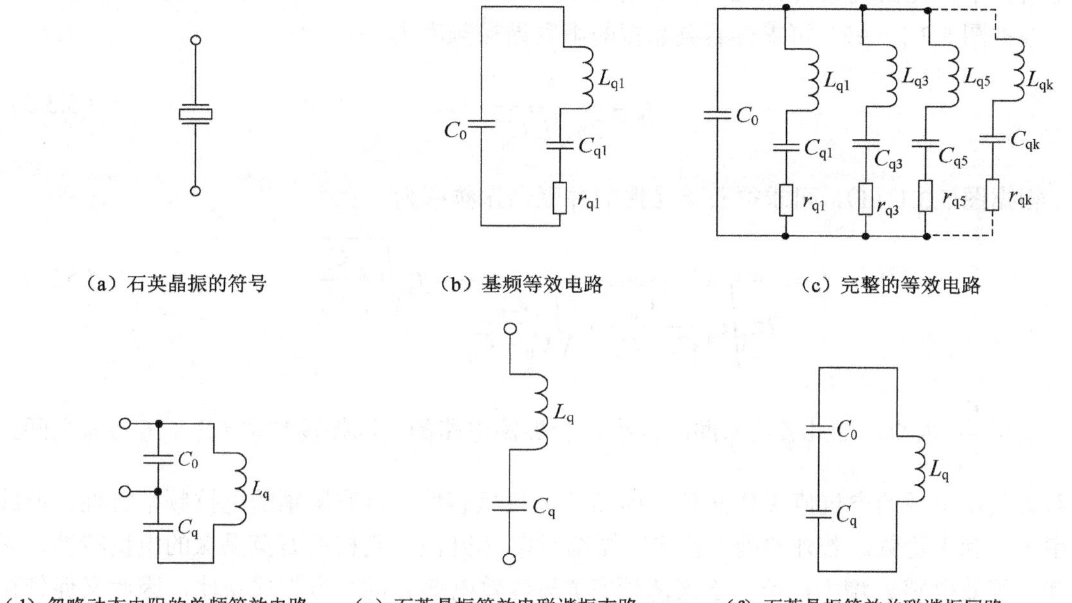

（a）石英晶振的符号 （b）基频等效电路 （c）完整的等效电路

（d）忽略动态电阻的单频等效电路 （e）石英晶振等效串联谐振支路 （f）石英晶振等效并联谐振回路

图 5.3.1 石英晶振的符号和等效电路

在图 5.3.1 中，安装电容 C_0 为 1～10pF，动态电感 L_q 为10^{-3}～10^2H，动态电容 C_q 为10^{-4}～10^{-1}pF，动态电阻 r_q 为几十欧姆到几百欧姆。

（2）石英晶振的特点。

根据以上参数的描述，可得到石英晶振的两个特点。

① 石英晶振的品质因数 Q_q 非常高，通常可达到几万到几百万：

$$Q_q = \frac{w_0 L_q}{r_q} = \frac{\frac{1}{\sqrt{L_q C_q}} L_q}{r_q} = \frac{1}{r_q}\sqrt{\frac{L_q}{C_q}} \tag{5.3.1}$$

② 石英晶振的接入系数 p 很小，因此，外接元器件参数对石英晶振的影响很小。外接元器件在安装时，需要并联在安装电容 C_0 旁边。若不考虑动态电阻 r_q，则其单频等效电路如图 5.3.1（d）所示，外接元器件的接入系数如下：

$$p = \frac{C_q}{C_0 + C_q} \tag{5.3.2}$$

综合以上两点，不难理解石英晶振的频率稳定度是非常高的。

3．石英晶振的频率

从图 5.3.1（b）中可以看出，石英晶振可以等效为一个串联谐振支路和一个并联谐振回路，分别如图 5.3.1（e）、（f）所示。若忽略动态电阻 r_q，则石英晶振两端呈纯电抗性，其电抗频率特性曲线如图 5.3.2 中的两条实线所示。

根据图 5.3.1（e），可求得石英晶振的串联谐振频率为

$$f_s = \frac{1}{2\pi\sqrt{L_q C_q}} \tag{5.3.3}$$

根据图 5.3.1（f），可求得石英晶振的并联谐振频率为

$$f_p = \frac{1}{2\pi\sqrt{L_q \dfrac{C_0 C_q}{C_0 + C_q}}} = \frac{f_s}{\sqrt{\dfrac{C_0}{C_0 + C_q}}} = f_s\sqrt{1 + \frac{C_q}{C_0}} \tag{5.3.4}$$

由于 $\dfrac{C_q}{C_0}$ 很小，因此 f_s 与 f_p 间隔很小，若振荡电路的实际振荡频率 f 介于 f_s 与 f_p 之间，则石英晶振呈现的电抗值 X 为正值，即石英晶振呈感性，具有陡峭的电抗频率特性，曲线斜率大，利于稳频。若外部因素使实际振荡频率 f 升高，则根据石英晶振的电抗特性，必然使其等效电感 L 增大，但由于振荡频率 f 与等效电感 L 的平方根成反比，因此又促使振荡频率 f 下降，使其趋近于原来的值。

石英晶振产品还有一个标称频率 f_N，f_N 介于 f_s 与 f_p 之间，是在石英晶振两端并联某一规定负载电容 C_L 时的振荡频率。C_L 的电抗频率特性曲线如图 5.3.2 中的虚线所示。负载电容 C_L 的大小载于生产厂家的产品说明书中，通常为 30pF（高频晶体）或 100pF（低频晶体），或者标示为∞（指无须外接负载电容，常用于串联型晶体振荡电路中）。

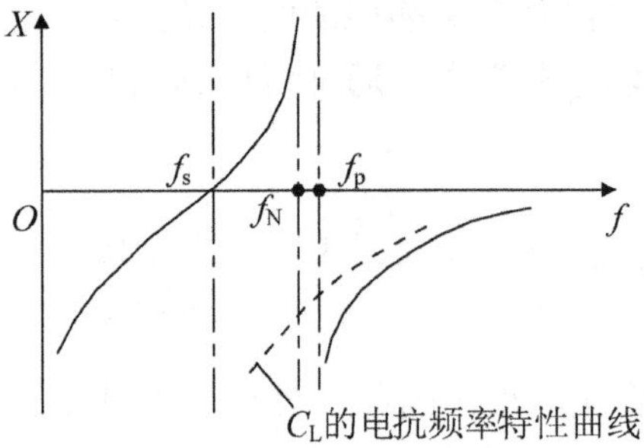

图 5.3.2　石英晶振的电抗频率特性曲线

4．石英晶振的频率分析

在如图 5.3.1（e）所示的石英晶振等效串联谐振支路中，若 $wL_q > \dfrac{1}{wC_q}$，即 $f > f_s$，则石英晶振等效串联谐振支路呈感性；若 $wL_q < \dfrac{1}{wC_q}$，即 $f < f_s$，则石英晶振等效串联谐振支路呈容性。

在如图 5.3.1（f）所示的石英晶振等效并联谐振回路中，若 $wL_q < \dfrac{1}{w\dfrac{C_oC_q}{C_o+C_q}}$，即 $f < f_p$，则石英晶振等效并联谐振回路呈感性；若 $wL_q > \dfrac{1}{w\dfrac{C_oC_q}{C_o+C_q}}$，即 $f > f_p$，则石英晶振等效并联谐振回路呈容性。

综合以上分析，当实际振荡频率 f 满足 $f_s < f < f_p$ 时，石英晶振呈感性；当实际振荡频率 f 满足 $f < f_s$ 或 $f > f_p$ 时，石英晶振呈容性。

视频：5.3.2 晶体振荡器的组成与分类

5.3.2 晶体振荡器的组成与分类

【导学】

- 晶体振荡器的分类。
- 石英晶振在并联型晶体振荡器和串联型晶体振荡器中的作用。
- 并联型晶体振荡器的频率。
- 串联型晶体振荡器的频率。

将石英晶振作为高 Q 值谐振回路元器件接入 LC 三点式振荡器就组成了晶体振荡器。

根据石英晶振在 LC 三点式振荡器中的作用原理，可将晶体振荡器分为以下两类。

（1）将石英晶振作为等效电感元器件（石英晶振工作在其串联谐振频率 f_s 和并联谐振频率 f_p 之间极窄的感性频段内）应用于 LC 三点式振荡器，称为并联型晶体振荡器。

并联型晶体振荡器的工作频率即石英晶振的标称频率 f_N（标于石英晶振的外壳上）。

并联型晶体振荡器的工作原理和 LC 三点式振荡器的工作原理相同，只是将其中一个电感元器件换成石英晶振。石英晶振可接在晶体三极管的集电极与基极之间或基极与发射极之间，所组成的振荡器分别称为皮尔斯振荡器和密勒振荡器。

（2）将石英晶振作为一个等效短路元器件（石英晶振工作在其串联谐振频率 f_s 处）串接于正反馈支路，称为串联型晶体振荡器。

串联型晶体振荡器的工作频率即石英晶振的串联谐振频率 f_s。

视频：5.3.3 并联型晶体振荡器

5.3.3 并联型晶体振荡器

【导学】

- 皮尔斯振荡器的电路结构。
- 皮尔斯振荡器的振荡频率、反馈系数及最小电压增益的分析与计算。
- 密勒振荡器的电路结构。
- 泛音晶体振荡器的工作原理。

1. 皮尔斯振荡器

（1）电路结构。

图 5.3.3（a）所示为一种典型的皮尔斯振荡器的实际电路，图 5.3.3（b）所示为其交流通路。由图 5.3.3（b）可判断出该皮尔斯振荡器为电容三点式振荡器，且为共基组态放大电路，其输入信号加在晶体三极管的发射极与地之间，输出信号加在晶体三极管的集电极与地之间，晶体三极管的基极接地。

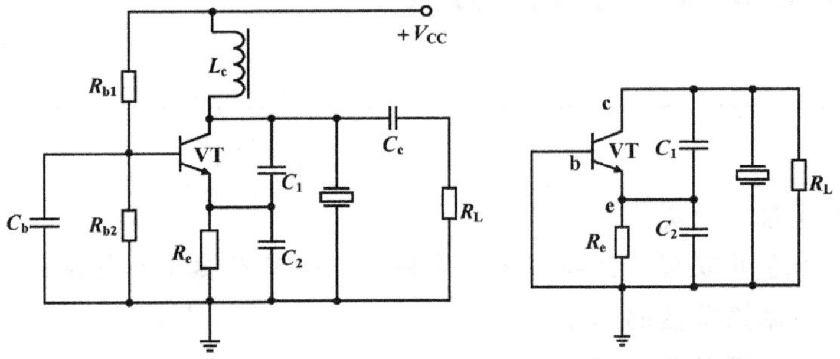

（a）实际电路　　（b）交流通路

图 5.3.3　典型的皮尔斯振荡器

在图 5.3.3（a）中，各组成部分的作用如下。

① V_{CC} 为直流电压源，在交流通路中起到短路接地的作用。

② 晶体管三极管为核心放大器件，其非线性可起到稳幅作用。

③ R_{b1} 和 R_{b2} 为分压式偏置电阻，该电路为静态工作点稳定电路。

④ R_{b2} 和 C_b 组成旁路结构，在交流通路中起到短路的作用，相当于导线。

⑤ C_c 是耦合电容（通交隔直），在交流通路中起到短路的作用，相当于导线。

⑥ 电感 L_c 为高频扼流圈（通直隔交），在交流通路中起到断路的作用。

⑦ 电容 C_1、C_2 和石英晶振（等效电感）组成的 LC 并联谐振回路作为选频网络，并将其输出电压的一部分（C_2 两端的电压）作为反馈电压加到放大电路的输入端，即 C_2 为反馈器件。

⑧ R_L 为负载电阻。

（2）振荡频率。

皮尔斯振荡器中的石英晶振起到等效电感元器件的作用。皮尔斯振荡器的振荡频率即石英晶振的标称频率 f_N。

由于石英晶振的标称频率 f_N 位于石英晶振的感性区，电抗频率特性曲线陡峭，因此皮尔斯振荡器的稳频性能极好。在对频率稳定度要求较高的电路中几乎都采用皮尔斯振荡器。

（3）反馈系数。

由于电容 C_2 为反馈器件，其两端的反馈电压将作为下一次新的输入电压，因此反馈系数表示为

$$F=\frac{\dot{U}_f}{\dot{U}_o}=\frac{\dot{U}_{eb}}{\dot{U}_{cb}}=\frac{\dfrac{1}{jwC_2}}{\dfrac{1}{jw\dfrac{C_1C_2}{C_1+C_2}}}=\frac{C_1}{C_1+C_2} \tag{5.3.5}$$

（4）最小电压增益。

根据反馈型 LC 振荡器的振幅起振条件（$T=AF>1$），可得到如图 5.3.3 所示的皮尔斯振荡器的最小电压增益为

$$A_{umin}=\frac{1}{F}=1+\frac{C_2}{C_1} \tag{5.3.6}$$

例题 5.3.1

图 5.3.4（a）所示为一个数字频率计晶体振荡器的实际电路，试分析其工作情况。

解： 画出图 5.3.4（b）的交流通路，如图 5.3.4（b）所示。

根据 LC 三点式振荡器的组成原则，若 LC_2 并联回路呈感性，则该晶体振荡器不能振荡；若 LC_2 并联回路呈容性，则该晶体振荡器能够振荡，且为皮尔斯振荡器。

其中，石英晶振相当于一个电感元器件；电容 C_3 和 C_4 组成的支路起到微调的作用，使该晶体振荡器最终振荡在石英晶振外壳上标注的标称频率 $f_N=5\text{MHz}$ 上。

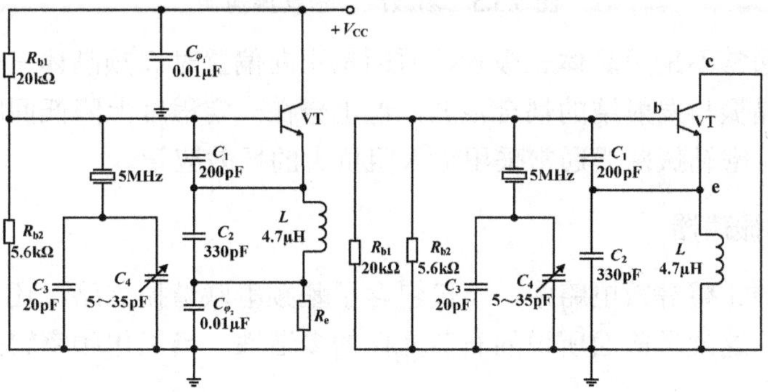

（a）实际电路　　　　（b）交流通路

图 5.3.4　例题 5.3.1 图

对于 LC_2 并联回路，当满足 $\frac{1}{wC_2} < wL$，即满足实际振荡频率 $f > \frac{1}{2\pi\sqrt{LC_2}}$ 时，LC_2 并联回路呈容性，该晶体振荡器可正常振荡。下面进行验证。

图 5.3.4（a）所示的晶体振荡器的实际振荡频率为

$$f = f_N = 5\text{MHz}$$

LC_2 并联回路的谐振频率为

$$f_0 = \frac{1}{2\pi\sqrt{LC_2}} = \frac{1}{2\pi\sqrt{4.7\times10^{-6}\times330\times10^{-12}}}\text{MHz} \approx 4\text{MHz} < 5\text{MHz}$$

由此可见，当实际振荡频率为 5MHz 时，LC_2 并联回路可等效为一个电容元器件，图 5.3.4（a）所示的晶体振荡器能够正常振荡。

2. 密勒振荡器

图 5.3.5（a）所示为场效应管密勒振荡器的实际电路，图 5.3.5（b）所示为其交流通路。其中，石英晶振作为等效电感元器件连接在场效应管的栅极和源极之间；LC 并联谐振回路在密勒振荡器的振荡频率处等效为电感，作为另一电感元器件连接在场效应管的漏极和源极之间；极间电容 C_{gd} 作为构成电感三点式振荡器的电容元器件。由于 C_{gd} 称为密勒电容，因此此振荡器又称为密勒振荡器。

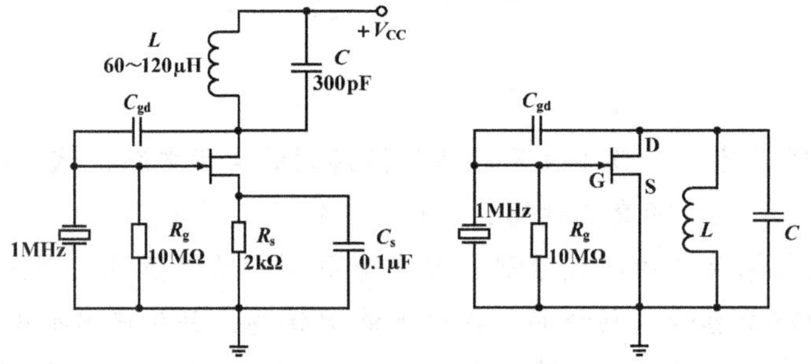

（a）实际电路　　（b）交流通路

图 5.3.5　场效应管密勒振荡器

密勒振荡器通常不采用晶体三极管，原因是正向偏置时高频晶体三极管的发射结电阻太小，虽然石英晶振与发射结的耦合很弱，但也会在一定程度上降低回路的标准性和频率的稳定性，因此，密勒振荡器通常采用输入阻抗大的场效应管。

3. 泛音晶体振荡器

在石英晶振的完整等效电路中，不仅包含了基频串联谐振支路，还包含了其他奇次谐波串联谐振支路，这就是前面所说的石英晶振的多谐性。当工作频率较高时，多采用泛音晶体振荡器。

在泛音晶体振荡器中，为了保证振荡器能够准确地振荡在所需的奇次泛音频率上，不仅要有效地抑制基频和低次泛音频率上的寄生振荡，还要正确地调节电路的环路增益，使其在工作泛音频率上略大于 1，满足起振条件；而在更高的泛音频率上都小于 1，不满足起振条件。

在实际应用时，可在晶体振荡器中利用 LC 选频回路来代替某一支路上的电抗元器件，使该 LC 选频回路在基频和低次泛音频率上呈现的电抗性质不满足 LC 三点式振荡器的组成原则，不能起振；而在所需的泛音频率上呈现的电抗性质恰好能满足 LC 三点式振荡器的组成原则，能够起振。

例题 5.3.2

图 5.3.6 给出了一种并联型泛音晶体振荡器。假设泛音晶振为 5 次泛音，标称频率为 5MHz。请分析 LC_1 并联回路必须调谐在什么频率上，才能够保证该振荡器振荡在 5 次泛音频率上。

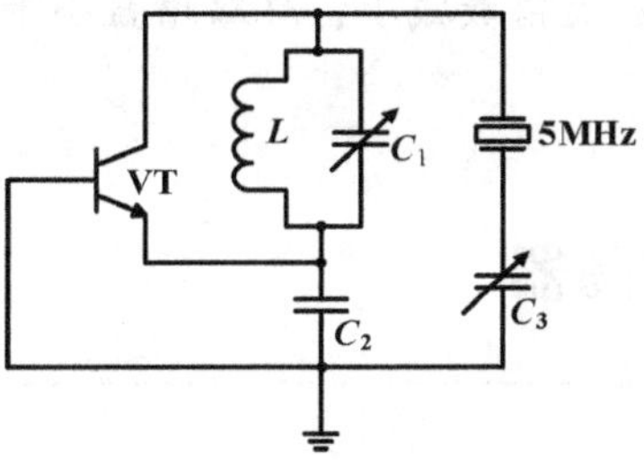

图 5.3.6　例题 5.3.2 图

解：若 5 次泛音频率为 5MHz，则基频为 1MHz，若使该振荡器振荡在 5 次泛音频率上，则必须满足以下两个条件。

（1）当实际振荡频率为 5MHz 时，LC_1 并联回路必须呈容性才能使该振荡器满足射同余异的组成原则。

对于 LC_1 并联回路，若使其呈容性，则要求

$$\frac{1}{wC_1} < wL$$

即要求

$$\frac{1}{2\pi\sqrt{LC_1}} < f$$

其中，实际振荡频率 $f = 5\text{MHz}$，LC_1 并联回路的谐振频率 $f_1 = \dfrac{1}{2\pi\sqrt{LC_1}}$，即要求 $f_1 < 5\text{MHz}$。

（2）如果要抑制基频（1MHz）和 3 次泛音频率（3MHz），则 LC_1 并联回路必须在这两种频率下呈感性，使该振荡器不能够满足射同余异的组成原则，从而不能起振。

对于 LC_1 并联回路，若使其呈感性，则要求

$$\frac{1}{wC_1} > wL$$

即要求

$$\frac{1}{2\pi\sqrt{LC_1}} > f$$

其中，实际振荡频率 $f = 1\text{MHz}$ 或 $f = 3\text{MHz}$，LC_1 并联回路的谐振频率 $f_1 = \frac{1}{2\pi\sqrt{LC_1}}$，因此，只要满足 $f_1 > 3\text{MHz}$ 即可。

综合以上分析，LC_1 并联回路的谐振频率 f_1 必须满足 $3\text{MHz} < f_1 < 5\text{MHz}$，即 LC_1 并联回路必须调谐在 3 次泛音频率（3MHz）和 5 次泛音频率（5MHz）之间，才能够保证该振荡器振荡在 5 次泛音频率（5MHz）上。

而在 7 次及其以上泛音频率上，LC_1 并联回路虽然呈容性，但等效容抗随着频率的升高而减小，从而使电路的电压放大倍数减小，环路增益小于 1，不满足振幅起振条件。

视频：5.3.4 串联型晶体振荡器

5.3.4 串联型晶体振荡器

【导学】

- ➢ 串联型晶体振荡器的电路结构。
- ➢ 串联型晶体振荡器的振荡频率。
- ➢ 串联型晶体振荡器反馈系数的分析与计算。
- ➢ 串联型晶体振荡器最小电压增益的分析与计算。

串联型晶体振荡器将石英晶振接在正反馈支路中。

1. 电路结构

图 5.3.7（a）所示为串联型晶体振荡器的实际电路，图 5.3.5（b）所示为其交流通路。根据图 5.3.7（b）可判断出该电路为共基组态放大电路，其输入信号加在晶体三极管的发射极与地之间，输出信号加在晶体三极管的集电极与地之间，晶体三极管的基极接地。

在图 5.3.7（a）中，各组成部分的作用如下。

① V_{CC} 为直流电压源，在交流通路中起到短路接地的作用。

② 晶体管三极管为核心放大器件，其非线性可起到稳幅作用。

③ R_{b1} 和 R_{b2} 为分压式偏置电阻，该电路为静态工作点稳定电路。

④ R_{b2} 和 C_b 组成旁路结构，在交流通路中起到短路的作用，相当于导线，导致晶体三极管的基极在交流通路中接地；由于 V_{CC} 在交流通路中起到短路接地的作用，从而导致电阻 R_{b1} 的上、下端在交流通路中均相当于接地（压差为 0），因此 R_{b1} 在交流通路中不起作用；在交流通路中，电阻 R_φ 上端通过 V_{CC} 短路接地，下端通过电容 C_φ 短路接地，导致

R_φ上、下端压差为 0，因此电阻 R_φ 在交流通路中不起作用。

⑤ C_φ和 C_c是耦合电容（通交隔直），在交流通路中起到短路的作用，相当于导线。

⑥ 将电容 C_1、C_2、C_3和电感 L 组成的 LC 并联谐振回路作为选频网络，并将其输出电压的一部分（C_2 两端的电压）作为反馈电压加到放大电路的输入端，即 C_2为反馈器件；C_3为可调电容，保证串联型晶体振荡器振荡在石英晶振的串联谐振频率 f_s上。

⑦ 石英晶振在串联型晶体振荡器中起到等效短路元器件的作用，当石英晶振工作在其串联谐振频率 f_s处时，反馈作用最强。

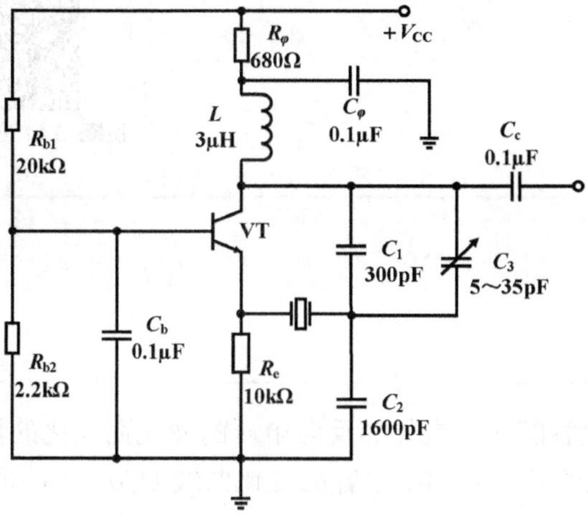

（a）实际电路

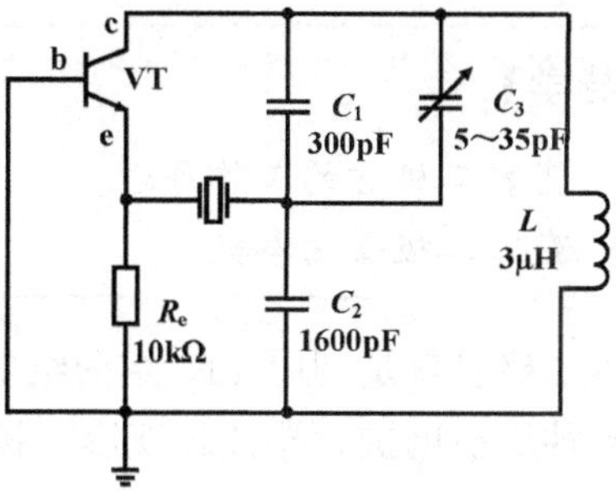

（b）交流通路

图 5.3.7 串联型晶体振荡器

2．振荡频率

串联型晶体振荡器与三点式振荡器基本类似，只不过在正反馈支路上增加了一个石英晶振。电容 C_1、C_2、C_3和电感 L 组成 LC 并联谐振回路，且要求调谐在石英晶振的串联谐振频率 f_s上。

串联型晶体振荡器的振荡频率即石英晶振的串联谐振频率 f_s。

3．反馈系数

由于电容 C_2为反馈器件，其两端的反馈电压将作为下一次新的输入电压，因此反馈系数表示为

$$F=\frac{\dot{U}_f}{\dot{U}_o}=\frac{\dot{U}_{eb}}{\dot{U}_{cb}}=\frac{\dfrac{1}{jwC_2}}{\dfrac{1}{jw\dfrac{C_1C_2}{C_1+C_2}}}=\frac{C_1}{C_1+C_2} \tag{5.3.7}$$

4．最小电压增益

根据反馈型 LC 振荡器的振幅起振条件（$T=AF>1$），可得到如图 5.3.7 所示的串联型晶体振荡器的最小电压增益为

$$A_{\text{umin}}=\frac{1}{F}=1+\frac{C_2}{C_1} \tag{5.3.8}$$

5.4 压控振荡器

视频：5.4.1 变容二极管

5.4.1 变容二极管

【导学】

- 变容二极管的工作原理。
- 变容二极管的参数。

变容二极管就是利用 PN 结的结电容随其两端外加反向电压的变化而变化的特性制作而成的一种压控电抗元器件。变容二极管的符号和结电容的变化曲线如图 5.4.1 所示。

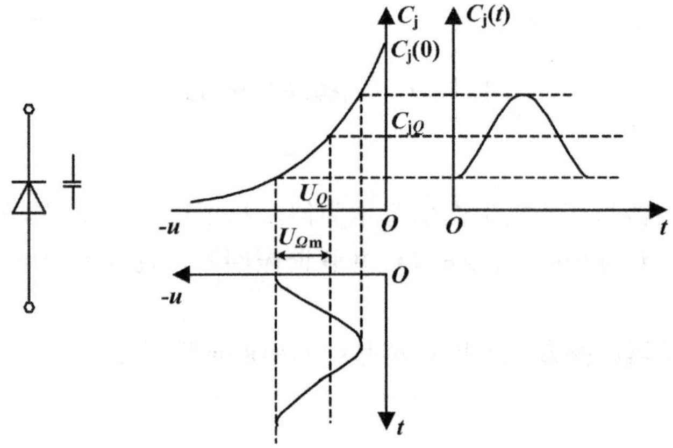

（a）符号　　（b）结电容的变化曲线

图 5.4.1　变容二极管的符号和结电容的变化曲线

变容二极管的结电容可表示为

$$C_j=\frac{C_j(0)}{\left(1-\dfrac{u}{U_B}\right)^n} \tag{5.4.1}$$

其中，n 为变容指数，其取值随着半导体的掺杂浓度和 PN 结的结构的不同而不同；$C_j(0)$ 为外加反向电压 $u=0$ 时的结电容；U_B 为 PN 结的内建电位差。

由于变容二极管必须工作在反向偏压状态，因此它在工作时需要加负的静态直流偏置电压 $-U_Q$。若交流控制电压 u_Ω 为正弦信号，则变容二极管上的电压为

$$u=-\left(U_Q+u_\Omega\right)=-\left(U_Q+U_{\Omega m}\cos\Omega t\right) \tag{5.4.2}$$

将式（5.4.2）代入式（5.4.1），可得

$$C_j=\frac{C_{jQ}}{\left(1+\dfrac{u_\Omega}{U_B+U_Q}\right)^n}=\frac{C_{jQ}}{(1+m\cos\Omega t)^n} \tag{5.4.3}$$

其中，C_{jQ} 为变容二极管的静态结电容，其表达式为

$$C_{jQ}=\frac{C_j(0)}{\left(1+\dfrac{U_Q}{U_B}\right)^n} \tag{5.4.4}$$

m 为变容二极管的结电容调制度，其表达式为

$$m=\frac{U_{\Omega m}}{U_B+U_Q}<1 \tag{5.4.5}$$

视频：5.4.2 变容二极管压控振荡器

5.4.2　变容二极管压控振荡器

【导学】

- 变容二极管压控振荡器相关结构的分析。
- 变容二极管压控振荡器的主要性能指标。

将变容二极管作为压控电容接入 LC 振荡器中，就组成变容二极管压控振荡器。需要注意的是，为了使变容二极管能够正常工作，必须正确地给其提供负的静态直流偏置电压和交流控制电压，还要抑制高频振荡信号对直流偏置电压和交流控制电压的干扰，因此，在设计变容二极管压控振荡器时，通常采用高频扼流圈、隔直电容和旁路电容等。

变容二极管压控振荡器的主要性能指标是压控灵敏度和线性度。压控灵敏度就是指单位控制电压引起的振荡频率的增量，用 S 表示，其表达式为

$$S=\frac{\Delta f}{\Delta u} \tag{5.4.6}$$

图 5.4.2 所示为变容二极管压控振荡器的频率-电压特性曲线。一般情况下，该特性曲线是非线性的，其非线性程度与变容指数 n 和电路结构有关；中心频率附近较小区域内的线性较好，压控灵敏度也比较高。

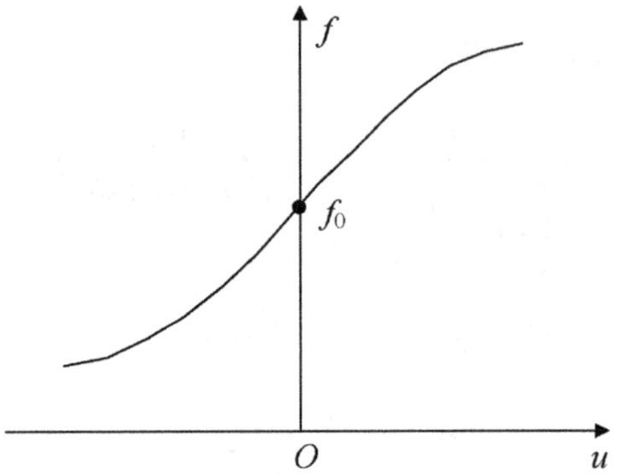

图 5.4.2　变容二极管压控振荡器的频率-电压特性曲线

例题 5.4.1

图 5.4.3（a）所示为中心频率是 360MHz 的变容二极管压控振荡器。

（1）画出该电路中晶体三极管的直流通路和高频交流通路。

（2）画出变容二极管的直流偏置电路和低频控制回路。

解：（1）在画晶体三极管的直流通路时，由于电容（在直流通路中，$w=0$，因此容抗 $\frac{1}{wC}=\infty$）起到隔直的作用，因此应将图 5.4.3（a）中的所有电容开路；由于电感（在直流通路中，$w=0$，因此感抗 $wL=0$）在直流通路中起到短路的作用，因此应将图 5.4.3（a）中的所有电感都看作导线；由于变容二极管工作在反向偏压状态，因此，在画直流通路时，应将其开路。晶体三极管的直流通路如图 5.4.3（b）所示，其高频交流通路如图 5.4.3（c）所示。

（2）在画变容二极管的直流偏置电路时需要注意，所有电容都起到隔直（断路）的作用；所有电感都起到通直（短路）的作用；将晶体三极管等效为一个电阻；由于变容二极管的反向电阻很大，因此可以将与其相连的相关电阻做近似短路处理；保留直流电压源。变容二极管的直流偏置电路如图 5.4.3（d）所示。

在画变容二极管的低频控制回路时需要注意，电感（在低频时，感抗相对较小）起到短路的作用，小电容 C_1 和 C_2（在低频时，容抗非常大）起到断路的作用。在本例中，1000pF 的电容 C_3、C_4 和 C_5 对于低频信号也起到断路的作用；由于低频时变容二极管的等效容抗和反向电阻均很大，因此，将与其相连的相关电阻做近似短路处理；直流电压源与地短路。变容二极管的低频控制回路如图 5.4.3（e）所示。

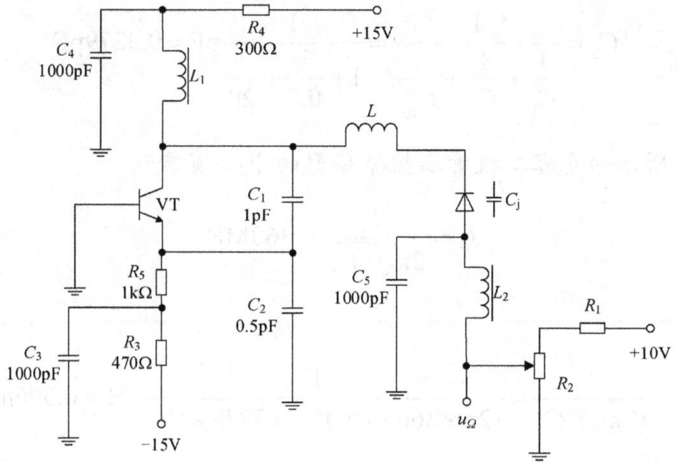

（a）变容二极管压控振荡器

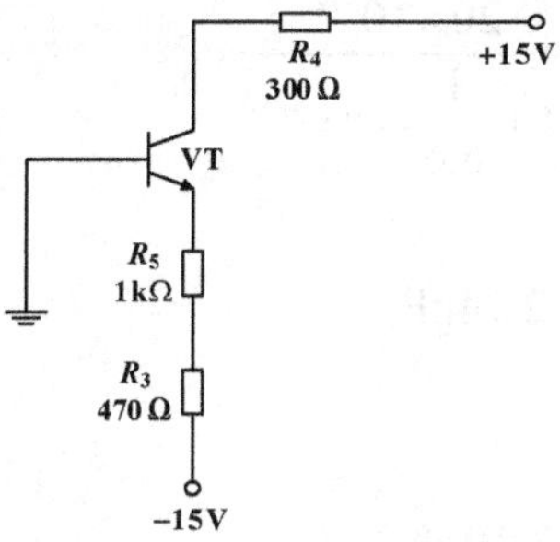

（b）晶体三极管的直流通路

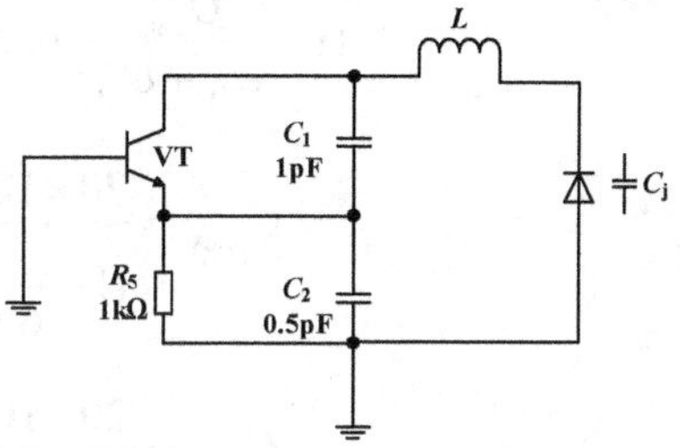

（c）晶体三极管的高频交流通路

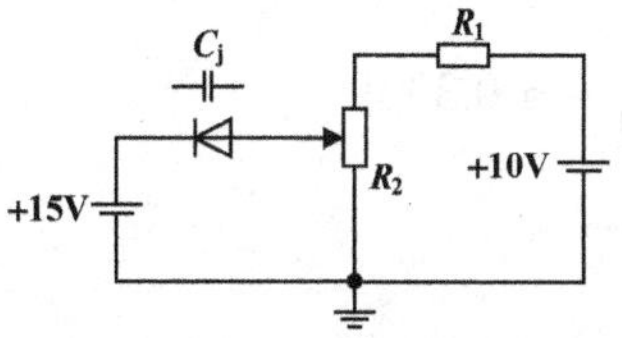

（d）变容二极管的直流偏置电路

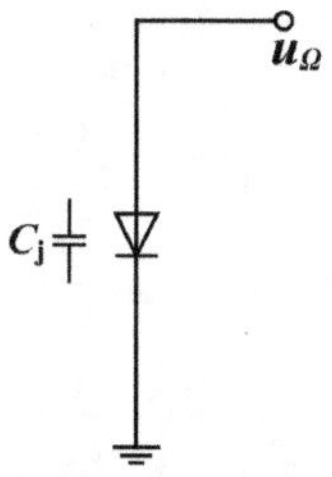

（e）变容二极管的低频控制回路

图 5.4.3　例题 5.4.1 图

例题 5.4.2

在如图 5.4.3（a）所示的电路中，若调整 R_2，使变容二极管的静态偏置电压为−6V，则对应的变容二极管的静态结电容 $C_{jQ}=20\text{pF}$，内建电位差 $U_B=0.6\text{V}$，变容指数 $n=3$。

（1）求电感 L。

（2）求当交流控制信号 u_Ω 为振幅 $U_{\Omega m}=1\text{V}$ 的正弦波时对应的压控灵敏度。

解：（1）由图 5.4.3（c）可知，LC 并联谐振回路的总等效电容由 3 个电容串联而成，因此总等效电容的表达式为

$$C_{\Sigma}=\frac{1}{\dfrac{1}{C_1}+\dfrac{1}{C_2}+\dfrac{1}{C_{jQ}}}=\frac{1}{1+\dfrac{1}{0.5}+\dfrac{1}{20}}\text{pF}\approx 0.3279\text{pF}$$

图 5.4.3（a）所示的变容二极管压控振荡器的中心频率为

$$f_0=\frac{1}{2\pi\sqrt{LC_{\Sigma}}}=360\text{MHz}$$

因此，电感 L 为

$$L=\frac{1}{(2\pi f_0)^2C_{\Sigma}}=\frac{1}{(2\pi\times 360\times 10^6)^2\times 0.3279\times 10^{-12}}\text{H}\approx 0.596\mu\text{H}$$

（2）由于变容二极管的结电容为

$$C_j=\frac{C_{jQ}}{(1+\dfrac{U_{\Omega m}}{U_B+U_Q}\cos\Omega t)^n}=\frac{20\times 10^{-12}}{(1+\dfrac{1}{6.6}\cos\Omega t)^3}$$

$$C_{jmax}=\frac{20\times 10^{-12}}{(1-\dfrac{1}{6.6})^3}\text{F}\approx 32.74\text{pF}$$

$$C_{jmin}=\frac{20\times 10^{-12}}{(1+\dfrac{1}{6.6})^3}\text{F}\approx 13.10\text{pF}$$

可得

$$C_{\Sigma max}=\frac{1}{\dfrac{1}{C_1}+\dfrac{1}{C_2}+\dfrac{1}{C_{jmax}}}\approx 0.33\text{pF}$$

$$C_{\Sigma min}=\frac{1}{\dfrac{1}{C_1}+\dfrac{1}{C_2}+\dfrac{1}{C_{jmin}}}\approx 0.325\text{pF}$$

因此

$$f_{0min}=\frac{1}{2\pi\sqrt{LC_{\Sigma max}}}\approx 358.87\text{MHz}$$

$$f_{0max}=\frac{1}{2\pi\sqrt{LC_{\Sigma min}}}\approx 361.62\text{MHz}$$

令

$$\Delta f_1=f_{0max}-f_0=1.62\text{MHz}$$

$$\Delta f_2 = f_0 - f_{0\min} = 1.13\text{MHz}$$

则压控灵敏度为

$$S_1 = \frac{\Delta f_1}{U_{\Omega m}} = 1.62\text{MHz/V}$$

$$S_2 = \frac{\Delta f_2}{U_{\Omega m}} = 1.13\text{MHz/V}$$

可见，正向和负向压控灵敏度略有差别，说明压控特性是非线性的。

视频：5.4.3 晶体压控振荡器

5.4.3　晶体压控振荡器

【导学】

- 晶体压控振荡器的工作原理。
- 晶体压控振荡器相关结构的分析。

为了提高压控振荡器中心频率的稳定度，可采用晶体压控振荡器。在晶体压控振荡器中，石英晶振或者等效为一个短路元器件，起到选频的作用；或者等效为一个高 Q 值的电感元器件，作为振荡回路元器件之一。通常采用变容二极管作为压控元器件。

在如图 5.4.4 所示的晶体压控振荡器的高频交流通路中，石英晶振相当于一个高 Q 值的电感元器件，通过控制电压来调整变容二极管的电容，使其与石英晶振串联后的总等效电感发生变化，从而改变晶体压控振荡器的振荡频率。

晶体压控振荡器的缺点是频率控制范围很小。图 5.4.4 所示的晶体压控振荡器的频率控制范围仅在石英晶振的串联谐振频率 f_s 与并联谐振频率 f_p 之间。

为了增大晶体压控振荡器的频率控制范围，可在石英晶振支路中增加一个电感。若增加一个电感，与石英晶振串联或并联，则将使石英晶振本身的串联谐振频率 f_s 左移或使并联谐振频率 f_p 右移，从而使频率控制范围增大，但电抗频率特性曲线斜率会减小。增加的电感越大，频率控制范围越大，但频率稳定度会相应下降。图 5.4.5 可以很清楚地说明这一点。

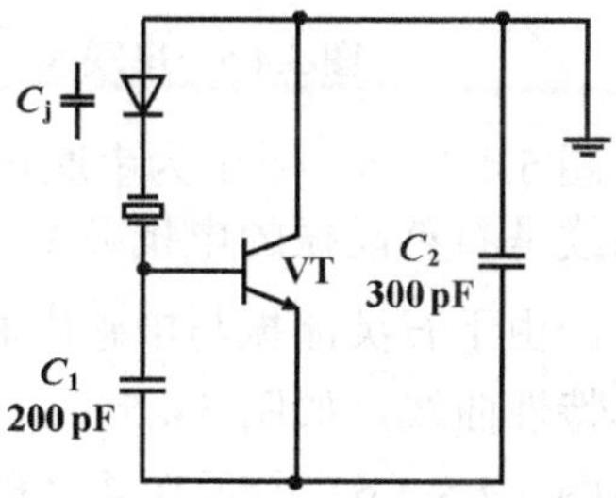

图 5.4.4　晶体压控振荡器的高频交流通路

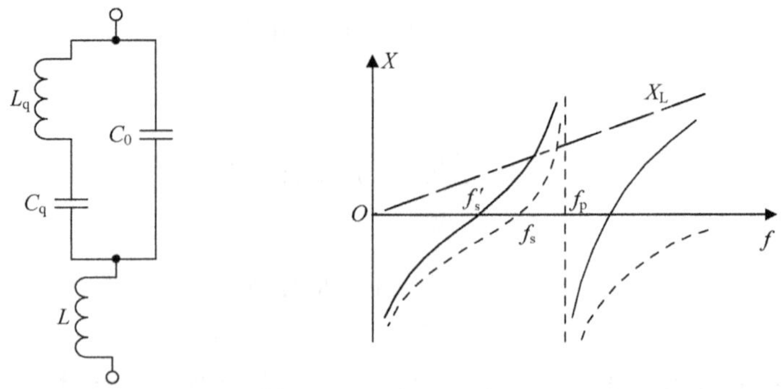

（a）

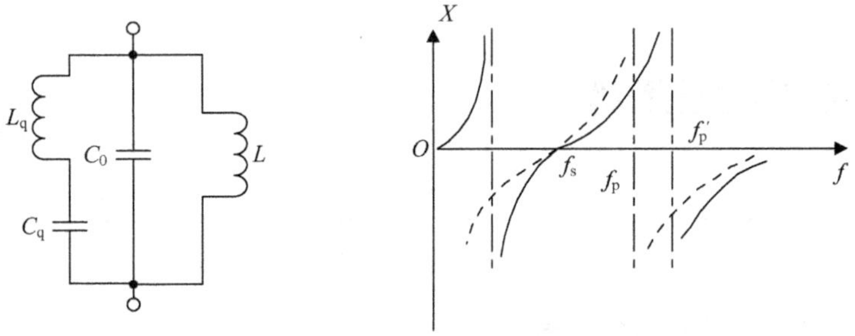

（b）

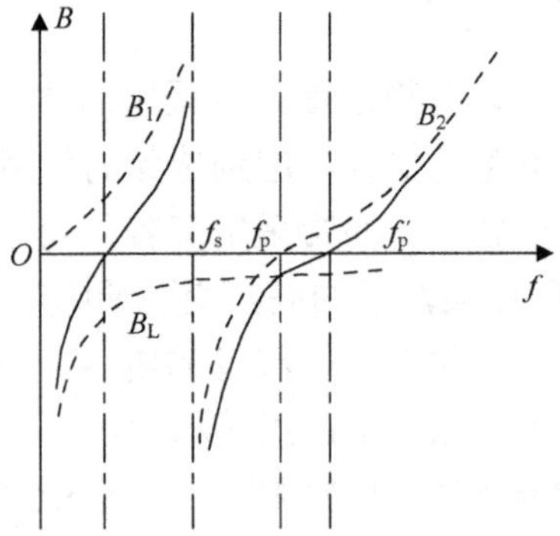

（c）

图 5.4.5　串联或并联电感增大晶体压控振荡器频率控制范围的原理图

图 5.4.5（a）所示为串联电感扩展法的原理，其中，左图为等效电路；右图中的两条虚曲线是石英晶振的电抗频率特性曲线，斜直虚线 $X_{\mathrm{L}}=wL$ 是加入的电感的电抗频率特性曲线。由于石英晶振与电感串联，因此两者的电抗频率特性曲线相加就是扩展后的总电抗频率特性曲线，如图 5.4.5（a）右图中的两条实曲线所示，f_s'是扩展后的串联谐振频率。

图 5.4.5（b）所示为并联电感扩展法的原理，其中，左图为等效电路；右图中的两条虚曲线是石英晶振的电抗频率特性曲线，3 条实曲线是扩展后的总电抗频率特性曲线，f_p'是扩展后的并联谐振频率。在分析并联关系时，由于采用电纳特性更加方便和清楚，因此图 5.4.5（c）给出了图 5.4.5（b）对应的电纳频率特性曲线。

在图 5.4.5（c）中，B_1 和 B_2 是石英晶振的电纳频率特性曲线；$B_{\mathrm{L}}=-\dfrac{1}{wL}$ 是加入的电

感的电纳频率特性曲线。由于石英晶振与电感并联，因此两者的电纳频率特性曲线相加就是扩展后的总电纳频率特性曲线，如图 5.4.5（c）中的两条实曲线所示。将这两条实曲线变换到图 5.4.5（b）中，即扩展后的总电抗频率特性曲线。

图 5.4.6 所示为应用串联电感扩展法原理的晶体压控振荡器，其中心频率约为 20MHz，频率偏差约为 10kHz。

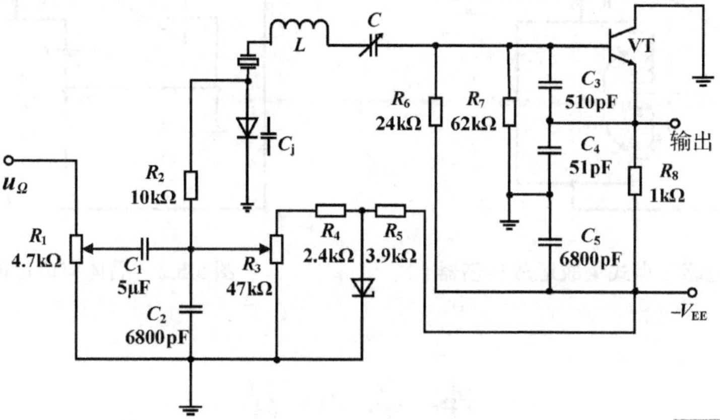

图 5.4.6　应用串联电感扩展法原理的晶体压控振荡器

视频：5.5 集成运放振荡器

5.5　集成运放振荡器

【导学】

> 三点式集成运放振荡器的结构、组成原则、振荡频率的分析与计算。
> 晶体集成运放振荡器的结构、振荡频率的分析。

在振荡器中，利用集成运放代替晶体三极管就可以组成集成运放振荡器。

1．三点式集成运放振荡器

图 5.5.1 所示为电感三点式集成运放振荡器，其振荡频率为

$$f_0 = \frac{1}{2\pi\sqrt{(L_1 + L_2 + 2M)C}} \tag{5.5.1}$$

三点式集成运放振荡器的组成原则与晶体三极管三点式振荡器的组成原则相似，即同相输入端与反相输入端、同相输入端与输出端之间是同性质的电抗元器件，反相输入端与输出端之间是异性质的电抗元器件。

2．晶体集成运放振荡器

图 5.5.2 所示为晶体集成运放振荡器，其中，石英晶振相当于一个电感元器件，可将该集成运放振荡器视为皮尔斯振荡器。其中，可调电容 C_3 的作用就是保证集成运放振荡

器振荡在石英晶振的标称频率上。

集成运放振荡器电路结构简单、调试方便，但是其工作频率受集成运放上限截止频率的限制。

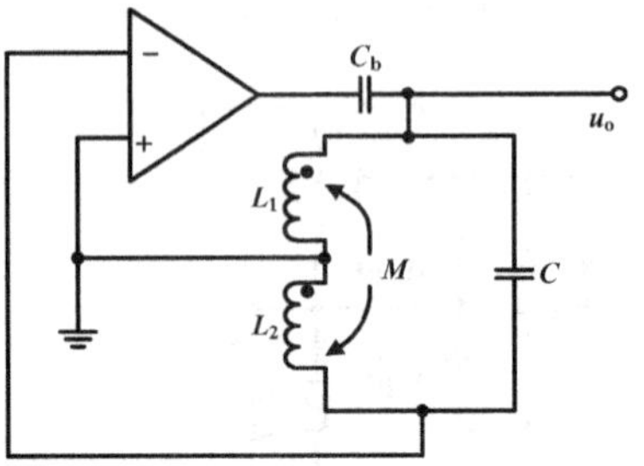

图 5.5.1　电感三点式集成运放振荡器

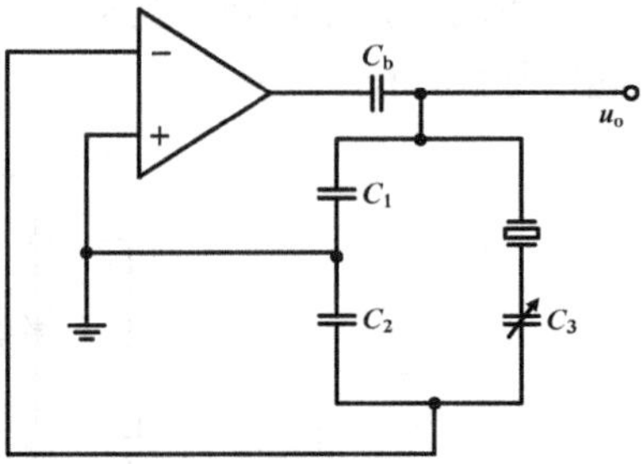

图 5.5.2　晶体集成运放振荡器

本 章 小 结

1．反馈振荡器是由放大电路和反馈网络组成的具有选频能力的正反馈系统。反馈振荡器必须满足起振、平衡和稳定 3 个条件，每个条件均应分别讨论其振幅和相位两方面的要求。

2．三点式振荡电路是 LC 正弦波振荡器的主要电路形式。三点式振荡器的组成原则是射同余异，分为电容三点式和电感三点式两种基本类型。频率稳定度是振荡电路的主要性能指标之一，为了提高频率稳定度，必须采取一系列的措施，包括减小外界因素变化的影响和提高电路抵抗外界因素变化影响的能力两方面。克拉泼振荡器和西勒振荡器是两种较实用的改进型电容三点式振荡器，前者适合用作频率振荡固定的振荡器，后者可用作波段振荡器。

3．晶体振荡器的频率稳定度非常高，但振荡频率的可调范围很小。泛音晶振可用于产生较高频率的振荡，但需要采取措施来抑制低次谐波振荡，保证其只谐振在所需的工作频率上。

4．采用变容二极管组成的压控振荡器可使振荡频率随其外加电压的变化而变化，这在调频和锁相环路里都有很大的用途。采用串联或并联电感的方法可以增大晶体压控振荡器的频率控制范围，但是频率稳定度会下降。

5．集成运放振荡器电路结构简单、调试方便，但需要外加电容、电感元器件组成选频网络。

习　　题

5.1 振荡器与放大器的区别是什么？

5.2 反馈振荡器的基本原理是什么？

5.3 LC 三点式振荡器的组成原则是什么？如何分类？

5.4 习题 5.4 图所示的两个电路均为互感耦合式振荡器的电路，请画出其交流通路，并注明电路中电感线圈的同名端。

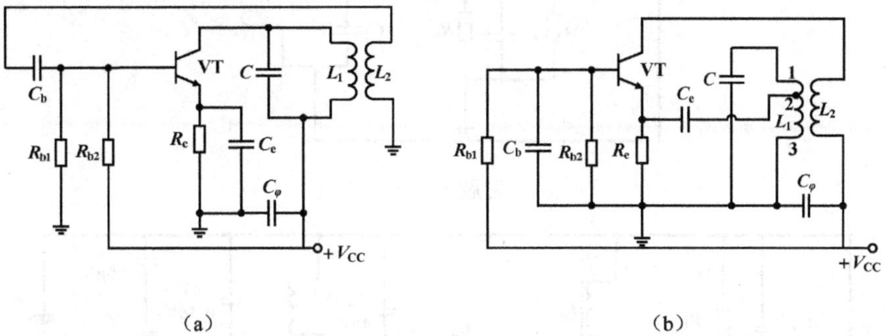

习题 5.4 图

5.5 在习题 5.5 图所示的电路中，假设有下几种情况。

（1）$L_1C_1<L_2C_2<L_3C_3$。

（2）$L_2C_2<L_1C_1<L_3C_3$。

（3）$L_1C_1=L_2C_2>L_3C_3$。

（4）$L_1C_1<L_2C_2=L_3C_3$。

请具体分析在上面几种情况下，该电路能否振荡？若电路能够振荡，则请判断该振荡电路的类型并估算其实际振荡频率 f_0。

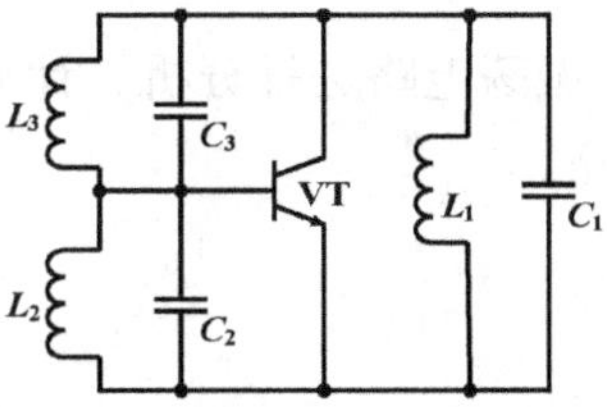

习题 5.5 图

5.6 在习题 5.6 图所示的振荡电路中，已知 $C_1=100\text{pF}$， $C_2=300\text{pF}$， $L=50\mu\text{H}$ 。

（1）画出振荡电路的交流通路。

（2）判断振荡电路的类型。

（3）估算振荡电路的振荡频率 f_0。

（4）估算维持振荡所必需的最小电压增益 A_{umin}。

5.7 已知习题 5.7 图所示的振荡电路的振荡频率 $f_0=50\text{MHz}$ 。

（1）画出振荡电路的交流通路。

（2）估算电感 L。

（3）估算维持振荡所必需的最小电压增益 A_{umin}。

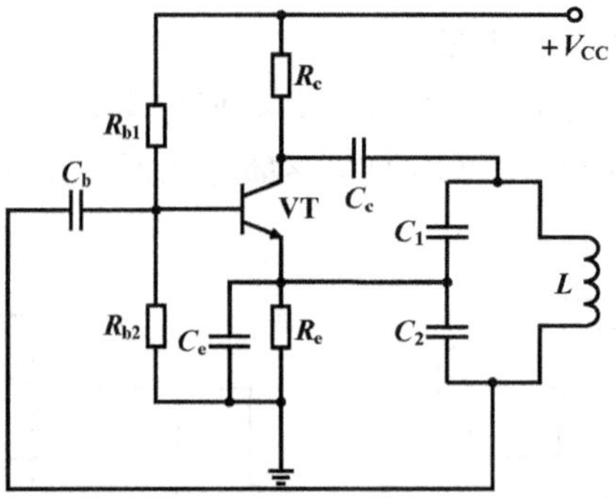

习题 5.6 图

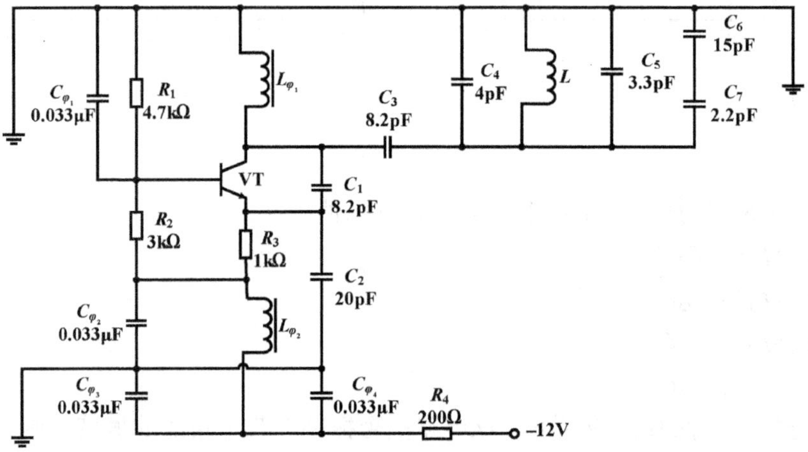

习题 5.7 图

5.8 请根据习题 5.8 图所示的振荡电路进行分析、计算。

（1）画出振荡电路的交流通路。

（2）判断振荡电路的类型。

（3）估算振荡频率 f_0。

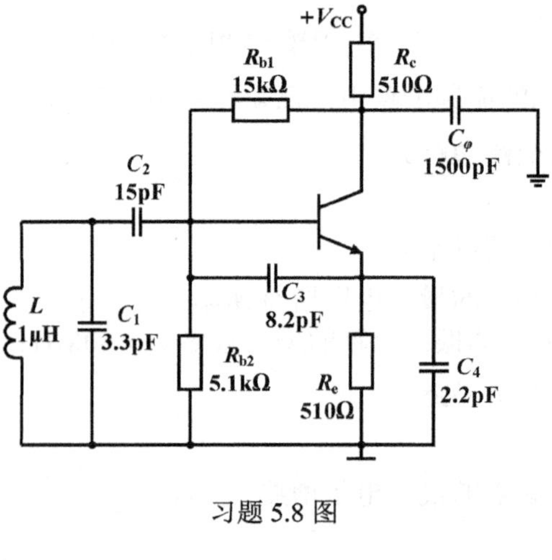

习题 5.8 图

5.9 在习题 5.9 图所示的晶体振荡电路中，石英晶振的标称频率为 10MHz。

（1）画出振荡电路的交流通路。

（2）判断振荡电路的类型。

（3）说明电容 C_2、C_3 在电路中的作用。

（4）说明石英晶振在电路中的作用。

（5）估算维持振荡所必需的最小电压增益 A_{umin}。

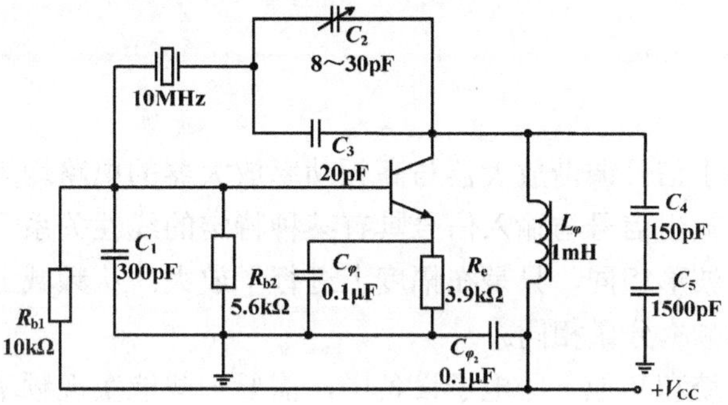

习题 5.9 图

5.10 在习题 5.10 图所示的晶体振荡电路的交流通路中，石英晶振的串联谐振频率为 15MHz。

（1）判断振荡电路的类型。

（2）说明石英晶振在振荡电路中的作用。

（3）估算电感 L。

（4）估算维持振荡所必需的最小电压增益 A_{umin}。

5.11 请根据习题 5.11 图所示的振荡电路进行分析、计算。

（1）画出振荡电路的交流通路。

（2）说明 LC_3 回路的作用。

（3）若将该振荡电路修改为皮尔斯振荡电路，则应将石英晶振连接在什么位置？

（4）若将该振荡电路修改为串联型晶体振荡电路，则应将石英晶振连接在什么位置？

（5）估算维持振荡所必需的最小电压增益 A_{umin}。

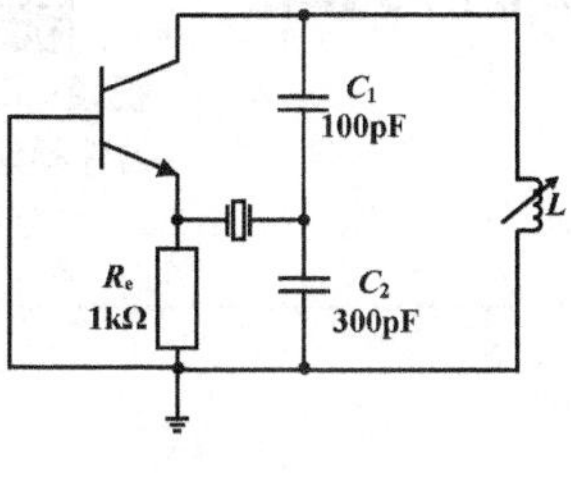

习题 5.10 图

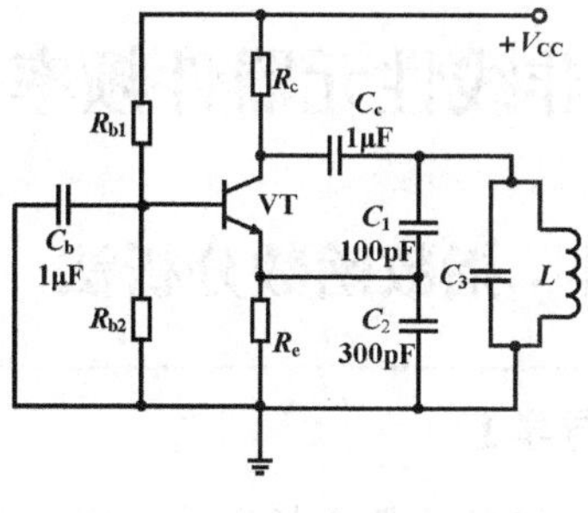

习题 5.11 图

第6章　频率变换电路基础

前面介绍的高频小信号调谐放大器与高频功率放大器的电路均为线性放大电路。线性放大电路的特点是其输出信号与输入信号具有某种特定的线性关系。从时域上来讲，输出信号波形与输入信号波形相同，只是在幅度上进行了放大；从频域上来讲，输出信号的频率分量与输入信号的频率分量相同。

然而，在通信系统和其他一些电子设备中，需要一些能实现频率变换的电路。这些电路的特点是在其输出信号的频谱中产生了一些输入信号频谱中没有的频率分量，即发生了频率分量的变换，故称为频率变换电路。

频率变换电路属于非线性电路，其频率变换功能由非线性元器件实现。常用的非线性元器件有非线性电阻性元器件和非线性电容性元器件。非线性电阻性元器件在电压-电流平面上具有非线性的伏安特性。如果不考虑晶体三极管的电抗效应，那么它的输入特性、转移特性和输出特性均具有非线性的伏安特性，因此，晶体三极管可视为非线性电阻性元器件。非线性电容性元器件在电荷-电压平面上具有非线性的库伏特性，变容二极管就是一种常用的非线性电容性元器件。

虽然在线性放大电路中也使用了晶体三极管这一非线性元器件，但是必须采取一些措施来尽量避免或消除它的非线性效应或频率变换效应，而主要利用它的电流放大作用。例如，使高频小信号调谐放大器工作在晶体三极管非线性特性的线性范围内；在高频功率放大器中，利用选频网络取出输入信号中才有的有用频率分量而滤除其他无用频率分量等。

本章首先以二极管的伏安特性为例介绍非线性元器件频率变换特性的几种分析方法，然后介绍频率变换电路的要求与实现方法。

视频：6.1 非线性元器件频率变换特性的分析方法

6.1　非线性元器件频率变换特性的分析方法

6.1.1　指数函数分析法

【导学】

➢ 指数函数分析法的原理。

➢ 指数函数分析法的应用。

二极管的正向伏安特性可用指数函数描述：

$$i = I_{\mathrm{s}}(\mathrm{e}^{\frac{1}{U_T}u} - 1) \tag{6.1.1}$$

其中，u 为外加在二极管两端的电压；U_T 为电压当量，当 $T = 300\mathrm{K}$ 时，$U_T \approx 26\mathrm{mV}$；$I_{\mathrm{s}}$ 为反向饱和电流。

当外加在二极管两端的电压 u 较小时，式（6.1.1）与二极管的实际特性是吻合的；但当 u 增大时，二者有较大的误差，如图 6.1.1 所示。因此，指数函数分析法仅适用于小信号工作状态下的二极管特性分析。

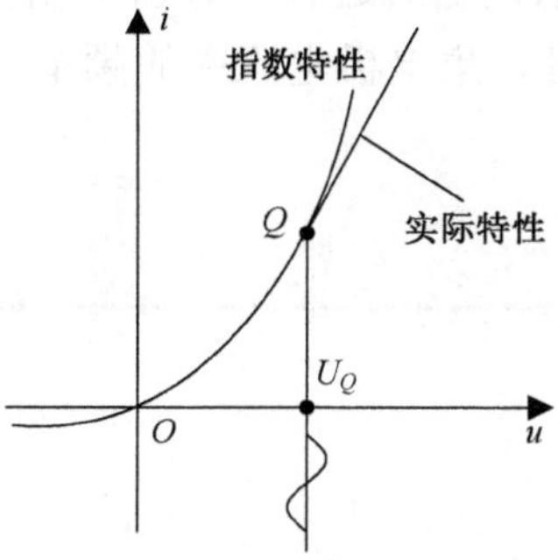

图 6.1.1　二极管的伏安特性

利用指数函数的幂级数展开式：

$$\mathrm{e}^x = 1 + x + \frac{1}{2!}x^2 + \cdots + \frac{1}{n!}x^n + \cdots \tag{6.1.2}$$

若 $u = U_Q + U_{\mathrm{s}}\cos w_{\mathrm{s}}t$，则由式（6.1.1）和式（6.1.2）可得

$$\begin{aligned} i &= I_{\mathrm{s}}(\mathrm{e}^{\frac{1}{U_T}u} - 1) = I_{\mathrm{s}}[\mathrm{e}^{\frac{1}{U_T}(U_Q + U_{\mathrm{s}}\cos w_{\mathrm{s}}t)} - 1] \\ &= I_{\mathrm{s}}\left[\frac{U_Q}{U_T} + \frac{U_{\mathrm{s}}}{U_T}\cos w_{\mathrm{s}}t + \frac{1}{2{U_T}^2}\left(U_Q^2 + 2U_QU_{\mathrm{s}}\cos w_{\mathrm{s}}t + {U_{\mathrm{s}}}^2\frac{1+\cos 2w_{\mathrm{s}}t}{2}\right) + \cdots + \right. \\ &\qquad \left. \frac{1}{n!{U_{\mathrm{T}}}^n}(U_Q + U_{\mathrm{s}}\cos w_{\mathrm{s}}t)^n + \cdots \right] \end{aligned} \tag{6.1.3}$$

利用三角函数公式将式（6.1.3）展开后可以发现，虽然输入电压中仅有直流和 w_{s} 分量，但是在输出电流中除了直流和 w_{s} 分量，还出现了新的频率分量，这就是 w_{s} 的二次及以上各次谐波分量。输出电流的频率分量可表示为

$$w_0 = nw_{\mathrm{s}} \qquad n = 0,1,2,\cdots \tag{6.1.4}$$

由于指数函数是一种超越函数，因此这种分析方法又称为超越函数分析法。

6.1.2 折线函数分析法

【导学】

➢ 折线函数分析法的原理。

➢ 折线函数分析法的应用。

当输入电压较大时，二极管的伏安特性可用两段直线组成的折线来逼近。由于晶体三极管的转移特性与二极管的伏安特性有相似的非线性特性，因此 4.1.2 节利用折线近似分析法对大信号工作状态下的集电极电流进行了分析。由分析结果可知，当输入电压为直流偏置电压叠加单频余弦信号时，集电极电流中的频率分量与式（6.1.4）相同。

6.1.3 幂级数分析法

【导学】

➢ 幂级数分析法的原理。

➢ 幂级数分析法的应用。

假设二极管的非线性伏安特性用函数 $i = f(u)$ 表示，则此函数表示的是一条连续的曲线。若在自变量 u 的某一点（如静态工作点 U_Q）处存在各阶导数，则电流 i 可以在该点附近展开为泰勒级数：

$$\begin{aligned} i &= f(U_Q) + f'(U_Q)(u - U_Q) + \frac{f''(U_Q)}{2!}(u - U_Q)^2 + \cdots + \frac{f^{(n)}(U_Q)}{n!}(u - U_Q)^n + \cdots \\ &= a_0 + a_1(u - U_Q) + a_2(u - U_Q)^2 + \cdots + a_n(u - U_Q)^n + \cdots \end{aligned} \tag{6.1.5}$$

其中，$a_n = \dfrac{f^{(n)}(U_Q)}{n!}$（$n = 0,1,2,3,\cdots$）。

若 $u = U_Q + U_s \cos w_s t$，则式（6.1.5）可进一步写为

$$i = a_0 + a_1 U_s \cos w_s t + a_2 U_s^2 \cos^2 w_s t + \cdots + a_n U_s^n \cos^n w_s t + \cdots \tag{6.1.6}$$

将式（6.1.6）经过三角函数变换，输出电流中会出现与式（6.1.4）相同的频率分量。显然，展开的泰勒级数必须满足收敛条件。

综上所述，非线性元器件的特性分析是建立在函数逼近的基础上的。当工作信号大小不同时，适用的函数可能不同，但与实际特性之间的误差都必须在工程允许的范围内。

例题 6.1.1

已知晶体三极管的基极输入电压 $u_B = U_Q + u_1 + u_2$，其中，$u_1 = U_{1m} \cos w_1 t$，$u_2 = U_{2m} \cos w_2 t$，求晶体三极管集电极输出电流中的频率分量。

解：设晶体三极管的转移特性为$i_C = f(u_B)$，用幂级数分析法，将其在U_Q处展开：

$$i_C = a_0 + a_1(u_1 + u_2) + a_2(u_1 + u_2)^2 + \cdots + a_n(u_1 + u_2)^n + \cdots$$

将$u_1 = U_{1m}\cos w_1 t$和$u_2 = U_{2m}\cos w_2 t$代入，并对各项进行三角函数变换，可求得输出电流i_C中频率分量的表达式为

$$w_0 = |\pm p w_1 \pm q w_2| \qquad p,q = 0,1,2,\cdots \tag{6.1.7}$$

可见，输出信号中的频率分量是两个不同输入信号频率各次谐波的各种不同组合，包含直流分量。

例题 6.1.2

已知结型场效应管的转移特性可用平方律函数$i_D = I_{DSS}\left(1-\frac{u_{GS}}{U_p}\right)^2$表示，请分析结型场效应管的频率变换特性。

解：设输入电压为$u_{GS} = U_G + U_s\cos w_s t$，其中，$U_G$为栅极直流偏置电压，则输出电流为

$$\begin{aligned} i_D &= I_{DSS}\left(1-\frac{U_G + U_s\cos w_s t}{U_p}\right)^2 \\ &= \frac{I_{DSS}}{U_p^2}\left[(U_G - U_p)^2 + \frac{U_s^2}{2} + 2U_s(U_G - U_p)\cos w_s t + \frac{U_s^2}{2}\cos 2w_s t\right] \end{aligned}$$

可见，输出电流中包含直流分量、w_S频率分量和$2w_S$频率分量。

△6.2　频率变换电路的要求与实现方法

视频：6.2.1 频率变换电路的分类与要求

6.2.1　频率变换电路的分类与要求

【导学】

- ➢ 频率变换电路的分类。
- ➢ 线性频率变换电路的特点。
- ➢ 非线性频率变换电路的特点。
- ➢ 减少输出信号中无用组合频率分量的常用措施。

1．频率变换电路的分类与特点

频率变换电路可分为两大类：线性频率变换电路与非线性频率变换电路。

线性频率变换电路或者要求输出信号频率w_0是输入信号频率w_s的某个固定倍数，即

$w_0 = nw_s$（如倍频电路）；或者要求输出信号频率 w_0 是两个输入信号频率 w_1、w_2 的和频或差频，即 $w_0 = w_1 \pm w_2$（如调幅电路、检波电路和混频电路）。这些电路的特点就是输出信号频谱与输入信号频谱具有简单的线性关系，或者说，输出信号频谱只是输入信号频谱在频率轴上的搬移，故又称为频谱搬移电路。

非线性频率变换电路的特点是输出信号频谱和输入信号频谱不再是简单的线性关系，也不是频谱的搬移，而是产生了某种非线性变换（如调频电路与鉴频电路）。

2．减少输出信号中无用组合频率分量的常用措施

晶体三极管是频率变换电路中常用的非线性元器件。由例题 6.1.1 的分析可知，当两个交流信号叠加输入时，晶体三极管的输出电流中包含两个输入信号频率的无穷多个组合频率分量。而在某些非线性频率变换电路中，要求输出信号频率只是输入信号频率的和频或差频，因此，必须采取措施以减少输出信号中大多数无用组合频率分量。常用措施有以下几种。

（1）采用具有平方律特性的场效应管代替晶体三极管。

（2）采用多个晶体三极管组成的平衡电路，以抵消一部分无用组合频率分量。

（3）使晶体三极管工作在线性时变状态或开关状态，这样可以大量减少无用组合频率分量。

（4）采用滤波器滤除无用组合频率分量。实际上，滤波器已成为频率变换电路中不可缺少的组成部分。

视频：6.2.2 线性时变工作状态

6.2.2 线性时变工作状态

【导学】

- 线性时变工作状态的条件与分析。
- 单向开关函数的波形与表达式。
- 双向开关函数的波形与表达式。

1．线性时变工作状态的条件与分析

由例题 6.1.1 可知，若将两个不同频率的交流信号同时输入，则晶体三极管的输出信号频率是由式（6.1.7）决定的众多组合频率分量。如果其中一个交流输入信号 u_2 的振幅远远小于另一个交流输入信号 u_1 的振幅，即 $u_2 \ll u_1$，那么会产生什么结果呢？

如果 $u_2 \ll u_1$，则可以认为晶体三极管的工作状态主要由 U_Q 与 u_1 决定，若在交变工作点 $(U_Q + u_1)$ 处将输出电流 i_C 展开为幂级数，则可得

$$
\begin{aligned}
i_C &= f(u_{BE}) = f(U_Q + u_1 + u_2) \\
&= f(U_Q + u_1) + f'(U_Q + u_1)u_2 + \frac{1}{2!}f''(U_Q + u_1)u_2^2 + \cdots + \frac{1}{n!}f^{(n)}(U_Q + u_1)u_2^n + \cdots
\end{aligned} \tag{6.2.1}
$$

由于 u_2 很小，因此可以忽略 u_2 的二次及以上各次谐波分量，式（6.2.1）进一步简化为

$$i_C = f(U_Q + u_1) + f'(U_Q + u_1)u_2 = I_0(t) + g(t)u_2 \tag{6.2.2}$$

其中，$I_0(t) = f(U_Q + u_1)$；$g(t) = f'(U_Q + u_1)$。

$I_0(t)$ 与 $g(t)$ 分别是 $u_2 = 0$ 时的电流和电流对于电压的变化率（电导），而且它们均随时间发生变化（因为它们均随 u_1 的变化而变化，而 u_1 又随时间发生变化），因此，$I_0(t)$ 与 $g(t)$ 分别称为时变静态电流和时变电导。由于此处 $g(t)$ 是指晶体三极管输出电流 i_C 对于输入电压 u_{BE} 的变化率，故又称为时变跨导。

由于 $I_0(t)$ 与 $g(t)$ 均是与 u_2 无关的参数，因此 i_C 与 u_2 可以看作一种线性关系，但是 $I_0(t)$ 与 $g(t)$ 随时间而变化，故将这种工作状态称为线性时变工作状态。在线性时变工作状态下，$I_0(t)$ 与 $g(t)$ 的波形如图 6.2.1 所示。

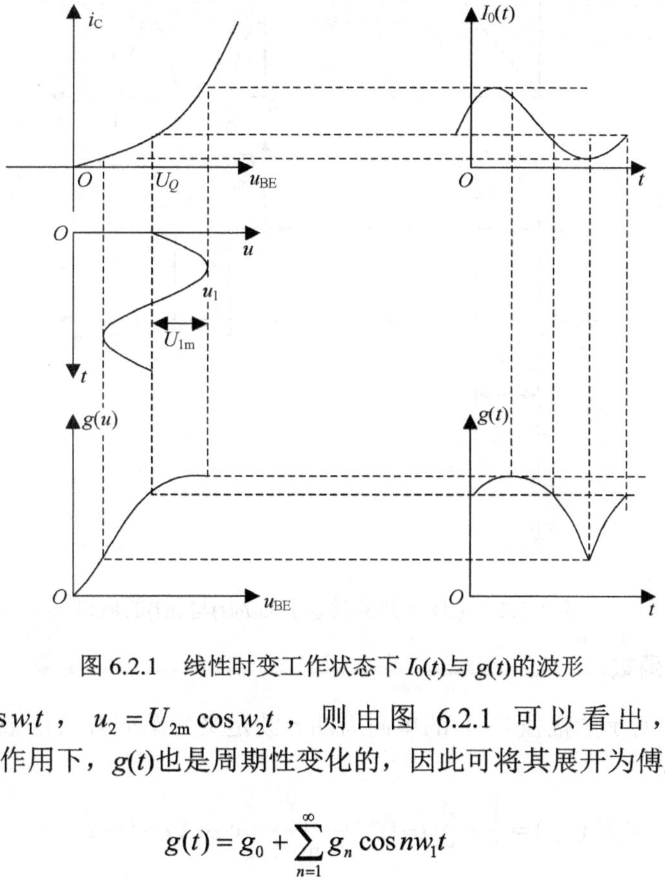

图 6.2.1　线性时变工作状态下 $I_0(t)$ 与 $g(t)$ 的波形

若 $u_1 = U_{1m}\cos w_1 t$，$u_2 = U_{2m}\cos w_2 t$，则由图 6.2.1 可以看出，在周期性电压 $U_Q + U_{1m}\cos w_1 t$ 的作用下，$g(t)$ 也是周期性变化的，因此可将其展开为傅里叶级数：

$$g(t) = g_0 + \sum_{n=1}^{\infty} g_n \cos n w_1 t \tag{6.2.3}$$

其中，$g_n = \dfrac{1}{\pi}\int_{-\pi}^{\pi}\left[g(t)\cos n w_1 t\right]\,\mathrm{d}w_1 t$。

同样，$I_0(t)$ 也可以展开为傅里叶级数：

$$I_0(t) = I_{00} + \sum_{n=1}^{\infty} I_{0n} \cos n w_1 t \tag{6.2.4}$$

将式（6.2.3）和式（6.2.4）代入式（6.2.2），可得

$$i_C = I_{00} + \sum_{n=1}^{\infty} I_{0n} \cos nw_1 t + (g_0 + \sum_{n=1}^{\infty} g_n \cos nw_1 t) U_{2m} \cos w_2 t \tag{6.2.5}$$

由式（6.2.5）可以看出，i_C 中含有直流分量、w_1 的各次谐波分量及$|\pm nw_1 \pm w_2|$（n=0, 1,2,3,…）。与式（6.1.7）相比，减少了很多组合频率分量。

若 u_1 的振幅足够大，则晶体三极管的转移特性可由两段直线组成的折线来表示，如图 6.2.2 所示。假设$U_Q = 0$，则晶体三极管将完全受 u_1 的控制，半周导通半周截止，这种工作状态称为开关状态，是线性时变工作状态的一种特例。在导通区，$g(u)$是一个常数 g_D，而 $g(t)$则是一个矩形脉冲序列。

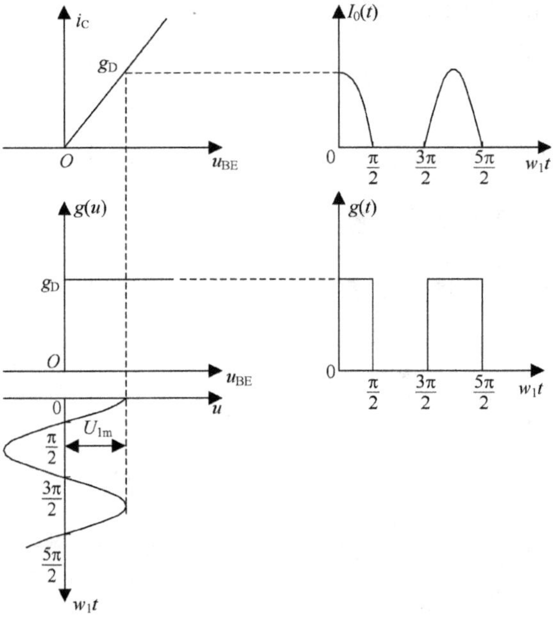

图 6.2.2　工作于开关状态下的 $I_0(t)$与 $g(t)$的波形

2. 单向开关函数

将如图 6.2.3 所示的幅值为 1 的单向周期方波定义为单向开关函数，其傅里叶级数展开式为

$$K_1(w_1 t) = \frac{1}{2} + \sum_{n=1}^{\infty} (-1)^{n-1} \frac{2}{(2n-1)\pi} \cos(2n-1) w_1 t \tag{6.2.6}$$

利用式（6.2.6），参照图 6.2.2，可将集电极电流写为

$$\begin{aligned} i_C &= I_0(t) + g(t) u_2 \\ &= g_D u_1 K_1(w_1 t) + g_D K_1(w_1 t) u_2 \\ &= g_D K_1(w_1 t)(u_1 + u_2) \\ &= g_D K_1(w_1 t)(U_{1m} \cos w_1 t + U_{2m} \cos w_2 t) \end{aligned} \tag{6.2.7}$$

由于 $K_1(w_1t)$中包含直流分量和 w_1 的奇次谐波分量，因此集电极电流 i_C 中包含直流分量、w_1 的偶次谐波分量、w_2 分量及$|\pm(2n-1)w_1 \pm w_2|$（n=1,2,3,⋯）分量。与式（6.2.5）相比，i_C 中的组合频率分量进一步减少，但有用的和频及差频$|\pm w_1 \pm w_2|$仍然存在。

3．双向开关函数

将如图 6.2.4 所示的幅值为 1 的双向周期方波定义为双向开关函数，其傅里叶级数展开式为

$$K_2(w_1t)=K_1(w_1t)-K_1(w_1t-\pi)=\sum_{n=1}^{\infty}(-1)^{n-1}\frac{4}{(2n-1)\pi}\cos(2n-1)w_1t \qquad (6.2.8)$$

其中，$K_1(w_1t-\pi)$是延迟半个周期后的单向开关函数，于是有

$$K_1(w_1t)+K_1(w_1t-\pi)=1 \qquad (6.2.9)$$

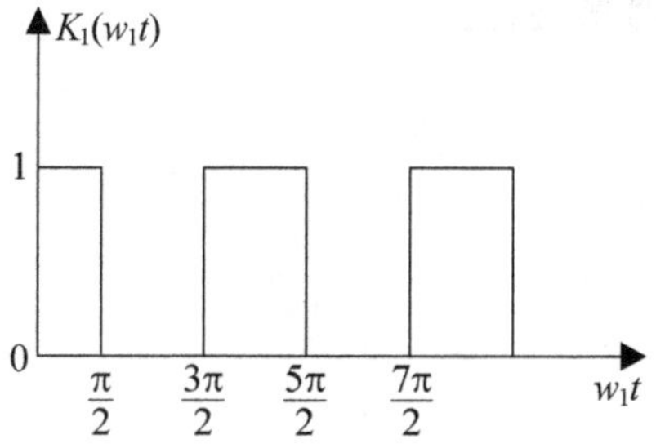

图 6.2.3　单向开关函数

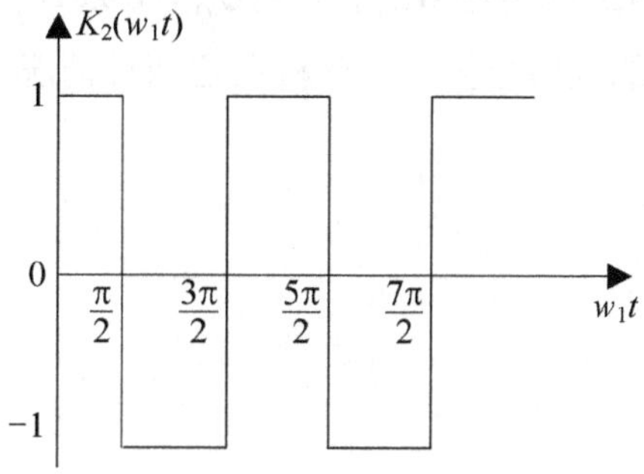

图 6.2.4　双向开关函数

本 章 小 结

1．频率变换电路的输出能够产生输入信号中没有的频率分量。频率变换功能必须由非线性元器件实现，因此非线性元器件特性分析是频率变换电路分析的基础。

2．非线性元器件的特性分析建立在函数逼近的基础上，当工作信号大小不同或偏置电压不同时，适用的函数可能不同。

3．晶体三极管是频率变换电路中常用的元器件，当输入信号为单一频率的交流信号时，晶体三极管的输出是输入信号频率的各次谐波；当输入信号为两个交流信号的叠加时，晶体三极管的输出是两个输入信号频率的各次谐波的组合分量。然而，实际的频率变换电路要求产生的频率分量或组合分量只是其中极少数的分量，因此需要采取一些措施来减少或抑制输出频率中的无用组合频率分量。其中，工作在线性时变状态（开关状态是其中一个特例）下的晶体三极管可使输出信号中的无用组合频率分量大大减少。

习　题

6.1 已知非线性元器件的伏安特性为$i = a_0 + a_1 u + a_2 u^2 + a_3 u^3 + a_4 u^4$，当$u = U_{1\text{m}} \cos w_1 t + U_{2\text{m}} \cos w_2 t$时，请写出电流 i 中存在的频率分量，并说明频率分量$w_1 \pm w_2$是由电流 i 中的哪些项产生的。

6.2 已知非线性元器件的伏安特性为

$$i = \begin{cases} g_{\text{D}} u & u > 0 \\ 0 & u \leqslant 0 \end{cases}$$

当$u = U_Q + U_{1\text{m}} \cos w_1 t + U_{2\text{m}} \cos w_2 t$，$U_Q = -\dfrac{U_{1\text{m}}}{2}$，$U_{2\text{m}} \leqslant U_{1\text{m}}$且满足线性时变条件时，请写出时变电导 $g(t)$的表达式，并写出电流 i 中存在的频率分量。

6.3 在习题 6.2 中，当$U_Q = 0$或$U_Q = U_{1\text{m}}$时，请分别求出 $g(t)$的表达式，写出电流 i 中存在的频率分量，并分析在这两种情况下能否实现频谱搬移。

第 7 章　振幅调制、解调及变频

调制与解调电路是通信系统中的重要组成部分。调制就是在发射端把低频段的调制信号加载到高频载波信号上，将其变换成高频段的信号，以便于天线发送并实现不同信号源、不同系统的频分复用；解调是调制的逆过程，在接收端将已调波信号从高频段变换到低频段，恢复调制信号。

在模拟系统中，按照载波波形的不同，可将调制分为正弦波调制和脉冲调制两种。

正弦波调制以高频正弦波为载波，利用低频调制信号分别控制正弦波的振幅、频率和相位，分别称为调幅（AM）、调频（FM）和调相（PM）。

脉冲调制以高频矩形脉冲为载波，利用低频调制信号分别控制矩形脉冲的幅度、宽度和位置，分别称为脉幅调制（PAM）、脉宽调制（PDM）和脉位调制（PPM）。

本书仅讨论正弦波调制。

本章首先在时域和频域上讨论振幅调制与解调的基本原理，然后介绍相关电路的组成。由于混频电路、倍频电路、调幅电路和振幅解调电路（又称检波电路）同属于线性频率变换电路，因此也将其放在本章介绍。

7.1　调幅信号

△7.1.1　普通调幅信号

【导学】

- 调制信号为单频信号时普通调幅信号的表达式、波形、频谱和带宽。
- 调制信号为多频信号时普通调幅信号的表达式、波形、频谱和带宽。
- 普通调幅信号在电阻上产生的功率和功率利用率的分析与计算。
- 普通调幅信号的产生方法。
- 普通调幅信号的解调方法。

1．调制信号为单频信号

视频：7.1.1（1）普通调幅信号-调制信号为单频信号

（1）普通调幅信号的表达式。

由调制的概念可知，要得到调幅信号，必须有调制信号和载波信号。调幅就是用调制信号对载波信号的振幅进行控制，即在载波的振幅上叠加一个受调制信号控制的变化量。

假设载波信号为 $u_c(t)=U_{cm}\cos w_c t$，调制信号为 $u_\Omega(t)=U_{\Omega m}\cos\Omega t(\Omega \ll w_c)$，则普通调幅信号振幅的表达式为

$$\begin{aligned} U_{AM}(t)&=U_{cm}+k_a u_\Omega(t)=U_{cm}+k_a U_{\Omega m}\cos\Omega t \\ &=U_{cm}(1+\frac{k_a U_{\Omega m}}{U_{cm}}\cos\Omega t)=U_{cm}(1+m_a\cos\Omega t) \end{aligned} \tag{7.1.1}$$

其中，$m_a=\dfrac{k_a U_{\Omega m}}{U_{cm}}$ $(0<m_a\leqslant 1)$ 称为振幅调制度或调幅指数；k_a 是由调幅电路决定的比例系数。

由于调幅后载波信号的频率不变，因此普通调幅信号的表达式为

$$u_{AM}(t)=U_{AM}(t)\cos w_c t=U_{cm}(1+m_a\cos\Omega t)\cos w_c t \tag{7.1.2}$$

（2）普通调幅信号的波形和频谱。

图 7.1.1（a）给出了调制信号 $u_\Omega(t)$、载波信号 $u_c(t)$ 和普通调幅信号 $u_{AM}(t)$ 的波形，图 7.1.1（b）给出了它们的频谱。

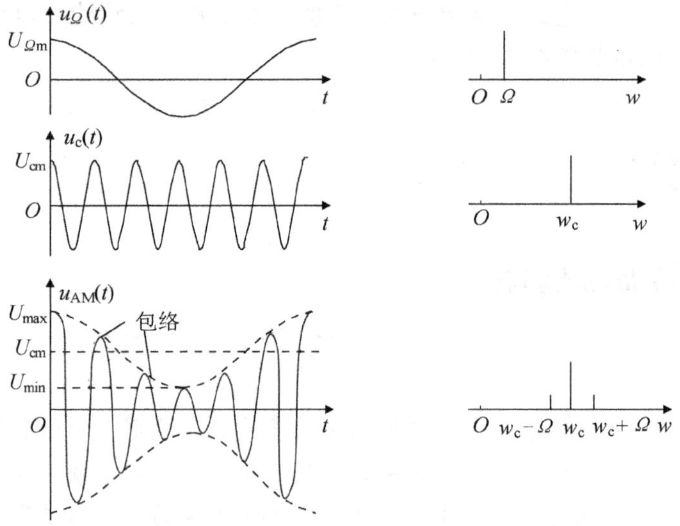

（a）　　（b）

图 7.1.1　调制信号、载波信号和普通调幅信号的波形与频谱

从图 7.1.1（a）中可以看出以下几点。

① 普通调幅信号的振幅 $U_{AM}(t)$ 就是由直流分量 U_{cm} 和交流分量 $k_a U_{\Omega m}\cos\Omega t$ 叠加而成

的，其中的交流分量与调制信号成正比。普通调幅信号是携带着原调制信号信息的高频已调波信号。

② 普通调幅信号的上包络（信号振幅最高峰值点的连线）完全反映了调制信号的变化规律，下包络（信号振幅最低峰值点的连线）与上包络关于横坐标轴对称。

③ 普通调幅信号的振荡频率与载波信号的频率一致。

当调幅指数 $m_a > 1$ 时，普通调幅信号的上包络不能再反映调制信号的变化规律，产生了失真，称为过调制，如图 7.1.2 所示。

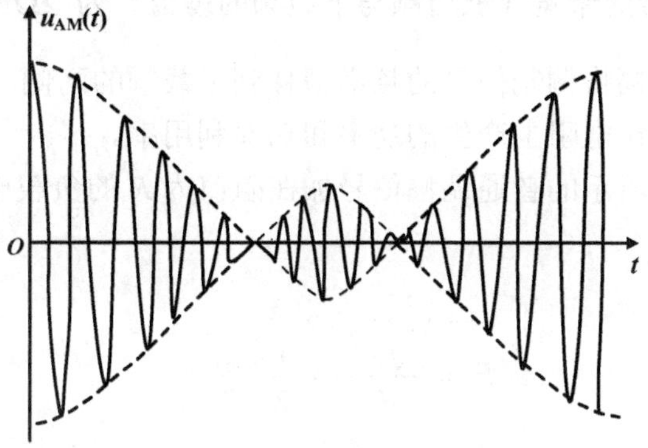

图 7.1.2　过调制波形

综合以上分析，可知普通调幅信号的特点如下。

① 当 $0 < m_a \leqslant 1$ 时，普通调幅信号上包络的变化规律与调制信号的变化规律一致，普通调幅信号下包络与上包络关于横坐标轴对称，普通调幅信号的振荡频率与载波信号的频率一致。

② 调幅指数 m_a 能够反映调幅的强弱程度，调幅指数越大，调幅程度越强。

当 $m_a = 0$ 时，不能实现调幅；当 $m_a = 1$ 时，能实现最强的调幅程度；当 $m_a > 1$ 时，将发生过调制，普通调幅信号的上包络不能再反映调制信号的变化规律，且在过零点发生 180°的相位突变。

在如图 7.1.1（a）所示的普通调幅信号波形中，有

$$\begin{aligned} U_{\max} &= U_{cm} + k_a U_{\Omega m} \\ U_{\min} &= U_{cm} - k_a U_{\Omega m} \end{aligned} \tag{7.1.3}$$

从而可得调幅指数 m_a 的表达式为

$$m_a = \frac{U_{\max} - U_{\min}}{U_{\max} + U_{\min}} = \frac{U_{\max} - U_{cm}}{U_{cm}} = \frac{U_{cm} - U_{\min}}{U_{cm}} \tag{7.1.4}$$

通过三角函数转换，可将普通调幅信号的表达式进一步写为

$$\begin{aligned} u_{AM}(t) &= U_{cm}(1 + m_a \cos \Omega t) \cos w_c t \\ &= U_{cm} \cos w_c t + \frac{m_a U_{cm}}{2}[\cos(w_c + \Omega)t + \cos(w_c - \Omega)t] \end{aligned} \tag{7.1.5}$$

由式（7.1.5）可知，普通调幅信号 $u_{AM}(t)$的频谱包含 3 个频率分量：w_c（载频）、$w_c+\Omega$（上边频）和 $w_c-\Omega$（下边频）。其中，载频对应的振幅为 U_{cm}，上边频和下边频对应的振幅均为$\dfrac{m_a U_{cm}}{2}$。

（3）普通调幅信号的带宽。

由图 7.1.1（b）可以看出，调制信号的带宽为 Ω 或 $F=\dfrac{\Omega}{2\pi}$；载波信号的带宽为 w_c 或 $f_c=\dfrac{w_c}{2\pi}$；普通调幅信号的带宽（上边频与下边频的差值）为 2Ω 或 $2F=\dfrac{\Omega}{\pi}$，是调制信号的带宽的 2 倍；普通调幅将调制信号的频谱搬移到了载频的两侧。

（4）普通调幅信号在电阻上产生的功率和功率利用率。

若将如式（7.1.5）所示的普通调幅信号加在阻值为 R 的负载电阻上，则其中的载频分量产生的平均功率为

$$P_c=\frac{(\frac{U_{cm}}{\sqrt{2}})^2}{R}=\frac{1}{2}\frac{U_{cm}{}^2}{R} \tag{7.1.6}$$

普通调幅信号中两个边频分量产生的平均功率相同，均为

$$P_{SB}=\frac{\left(\frac{\frac{m_a U_{cm}}{2}}{\sqrt{2}}\right)^2}{R}=\frac{1}{2R}\left(\frac{m_a U_{cm}}{2}\right)^2=\frac{1}{4}m_a^2 P_c \tag{7.1.7}$$

因此，普通调幅信号产生的总平均功率为

$$P_{AM}=P_c+2P_{SB}=(1+\frac{1}{2}m_a^2)P_c \tag{7.1.8}$$

功率利用率为

$$\eta=\frac{2P_{SB}}{P_{AM}}\times 100\% \tag{7.1.9}$$

由式（7.1.5）可知，被传送的调制信号信息只存在于两个边频分量中，而两个边频分量的功率 $2P_{SB}$ 最多只占总功率 P_{AM} 的 1/3（因为$m_a \leqslant 1$）。在实际系统中，平均调幅指数很小，因此两个边频分量的功率 $2P_{SB}$ 所占的比例更小，功率利用率 η 更低。

由于载波不携带要发送的信息，因此，为了提高功率利用率，通常采用抑制载波的调幅方式：双边带调幅（Double SideBand，DSB）和单边带调幅（Single SideBand，SSB）。

视频：7.1.1（2）普通调幅信号-调制信号为多频信号

2．调制信号为多频信号

一般情况下，实际传送的调制信号并不是单频信号，而是一个

具有连续频谱的限带信号 $U_{\Omega}(t)=f(t)$。假设载波信号仍为 $u_{c}(t)=U_{cm}\cos w_{c}t$，则普通调幅信号的表达式为

$$u_{AM}(t)=[U_{cm}+kf(t)]\cos w_{c}t \quad (7.1.10)$$

假设 $U_{\Omega}(t)=f(t)$ 可进一步分解为 $U_{\Omega}(t)=f(t)=\sum_{n=1}^{\infty}U_{\Omega_n}\cos\Omega_{n}t$，则普通调幅信号的表达式可进一步写为

$$\begin{aligned}u_{AM}(t)&=U_{cm}\left[1+\sum_{n=1}^{\infty}m_{n}\cos\Omega_{n}t\right]\cos w_{c}t\\&=U_{cm}\left\{\cos w_{c}t+\sum_{n=1}^{\infty}\left[\frac{1}{2}m_{n}\cos(w_{c}+\Omega_{n})t+\frac{1}{2}m_{n}\cos(w_{c}-\Omega_{n})t\right]\right\}\\&=U_{cm}\left[\cos w_{c}t+\sum_{n=1}^{\infty}\frac{1}{2}m_{n}\cos(w_{c}+\Omega_{n})t+\sum_{n=1}^{\infty}\frac{1}{2}m_{n}\cos(w_{c}-\Omega_{n})t\right]\end{aligned} \quad (7.1.11)$$

其中，调幅指数 m_n 为

$$m_{n}=\frac{k_{n}U_{\Omega_n}}{U_{cm}}\quad(0<m_{n}\leqslant 1) \quad (7.1.12)$$

假设调制信号是一个具有连续频谱的限带信号，其频率范围为 $\Omega_{min}\sim\Omega_{max}$，如图 7.1.3 所示。普通调幅信号可看作把调制信号中的所有频率分量分别与载频调制后的叠加，各对上、下边频的叠加组成了上、下边带，相应的波形和频谱如图 7.1.4 所示。

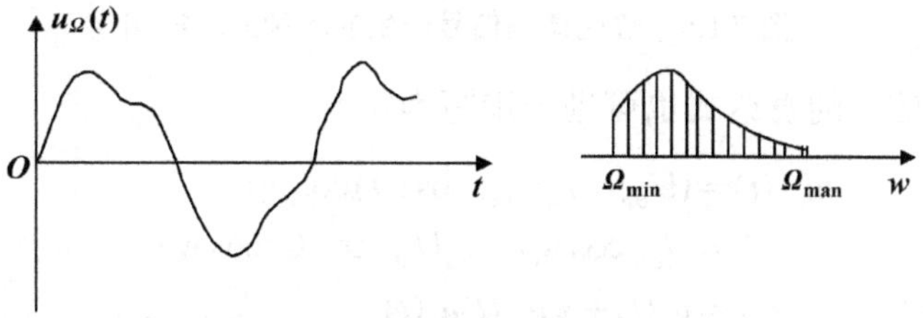

图 7.1.3　调制信号为限带信号时的波形与频谱

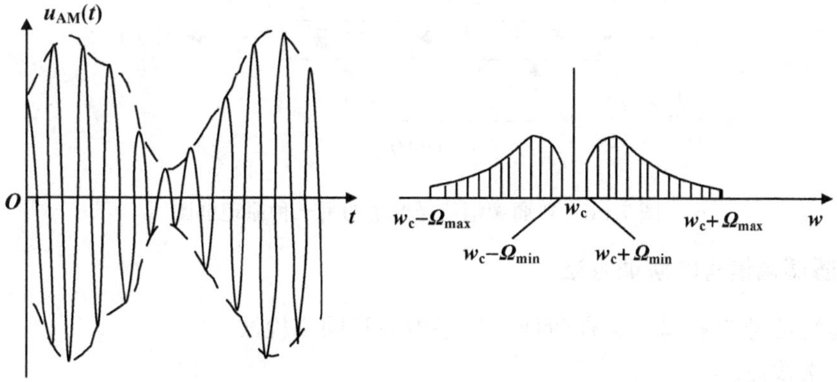

图 7.1.4　调制信号为限带信号时普通调幅信号的波形与频谱

由图 7.1.4 可知，普通调幅信号的上包络仍然反映调制信号的变化规律；上边带与下边带呈对称状分别置于载频两侧，且两边带频谱结构不变，属于线性频谱搬移的调制方式。

普通调幅信号的带宽为

$$\mathrm{BW} = (w_{\mathrm{c}} + \Omega_{\max}) - (w_{\mathrm{c}} - \Omega_{\max}) = 2\Omega_{\max} \tag{7.1.13}$$

3．普通调幅信号的产生方法

视频：7.1.1（3）普通调幅信号-产生与解调方法

（1）普通调幅信号的表达式可写为

$$\begin{aligned} u_{\mathrm{AM}}(t) &= (U_{\mathrm{cm}} + k_{\mathrm{a}} U_{\Omega\mathrm{m}} \cos \Omega t) \cos w_{\mathrm{c}} t \\ &= \left(1 + \frac{k_{\mathrm{a}} U_{\Omega\mathrm{m}} \cos \Omega t}{U_{\mathrm{cm}}}\right) U_{\mathrm{cm}} \cos w_{\mathrm{c}} t \\ &= k_1 \left[\frac{1}{k_1} + u_{\Omega}(t)\right] u_{\mathrm{c}}(t) \end{aligned} \tag{7.1.14}$$

其中，系数 $k_1 = \dfrac{k_{\mathrm{a}}}{U_{\mathrm{cm}}}$。

根据式（7.1.14），可得到普通调幅信号产生的一种原理框图，如图 7.1.5 所示。

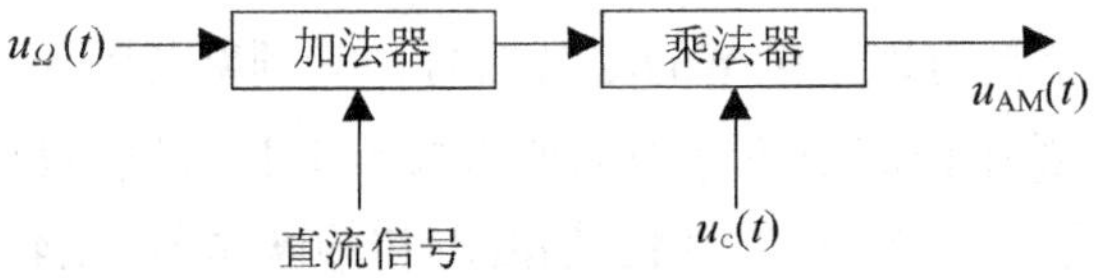

图 7.1.5　普通调幅信号产生的一种原理框图

（2）普通调幅信号的表达式也可进一步写为

$$\begin{aligned} u_{\mathrm{AM}}(t) &= (U_{\mathrm{cm}} + k_{\mathrm{a}} U_{\Omega\mathrm{m}} \cos \Omega t) \cos w_{\mathrm{c}} t \\ &= U_{\mathrm{cm}} \cos w_{\mathrm{c}} t + k_{\mathrm{a}} U_{\Omega\mathrm{m}} \cos \Omega t \cos w_{\mathrm{c}} t \\ &= u_{\mathrm{c}}(t) + k_1 u_{\Omega}(t) u_{\mathrm{c}}(t) \end{aligned} \tag{7.1.15}$$

根据式（7.1.15），可得到普通调幅信号产生的另一种原理框图，如图 7.1.6 所示。

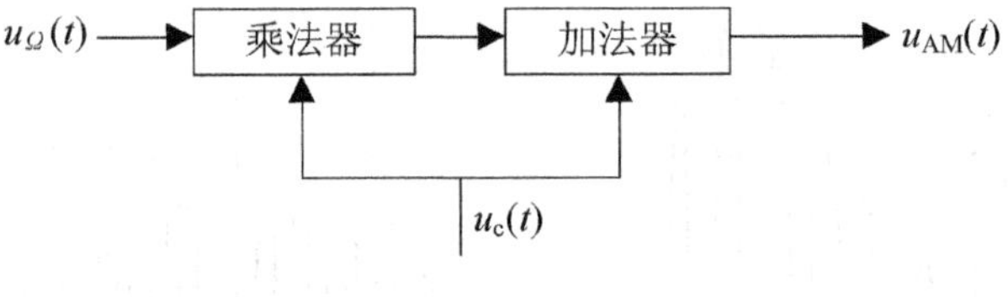

图 7.1.6　普通调幅信号产生的另一种原理框图

4．普通调幅信号的解调方法

普通调幅信号的解调方法有两种：包络检波和同步检波。

（1）包络检波。

利用普通调幅信号的包络反映调制信号的变化规律这一特点，将普通调幅信号的包络提取出来，就可以恢复原来的调制信号，这就是包络检波的原理。图 7.1.7 给出了包络检波的原理框图，其中的非线性元器件可以是二极管，也可以是晶体三极管或场效应管。

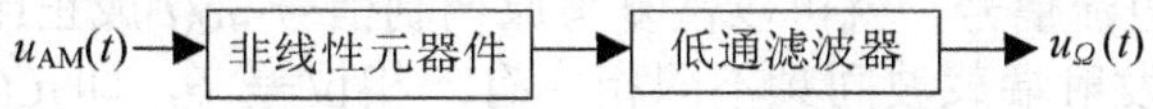

图 7.1.7　包络检波的原理框图

假设输入普通调幅信号 $u_{AM}(t)=U_{cm}(1+m_a\cos\Omega t)\cos w_c t$，图 7.1.7 中的非线性元器件工作在开关状态，其特性可用单向开关函数 $K_1(w_c t)=\frac{1}{2}+\sum_{n=1}^{\infty}(-1)^{n-1}\frac{2}{(2n-1)\pi}\cos(2n-1)w_c t$ 表示，则非线性元器件的输出电流为

$$
\begin{aligned}
i_o(t)&=gu_{AM}(t)K_1(w_c t)\\
&=gU_{cm}(1+m_a\cos\Omega t)\cos w_c t\left[\frac{1}{2}+\sum_{n=1}^{\infty}(-1)^{n-1}\frac{2}{(2n-1)\pi}\cos(2n-1)w_c t\right]
\end{aligned}
\tag{7.1.16}
$$

其中，g 是非线性元器件的伏安特性曲线斜率。

由式（7.1.16）可知，非线性元器件的输出电流 $i_o(t)$中包含的频率分量有直流分量、Ω、w_c、$w_c\pm\Omega$，以及其他许多组合频率分量，其中的低频分量信号为$\frac{1}{\pi}gU_{cm}(1+m_a\cos\Omega t)$。

利用低通滤波器取出 $i_o(t)$中的低频分量信号$\frac{1}{\pi}gU_{cm}(1+m_a\cos\Omega t)$，滤除 $w_c-\Omega$ 及其以上的高频分量信号，同时利用隔直电容滤除直流信号，就可以恢复与原调制信号 $u_{\Omega}(t)$成正比的单频信号了。

（2）同步检波。

同步检波必须采用一个与发射端载波同频同相（或具有固定相位差）的信号作为同步信号。同步检波可利用乘法器和低通滤波器来实现，其原理框图如图 7.1.8 所示。

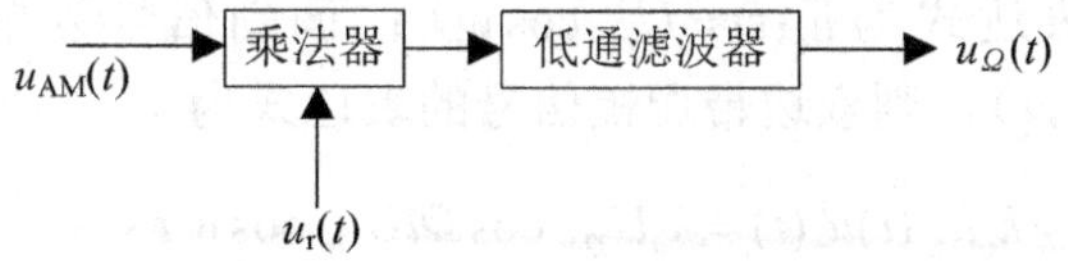

图 7.1.8　同步检波的原理框图

假设输入的普通调幅信号为 $u_{AM}(t)=U_{cm}(1+m_a\cos\Omega t)\cos w_c t$，同步信号为 $u_r(t)=U_{rm}\cos w_c t$，则乘法器的输出为

$$
\begin{aligned}
u_o(t)&=k_2u_{AM}(t)u_r(t)=k_2U_{cm}U_{rm}(1+m_a\cos\Omega t)\cos^2 w_c t\\
&=\frac{k_2U_{cm}U_{rm}}{2}(1+m_a\cos\Omega t)(1+\cos 2w_c t)\\
&=\frac{k_2U_{cm}U_{rm}}{2}\left[1+m_a\cos\Omega t+\cos 2w_c t+\frac{m_a\cos(2w_c+\Omega)t}{2}+\frac{m_a\cos(2w_c-\Omega)t}{2}\right]
\end{aligned}
\tag{7.1.17}
$$

其中，k_2 为乘法器的系数。

由式（7.1.17）可知，在图 7.1.8 中，乘法器的输出信号 $u_{\mathrm{O}}(t)$中包含的频率分量有直流分量、Ω、$2w_{\mathrm{c}}$和$2w_{\mathrm{c}} \pm \Omega$。先利用低通滤波器取出 $u_{\mathrm{O}}(t)$中的直流信号和 Ω 频率分量信号，再利用隔直电容滤除直流信号，就可以恢复与原调制信号 $u_{\Omega}(t)$成正比的单频信号了。

如果同步信号与发射端载波同频不同相，有一相位差 θ，即 $u_{\mathrm{r}}(t)=U_{\mathrm{rm}}\cos(w_{\mathrm{c}}t+\theta)$，则在图 7.1.8 中，乘法器的输出信号中的 Ω 频率分量信号为$k_2U_{\mathrm{cm}}U_{\mathrm{rm}}m_{\mathrm{a}}\cos\theta\cos\Omega t$。若 θ 是一个常数，即同步信号与发射端载波的相位差始终保持恒定，那么解调出来的 Ω 频率分量信号仍与原调制信号成正比，只不过振幅有所减小。注意：θ 不能为 90°，否则 $\cos\theta=0$，Ω 频率分量信号也就为零。若 θ 是随时间变化的，即同步信号与发射端载波之间的相位差不稳定，那么解调出来的 Ω 频率分量信号就不能正确反映调制信号了。

视频：7.1.2 抑制载波的双边带调幅信号

△7.1.2 抑制载波的双边带调幅信号

【导学】

- 调制信号为单频信号时双边带调幅信号的表达式、波形、频谱和带宽。
- 调制信号为多频信号时双边带调幅信号的表达式、波形、频谱和带宽。
- 双边带调幅信号在电阻上产生的功率和功率利用率的分析与计算。
- 双边带调幅信号的产生方法。
- 双边带调幅信号的解调方法。

1．调制信号为单频信号

（1）双边带调幅信号的表达式。

假设载波信号的表达式为 $u_{\mathrm{c}}(t)=U_{\mathrm{cm}}\cos w_{\mathrm{c}}t$；调制信号为单频信号，其表达式为 $u_{\Omega}(t)=U_{\Omega\mathrm{m}}\cos\Omega t(\Omega \ll w_{\mathrm{c}})$，则双边带调幅信号的表达式为

$$\begin{aligned}u_{\mathrm{DSB}}(t)&=k_{\mathrm{a}}u_{\Omega}(t)u_{\mathrm{c}}(t)=k_{\mathrm{a}}U_{\Omega\mathrm{m}}\cos\Omega tU_{\mathrm{cm}}\cos w_{\mathrm{c}}t\\&=\frac{k_{\mathrm{a}}U_{\Omega\mathrm{m}}U_{\mathrm{cm}}}{2}\cos(w_{\mathrm{c}}+\Omega)t+\frac{k_{\mathrm{a}}U_{\Omega\mathrm{m}}U_{\mathrm{cm}}}{2}\cos(w_{\mathrm{c}}-\Omega)t\end{aligned} \tag{7.1.18}$$

其中，k_{a}为比例系数。

由式（7.1.18）可知，双边带调幅信号中仅包含 $w_{\mathrm{c}}+\Omega$ 和 $w_{\mathrm{c}}-\Omega$ 两个边频分量，无载频分量。

（2）双边带调幅信号的波形和频谱。

图 7.1.9 给出了调制信号、载波信号和双边带调幅信号的波形与频谱。

由图 7.1.9（a）可知，双边带调幅信号的波形特点如下。

① 双边带调幅信号的包络不能够反映调制信号的变化规律。

② 在调制信号的正半周，双边带调幅信号与原载波信号同相；在调制信号的负半

周，双边带调幅信号与原载波信号反相，即双边带调幅信号在调制信号的过零点发生 180° 的相位突变。

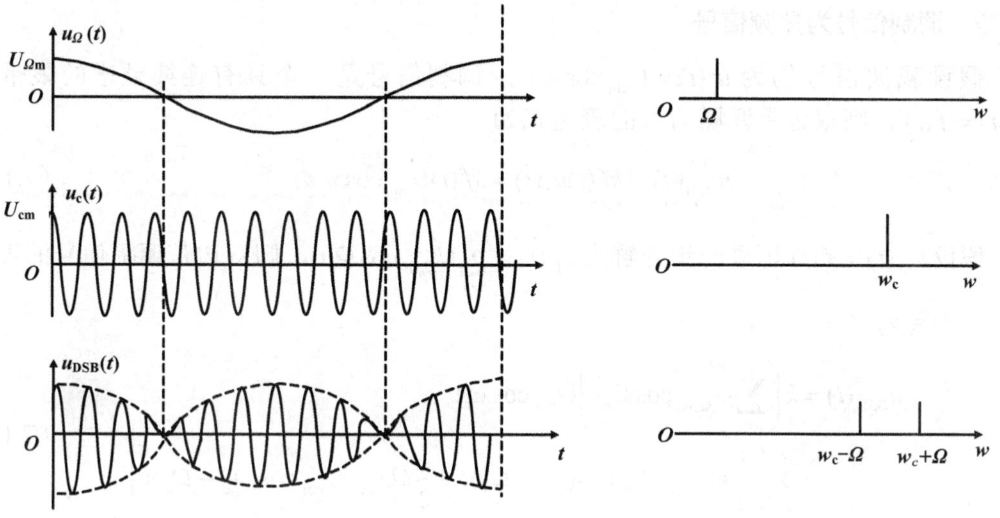

（a）　　　　（b）

图 7.1.9　调制信号、载波信号和双边带调幅信号的波形与频谱

（3）双边带调幅信号的带宽。

由图 7.1.9（b）可知，调制信号的带宽为 Ω 或 $F=\dfrac{\Omega}{2\pi}$；载波信号的带宽为 w_c 或 $f_c=\dfrac{w_c}{2\pi}$；双边带调幅信号的带宽为 2Ω 或 $2F=\dfrac{\Omega}{\pi}$，仍为调制信号的带宽的 2 倍。

（4）双边带调幅信号在电阻上产生的功率和功率利用率。

若将如式（7.1.18）所示的双边带调幅信号加在阻值为 R 的负载电阻上，则两个边频分量产生的平均功率相同，均为

$$P_{SB}=\frac{\left(\dfrac{\dfrac{k_a U_{\Omega m} U_{cm}}{2}}{\sqrt{2}}\right)^2}{R}=\frac{\left(k_a U_{\Omega m} U_{cm}\right)^2}{8R} \tag{7.1.19}$$

因此，双边带调幅信号产生的总平均功率为

$$P_{DSB}=2P_{SB} \tag{7.1.20}$$

功率利用率为

$$\eta=100\% \tag{7.1.21}$$

双边带调幅信号的频谱成分中抑制了载频分量，全部功率为边带所占有，功率利用率高于普通调幅波的功率利用率。由于双边带调幅信号上、下边带包含的信息相同，因此两

个边带都发射是多余的，会使功率和频带的利用率降低。从信息传输的角度来看，只发送其中一个边带的信号即可，即单边带调幅。

2. 调制信号为多频信号

假设载波信号仍为 $u_c(t)=U_{cm}\cos w_c t$，调制信号是一个具有连续频谱的限带信号 $u_\Omega(t)=f(t)$，则双边带调幅信号的表达式为

$$u_{DSB}(t)=kf(t)u_c(t)=kf(t)U_{cm}\cos w_c t \tag{7.1.22}$$

假设 $u_\Omega(t)=f(t)$ 可进一步分解为 $u_\Omega(t)=\sum_{n=1}^{\infty}U_{\Omega_n m}\cos\Omega_n t$，则双边带调幅信号的表达式可进一步写为

$$\begin{aligned}u_{DSB}(t)&=k\left(\sum_{n=1}^{\infty}U_{\Omega_n m}\cos\Omega_n t\right)U_{cm}\cos w_c t\\&=\sum_{n=1}^{\infty}\left[\frac{1}{2}kU_{\Omega_n m}U_{cm}\cos(w_c+\Omega_n)t+\frac{1}{2}kU_{\Omega_n m}U_{cm}\cos(w_c-\Omega_n)t\right]\end{aligned} \tag{7.1.23}$$

其中，k 为比例系数。

假设调制信号是一个具有连续频谱的限带信号，其频率范围为 $\Omega_{min}\sim\Omega_{max}$，如图 7.1.3 所示。双边带调幅信号可看作把调制信号中的所有频率分量分别与载频调制后的叠加，各对上、下边频的叠加组成了上、下边带，相应的频谱如图 7.1.10 所示。

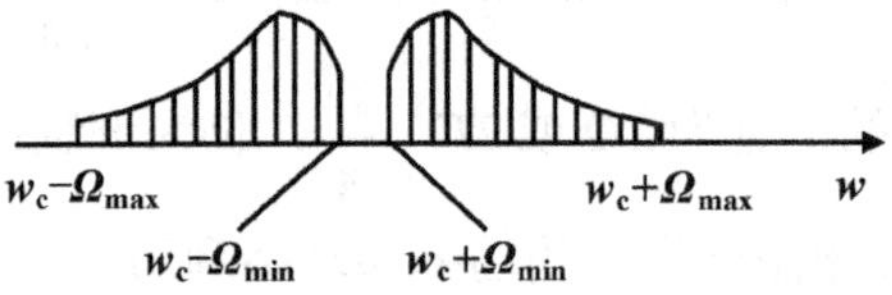

图 7.1.10 调制信号为限带信号时双边带调幅信号的波形与频谱

由图 7.1.10 可知，双边带调幅信号的上边带与下边带呈对称状分别位于载频两侧，且两边带频谱结构不变，属于线性频谱搬移的调制方式。双边带调幅信号与普通调幅信号的区别是没有了载波分量。双边带调幅信号的带宽与普通调幅信号的带宽相同，也为 $BW=(w_c+\Omega_{max})-(w_c-\Omega_{max})=2\Omega_{max}$。

3. 双边带调幅信号的产生方法

由式（7.1.18）可知，产生双边带调幅信号最直接的方法就是将调制信号与载波信号相乘，如图 7.1.11 所示。

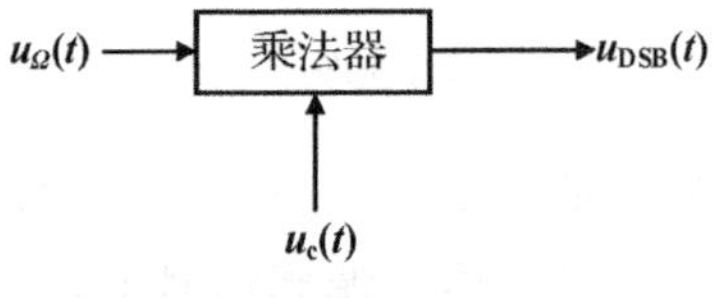

图 7.1.11 双边带调幅信号的产生原理

4．双边带调幅信号的解调方法

由于双边带调幅信号的包络不能反映调制信号的变化规律，因此，包络检波法不适用于双边带调幅信号的解调。同步检波法是进行双边带调幅信号解调的主要方法，与普通调幅信号的同步检波的不同之处在于乘法器输出信号的频率分量有所减少。

假设输入的双边带调幅信号为 $u_{\text{DSB}}(t)=kU_{\Omega\text{m}}\cos\Omega tU_{\text{cm}}\cos w_{\text{c}}t$，同步信号为 $u_{\text{r}}(t)=U_{\text{rm}}\cos w_{\text{c}}t$，则乘法器的输出为

$$\begin{aligned}u_{\text{o}}(t)&=k_2u_{\text{DSB}}(t)u_{\text{r}}(t)\\&=k_2kU_{\Omega\text{m}}U_{\text{cm}}U_{\text{rm}}\cos\Omega t\cos^2 w_{\text{c}}t\\&=k_2kU_{\Omega\text{m}}U_{\text{cm}}U_{\text{rm}}\cos\Omega t\frac{(1+\cos 2w_{\text{c}}t)}{2}\\&=\frac{k_2kU_{\Omega\text{m}}U_{\text{cm}}U_{\text{rm}}}{2}\left[\cos\Omega t+\frac{1}{2}\cos(2w_{\text{c}}+\Omega)t+\frac{1}{2}\cos(2w_{\text{c}}-\Omega)t\right]\end{aligned}\tag{7.1.24}$$

其中，k_2 是乘法器的增益。

由式（7.1.24）可知，若采用同步检波法，则可将图 7.1.8 中的普通调幅信号更换为双边带调幅信号，则乘法器的输出信号 $u_{\text{o}}(t)$中含有 Ω、$2w_{\text{c}}+\Omega$ 和 $2w_{\text{c}}-\Omega$ 频率分量。利用低通滤波器取出低频分量 Ω，即可实现解调。

对如式（7.1.18）所示的双边带调幅信号取平方，可得到 $2w_{\text{c}}$ 频率分量，经过二分频电路，就可以得到 w_{c} 频率分量，这是从双边带调幅信号中提取同步信号的一种方法。

视频：7.1.3 抑制载波的单边带调幅信号

△7.1.3　抑制载波的单边带调幅信号

【导学】

- 单边带调幅信号的表达式、波形、频谱和带宽。
- 单边带调幅信号的产生方法。
- 单边带调幅信号的解调方法。

1．单边带调幅信号的表达式、波形、频谱和带宽

单边带调幅是指仅发送上、下边带中的一个。假设发送上边带，载波信号的表达式为 $u_{\text{c}}(t)=U_{\text{cm}}\cos w_{\text{c}}t$；调制信号为单频信号，其表达式为 $u_{\Omega}(t)=U_{\Omega\text{m}}\cos\Omega t(\Omega\ll w_{\text{c}})$，则单边带调幅信号的表达式为

$$u_{\text{SSB}}(t)=\frac{kU_{\Omega\text{m}}U_{\text{cm}}}{2}\cos(w_{\text{c}}+\Omega)t\tag{7.1.25}$$

由式（7.1.25）可见，单边带调幅信号是一个角频率为 $w_{\text{c}}+\Omega$ 的单频余弦波信号，但是，一般的单边带调幅信号的波形比较复杂。单边带调幅信号的包络不能够反映调制信号

的变化规律。

单边带调幅信号的带宽与调制信号的带宽相同，均为 Ω 或 $F=\dfrac{\Omega}{2\pi}$，是普通调幅信号和双边带调幅信号带宽的 1/2。

假设发送下边带，则单边带调幅信号的表达式为

$$u_{\text{SSB}}(t)=\frac{kU_{\Omega\text{m}}U_{\text{cm}}}{2}\cos(w_{\text{c}}-\Omega)t \tag{7.1.26}$$

2. 单边带调幅信号的产生方法

产生单边带调幅信号的方法主要有 3 种：滤波法、相移法和相移滤波法。

（1）滤波法。

滤波法根据单边带调幅信号频谱的特点，先产生双边带调幅信号，再利用带通滤波器取出其中一个边带信号。滤波法产生单边带调幅信号的原理框图如图 7.1.12 所示。

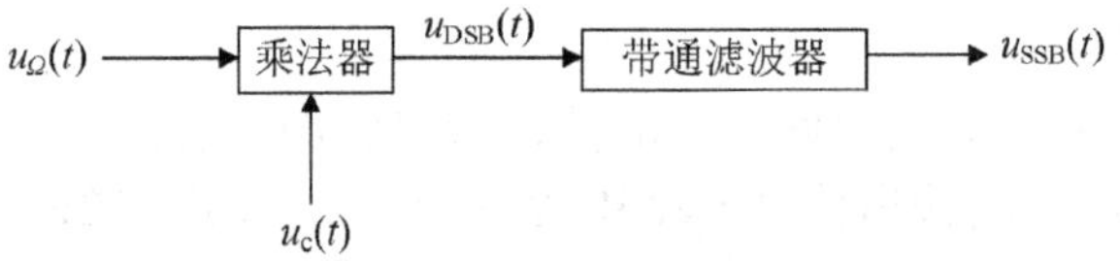

图 7.1.12　滤波法产生单边带调幅信号的原理框图

滤波法的缺陷在于带通滤波器的设计比较困难。假设调制信号的频率范围为 $\Omega_{\min}\sim\Omega_{\max}$（或 $F_{\min}\sim F_{\max}$），则上、下边带的间隔为 $2\Omega_{\min}$（或 $2F_{\min}$）。如果利用带通滤波器取出其中一个边带而滤除另外一个边带，那么过渡带宽度就是 $2\Omega_{\min}$（或 $2F_{\min}$）。若带通滤波器的过渡带宽度固定，则工作频率越高，要求衰减特性越陡峭，实现起来就越困难。

（2）相移法。

相移法基于单边带调幅信号的时域表达式。式（7.1.25）所示的上边带调幅信号可进一步写为

$$\begin{aligned}u_{\text{SSB}}(t)&=\frac{kU_{\Omega\text{m}}U_{\text{cm}}}{2}\cos(w_{\text{c}}+\Omega)t\\&=\frac{kU_{\Omega\text{m}}U_{\text{cm}}}{2}(\cos w_{\text{c}}t\cos\Omega t-\sin w_{\text{c}}t\sin\Omega t)\end{aligned} \tag{7.1.27}$$

由式（7.1.27）可知，可先利用两个 90°相移器分别将调制信号 $u_\Omega(t)=U_{\Omega\text{m}}\cos\Omega t$ 和载波信号 $u_{\text{c}}(t)=U_{\text{cm}}\cos w_{\text{c}}t$ 相移 90°，两者分别变为 $U_{\Omega\text{m}}\sin\Omega t$ 和 $U_{\text{cm}}\sin w_{\text{c}}t$；然后通过乘法器、加法器、减法器，就可以分别实现上边带调幅和下边带调幅。相移法产生单边带调幅信号的原理框图如图 7.1.13 所示。

在图 7.1.13 中，$u_{\text{SSBL}}(t)$ 和 $u_{\text{SSBU}}(t)$ 分别为下边带调幅信号与上边带调幅信号，其表达式分别为

$$\begin{aligned}u_{\text{SSBL}}(t)&=kU_{\Omega\text{m}}U_{\text{cm}}(\cos w_{\text{c}}t\cos\Omega t+\sin w_{\text{c}}t\sin\Omega t)\\&=kU_{\Omega\text{m}}U_{\text{cm}}\cos(w_{\text{c}}-\Omega)t\end{aligned} \tag{7.1.28}$$

$$u_{SSBU}(t)=kU_{\Omega m}U_{cm}(\cos w_c t\cos\Omega t-\sin w_c t\sin\Omega t)=kU_{\Omega m}U_{cm}\cos(w_c+\Omega)t \tag{7.1.29}$$

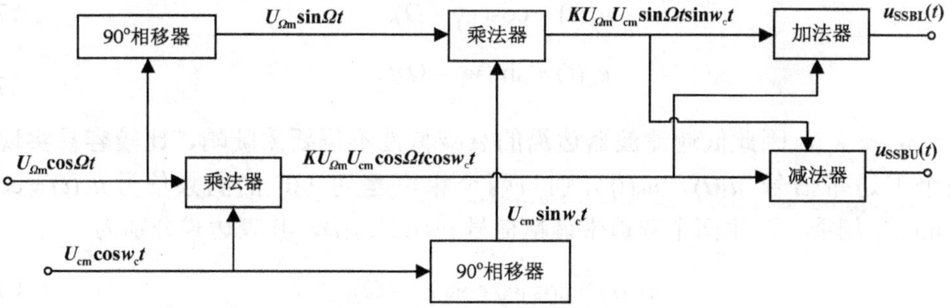

图 7.1.13　相移法产生单边带调幅信号的原理框图

相移法虽然不需要滤波器，但是其缺陷在于 90°相移器的设计比较困难。通常情况下，对单频信号进行 90°相移比较简单，但是对于一个包含许多频率分量的一般调制信号进行 90°相移，要保证其中每个频率分量都准确相移 90°是非常困难的。

（3）相移滤波法。

结合滤波法和相移法的优点与缺点，提出了相移滤波法。相移滤波法的关键在于将载频 w_c 分成 w_1 和 w_2 两部分，即 $w_c=w_1+w_2$（$w_1\ll w_2$），其中，w_1 是略高于 Ω_{max} 的低频，w_2 是高频。现以单频调制信号为例来说明相移滤波法的原理，如图 7.1.14 所示。为简化起见，图 7.1.14 中各信号的振幅均表示为 1。

将调制信号 $u_\Omega(t)=\cos\Omega t$ 与两个相位差为 90°的低载频信号 $u_1(t)=\cos w_1 t$ 、$u_1'(t)=\sin w_1 t$ 分别相乘，产生两个双边带调幅信号：

$$u_3(t)=\cos w_1 t\cos\Omega t=\frac{1}{2}[\cos(w_1+\Omega)t+\cos(w_1-\Omega)t] \tag{7.1.30}$$

$$u_4(t)=\sin w_1 t\cos\Omega t=\frac{1}{2}[\sin(w_1+\Omega)t+\sin(w_1-\Omega)t] \tag{7.1.31}$$

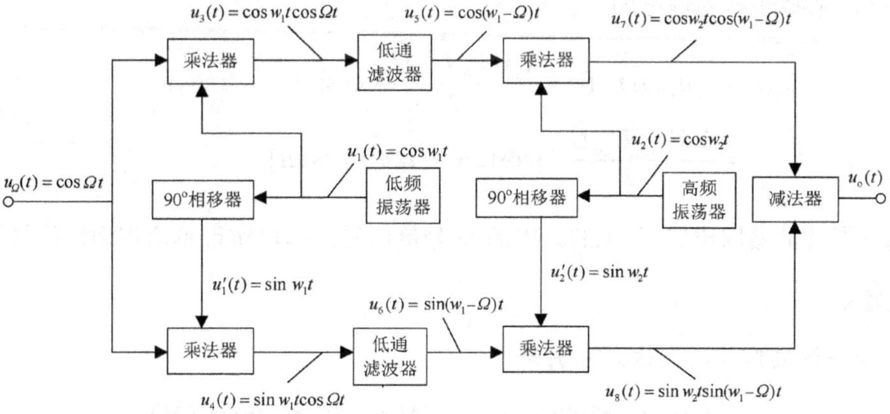

图 7.1.14　相移滤波法产生单边带调幅信号的原理框图

由于 w_1 是低频，因此可以采用低通滤波器分别取出 $u_3(t)$、$u_4(t)$中的下边带信号 $u_5(t)$ 和 $u_6(t)$，其表达式分别为

$$u_5(t)=\cos(w_1-\Omega)t \tag{7.1.32}$$

$$u_6(t)=\sin(w_1-\Omega)t \tag{7.1.33}$$

由于 $w_1 \ll w_c$，因此低通滤波器边沿的衰减特性不需要太陡峭，比较容易实现。将取出的两个下边带信号 $u_5(t)$、$u_6(t)$分别与两个相位差为 90° 的高频信号 $u_2(t)=\cos w_2 t$、$u_2'(t)=\sin w_2 t$ 相乘，产生两个双边带调幅信号 $u_7(t)$、$u_8(t)$，其表达式分别为

$$u_7(t)=\cos w_2 t\cos(w_1-\Omega)t \tag{7.1.34}$$

$$u_8(t)=\sin w_2 t\sin(w_1-\Omega)t \tag{7.1.35}$$

将 $u_7(t)$和 $u_8(t)$相减，可得

$$\begin{aligned}u_o(t)&=u_7(t)-u_8(t)\\&=\cos w_2 t\cos(w_1-\Omega)t-\sin w_2 t\sin(w_1-\Omega)t\\&=\cos(w_2+w_1-\Omega)t\\&=\cos(w_c-\Omega)t\end{aligned} \tag{7.1.36}$$

输出 $u_o(t)$就是下边带调幅信号。

3. 单边带调幅信号的解调方法

与双边带调幅信号相同，单边带调幅信号的解调也只能采用同步检波法，与普通调幅和双边带调幅的不同之处在于，从单边带调幅信号中无法提取同步信号。一般可在发送单边带调幅信号的同时附带发送一个功率较小的载波信号，供接收端从中提取以作为同步信号。

假设单边带调幅信号为 $u_{SSB}(t)=\dfrac{kU_{\Omega m}U_{cm}}{2}\cos(w_c-\Omega)t$，同步信号为 $u_r(t)=U_{rm}\cos w_c t$，则乘法器的输出为

$$\begin{aligned}u_o(t)&=k_2u_{SSB}(t)u_r(t)=\frac{k_2kU_{\Omega m}U_{cm}U_{rm}}{2}\cos(w_c-\Omega)t\cos w_c t\\&=\frac{k_2kU_{\Omega m}U_{cm}U_{rm}}{4}[\cos(2w_c-\Omega)t+\cos\Omega t]\end{aligned} \tag{7.1.37}$$

利用低通滤波器取出式（7.1.37）中的 Ω 分量信号，即可实现单边带调幅信号的解调。

例题 7.1.1

已知两个调幅信号的表达式分别为

$$u_1(t)=2\cos100\pi t+0.1\cos110\pi t+0.1\cos90\pi t\text{（V）}$$

$$u_2(t)=0.1\cos 110\pi t+0.1\cos 90\pi t\ (\text{V})$$

（1）判断调幅信号 $u_1(t)$的类型，计算调幅信号 $u_1(t)$消耗在单位电阻上的总平均功率，计算调幅信号 $u_1(t)$的带宽。

（2）判断调幅信号 $u_2(t)$的类型，计算调幅信号 $u_2(t)$消耗在单位电阻上的总平均功率，计算调幅信号 $u_2(t)$的带宽。

解：（1）由于

$$\begin{aligned}u_1(t)&=2\cos 100\pi t+0.1\cos 110\pi t+0.1\cos 90\pi t\\&=2\cos 100\pi t+0.1[\cos(100\pi+10\pi)t+\cos(100\pi-10\pi)t]\\&=U_{\text{cm}}\cos w_{\text{c}}t+\frac{m_{\text{a}}U_{\text{cm}}}{2}[\cos(w_{\text{c}}+\Omega)t+\cos(w_{\text{c}}-\Omega)t]\end{aligned}$$

因此，$u_1(t)$ 中包含 3 个频率分量，分别为载频 $f_{\text{c}}=\frac{w_{\text{c}}}{2\pi}=\frac{100\pi}{2\pi}\text{Hz}=50\text{Hz}$、上边频 $f_{\text{c}}+F=\frac{110\pi}{2\pi}\text{Hz}=55\text{Hz}$、下边频 $f_{\text{c}}-F=\frac{90\pi}{2\pi}\text{Hz}=45\text{Hz}$，从而可判得 $u_1(t)$ 为普通调幅信号。其中，载波信号的振幅 $U_{\text{cm}}=2\text{V}$，调幅指数 $m_{\text{a}}=0.1$，调制信号的频率 $F=\frac{\Omega}{2\pi}=\frac{10\pi}{2\pi}\text{Hz}=5\text{Hz}$。

$u_1(t)$ 中的载频分量消耗在单位电阻上的平均功率为

$$P_{\text{c}}=\frac{\left(\frac{U_{\text{cm}}}{\sqrt{2}}\right)^2}{R}=\frac{1}{2}\frac{U_{\text{cm}}{}^2}{R}=\frac{1}{2}\times\frac{2^2}{1}\text{W}=2\text{W}$$

$u_1(t)$ 中两个边频分量消耗在单位电阻上的平均功率相同，均为

$$P_{\text{SB}}=\frac{\left(\frac{\frac{m_{\text{a}}U_{\text{cm}}}{2}}{\sqrt{2}}\right)^2}{R}=\frac{1}{2R}\left(\frac{m_{\text{a}}U_{\text{cm}}}{2}\right)^2=\frac{1}{4}m_{\text{a}}{}^2P_{\text{c}}=0.005\text{W}$$

因此，$u_1(t)$ 消耗在单位电阻上的总平均功率为

$$P_{\text{AM}}=P_{\text{c}}+2P_{\text{SB}}=2.01\text{W}$$

普通调幅信号 $u_1(t)$ 的带宽为

$$2F=10\text{Hz}$$

（2）由于

$$\begin{aligned}u_2(t)&=0.1\cos 110\pi t+0.1\cos 90\pi t\\&=0.1[\cos(100\pi+10\pi)t+\cos(100\pi-10\pi)t]\\&=0.1[\cos(w_{\text{c}}+\Omega)t+\cos(w_{\text{c}}-\Omega)t]\end{aligned}$$

因此，$u_2(t)$ 中包含 2 个频率分量，分别为上边频 $f_c+F=\frac{110\pi}{2\pi}\text{Hz}=55\text{Hz}$ 、下边频 $f_c-F=\frac{90\pi}{2\pi}\text{Hz}=45\text{Hz}$，从而可判得 $u_2(t)$ 为抑制载波的双边带调幅信号。其中，上、下边频的振幅均为 0.1V，载频 $f_c=\frac{w_c}{2\pi}=\frac{100\pi}{2\pi}\text{Hz}=50\text{Hz}$，调制信号的频率 $F=\frac{\Omega}{2\pi}=\frac{10\pi}{2\pi}\text{Hz}=5\text{Hz}$。

$u_2(t)$ 中两个边频分量消耗在单位电阻上的平均功率相同，均为

$$P_{SB}=\frac{\left(\frac{0.1}{\sqrt{2}}\right)^2}{R}=\frac{\left(\frac{0.1}{\sqrt{2}}\right)^2}{1}\text{W}=0.005\text{W}$$

因此，$u_2(t)$ 消耗在单位电阻上的总平均功率为

$$P_{DSB}=2P_{SB}=0.01\text{W}$$

双边带调幅信号 $u_2(t)$ 的带宽为

$$2F=10\text{Hz}$$

视频：7.1.4 残留边带调幅信号

7.1.4 残留边带调幅信号

【导学】

- 残留边带调幅信号的形式。
- 残留边带调幅信号的优点。
- 残留边带调幅信号的产生与解调原理。

残留边带调幅（Vestigial Side Band Modulation，VSBM）信号中包括一个完整边带、载频分量及另一个边带的一小部分（残留一小部分）。

残留边带调幅信号既比普通调幅信号节约了频带，又避免了单边带调幅过程中带通滤波器设计困难的缺陷，发送的载频分量也便于接收端提取同步信号。例如，在电视广播系统中，图像信号频带较宽，为了节约频带，同时便于接收机进行检波，对图像信号进行残留边带调幅，而对伴音信号则进行调频。

现以电视图像信号为例来说明残留边带调幅信号的产生与解调原理。残留边带调幅发送和接收滤波器的幅频特性如图 7.1.15 所示。

假设电视图像信号（调制信号）的带宽为 6MHz。首先，在发送端先产生一个普通调幅信号，然后利用具有如图 7.1.15（a）所示的幅频特性的滤波器取出一个完整的上边带、一部分下边带及载频分量，组成一个残留边带调幅信号发送出去。在接收端，采用具有如图 7.1.15（b）所示的幅频特性的滤波器从残留边带调幅信号中取出所需的频率分量。

由于载频两侧的接收滤波器的幅频特性正好互补，而上、下边带又对称地位于载频两侧，因此可等效为收到了一个完整的上边带和增益为上边带的一半的载频信号，可采用同步检波法对上边带信号进行解调。

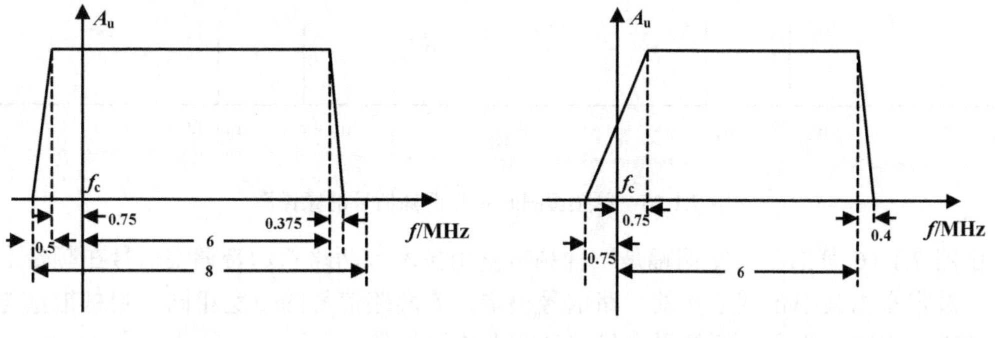

（a）发送　　（b）接收

图 7.1.15　残留边带调幅发送和接收滤波器的幅频特性

由图 7.1.15 可知，若采用普通调幅，则每一频道电视图像信号的带宽需要 12MHz，而采用残留边带调幅则只需 8MHz。另外，它对滤波器过渡带的要求远不如单边带调幅那样严格，因此比较容易实现。

视频：7.1.5 正交调幅信号

7.1.5　正交调幅信号

【导学】

- 正交调幅信号的表达式。
- 正交调幅信号的特点。
- 正交调幅信号的产生与解调原理。

1. 正交调幅信号的表达式

正交调幅（Quadrature Amplitude Modulation，QAM）就是采用两个频率相同但相位差为 90º 的载波，以双边带调幅同时传送两路相互独立的信号的一种特殊调制方式。

假设两路正交载波分别为 $u_{c1}(t)=U_{cm}\cos w_c t$ 和 $u_{c2}(t)=U_{cm}\sin w_c t$，两路单频调制信号分别为 $u_{\Omega_1}(t)=U_{\Omega_1 m}\cos\Omega_1 t$ 和 $u_{\Omega_2}(t)=U_{\Omega_2 m}\cos\Omega_2 t$，则正交调幅信号的表达式为

$$\begin{aligned}u_{QAM}(t)&=u_{\Omega_1}(t)u_{c1}(t)+u_{\Omega_2}(t)u_{c2}(t)\\&=U_{\Omega_1 m}\cos\Omega_1 tU_{cm}\cos w_c t+U_{\Omega_2 m}\cos\Omega_2 tU_{cm}\sin w_c t\\&=u_I(t)+u_Q(t)\end{aligned}\tag{7.1.38}$$

在式（7.1.38）中，假定乘法器的增益为 1；$u_I(t)$和 $u_Q(t)$分别称为同相分量与正交分量。

2．正交调幅信号的特点

一般情况下，正交调幅信号的波形比较复杂。图 7.1.16 给出了单频调制时正交调幅信号的频谱图。

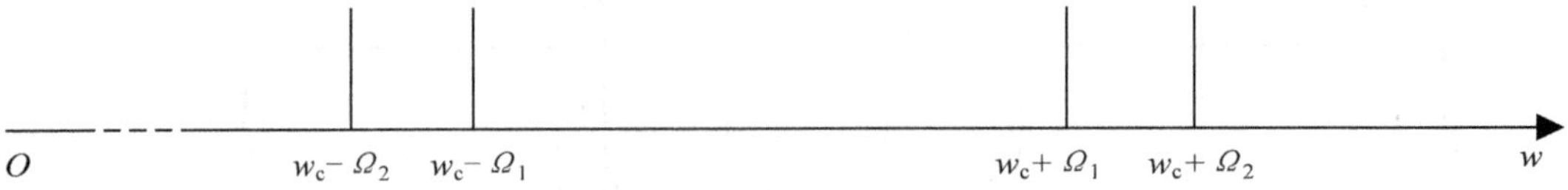

图 7.1.16　单频调制时正交调幅信号的频谱图

由图 7.1.16 可知，正交调幅是一种频带复用技术，两路双边带调幅信号在频带上相互重叠，总带宽由其中带宽较宽的一路信号决定。若两路信号的带宽相同，则总带宽与单路信号的带宽相同。正交调幅的最大优点是节省传输频带。

3．正交调幅信号的产生与解调原理

由式（7.1.38）可知，对两路调制信号分别进行双边带调幅并相加，就可以产生正交调幅信号，如图 7.1.17 所示。

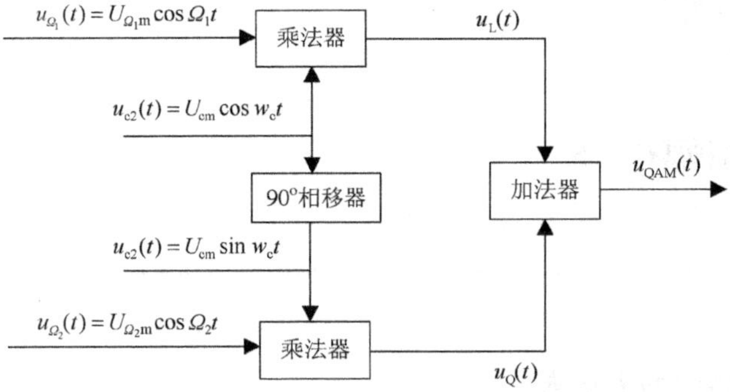

图 7.1.17　正交调幅信号的产生原理框图

对正交调幅信号分别采用两个相位差为 90°的本地振荡信号进行同步检波，就可以恢复原来的两路调制信号。图 7.1.18 所示为正交调幅信号的解调原理框图。

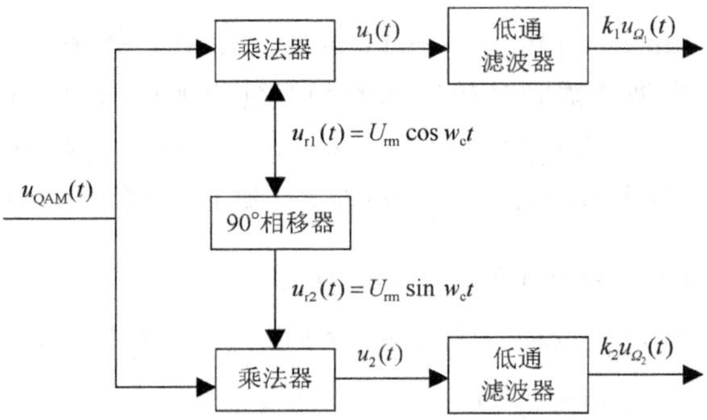

图 7.1.18　正交调幅信号的解调原理框图

设正交调幅信号如式（7.1.38）所示，则解调电路中两个乘法器的输出分别为

$$\begin{aligned}u_1(t)&=u_{\text{QAM}}(t)U_{\text{rm}}\cos w_{\text{c}}t\\&=\left(U_{\Omega_1\text{m}}\cos\Omega_1 tU_{\text{cm}}\cos w_{\text{c}}t+U_{\Omega_2\text{m}}\cos\Omega_2 tU_{\text{cm}}\sin w_{\text{c}}t\right)U_{\text{rm}}\cos w_{\text{c}}t\\&=\frac{1}{2}U_{\Omega_1\text{m}}U_{\text{cm}}U_{\text{rm}}\cos\Omega_1 t\left(1+\cos 2w_{\text{c}}t\right)+\frac{1}{2}U_{\Omega_2\text{m}}U_{\text{cm}}U_{\text{rm}}\cos\Omega_2 t\sin 2w_{\text{c}}t\\&=\frac{1}{2}U_{\Omega_1\text{m}}U_{\text{cm}}U_{\text{rm}}\cos\Omega_1 t+\frac{1}{2}U_{\text{cm}}U_{\text{rm}}\left(U_{\Omega_1\text{m}}\cos\Omega_1 t\cos 2w_{\text{c}}t+U_{\Omega_2\text{m}}\cos\Omega_2 t\sin 2w_{\text{c}}t\right)\end{aligned}\tag{7.1.39}$$

$$\begin{aligned}u_2(t)&=u_{\text{QAM}}(t)U_{\text{rm}}\sin w_{\text{c}}t\\&=\left(U_{\Omega_1\text{m}}\cos\Omega_1 tU_{\text{cm}}\cos w_{\text{c}}t+U_{\Omega_2\text{m}}\cos\Omega_2 tU_{\text{cm}}\sin w_{\text{c}}t\right)U_{\text{rm}}\sin w_{\text{c}}t\\&=\frac{1}{2}U_{\Omega_1\text{m}}U_{\text{cm}}U_{\text{rm}}\cos\Omega_1 t\sin 2w_{\text{c}}t+\frac{1}{2}U_{\Omega_2\text{m}}U_{\text{cm}}U_{\text{rm}}\cos\Omega_2 t\left(1-\cos 2w_{\text{c}}t\right)\\&=\frac{1}{2}U_{\Omega_2\text{m}}U_{\text{cm}}U_{\text{rm}}\cos\Omega_2 t+\frac{1}{2}U_{\text{cm}}U_{\text{rm}}(U_{\Omega_1\text{m}}\cos\Omega_1 t\sin 2w_{\text{c}}t-U_{\Omega_2\text{m}}\cos\Omega_2 t\cos 2w_{\text{c}}t)\end{aligned}\tag{7.1.40}$$

其中，乘法器的增益为 1。

用两个低通滤波器就可以分别解调出两路调制信号 $k_1u_{\Omega_1}(t)$ 和 $k_2u_{\Omega_2}(t)$。其中，k_1 和 k_2 为比例系数。

普通调幅的功率利用率低，但是可采用简单、低成本的包络检波法进行解调，因此其仍然广泛应用于电台广播系统，以给广大接收者带来便利。双边带调幅与单边带调幅的功率利用率高，可应用于小型通信系统，其中，单边带调幅可节省一半频带，但需要解决如何获取同步信号的问题。残留边带调幅广泛应用于电视广播系统。正交调幅的优点是节省频带，在数字移动通信系统中得到了广泛应用。

7.2　调幅信号的产生电路

视频：7.2.1 高电平调幅电路

▲7.2.1　高电平调幅电路

【导学】

- 高电平调幅电路的结构与工作原理。
- 高电平调幅电路的优点与缺点。

1．高电平调幅电路的结构与工作原理

丙类高频谐振功率放大电路的调制特性分为基极调制特性和集电极调制特性，据此可以分别组成基极调幅电路和集电极调幅电路。现以集电极调幅电路为例，说明高电平调幅的原理。集电极调幅电路如图 7.2.1 所示。

集电极调制特性是指丙类高频谐振功率放大电路的 V_{BB} 和 R_Σ 固定不变，当输入一个等幅高频余弦波时，输出高频余弦波的振幅 U_{cm} 将随集电极电源电压 V_{CC} 的变化而变化。

假设集电极电源电压为 $V_{CC}(t)=V_{CC0}+u_\Omega(t)=V_{CC0}+U_{\Omega m}\cos\Omega t$，即一个固定直流电压与一个低频交流调制信号之和，根据丙类高频谐振功率放大电路的集电极调制特性曲线，随着 V_{CC} 的变化，静态工作点将左右平移，从而使动态线左右平移。

当丙类高频谐振功率放大电路工作在过压状态时，U_{cm} 将随 V_{CC} 的变化而近似线性变化。

假设输入信号是角频率为 w_c 的高频信号 $u_i(t)=U_{im}\cos w_c t$，同时将输出 LC 谐振回路调谐在角频率 w_c 上，则集电极调幅电路的输出信号可写为

$$\begin{aligned}u_o(t)&=U_{cm}\cos w_c t=k\left(V_{CC0}+U_{\Omega m}\cos\Omega t\right)\cos w_c t\\&=kV_{CC0}\left(1+\frac{U_{\Omega m}}{V_{CC0}}\cos\Omega t\right)\cos w_c t=kV_{CC0}\left(1+m_a\cos\Omega t\right)\cos w_c t\end{aligned}\tag{7.2.1}$$

其中，k 为比例系数；调幅指数 $m_a=\dfrac{U_{\Omega m}}{V_{CC0}}$，即 $U_{\Omega m}=m_a V_{CC0}$。

综合以上分析可知，集电极调幅电路可以产生且只能产生普通调幅信号，但它必须工作在过压状态。

2．高电平调幅电路的优点与缺点

高电平调幅电路的优点是调幅、功率放大合二为一，整机效率高，而且能够直接产生较大功率的调幅信号；缺点是只能产生普通调幅信号，调制线性度差（在集电极调制特性曲线中，U_{cm} 与 V_{CC} 并非完全呈线性关系）。

读者可以自行分析如图 7.2.2 所示的基极调幅电路。注意：基极调幅电路必须工作在欠压状态。

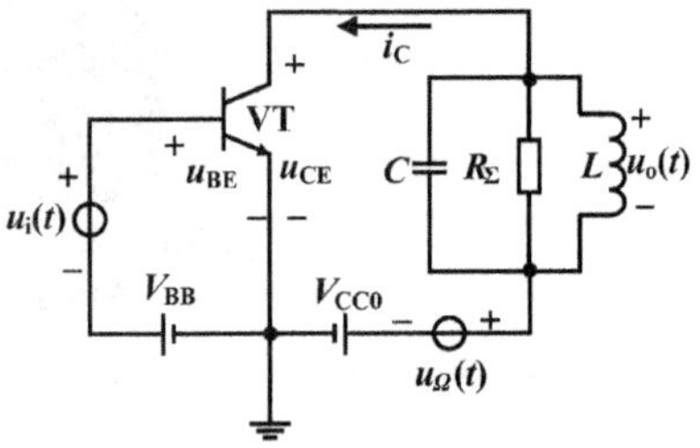

图 7.2.1 集电极调幅电路

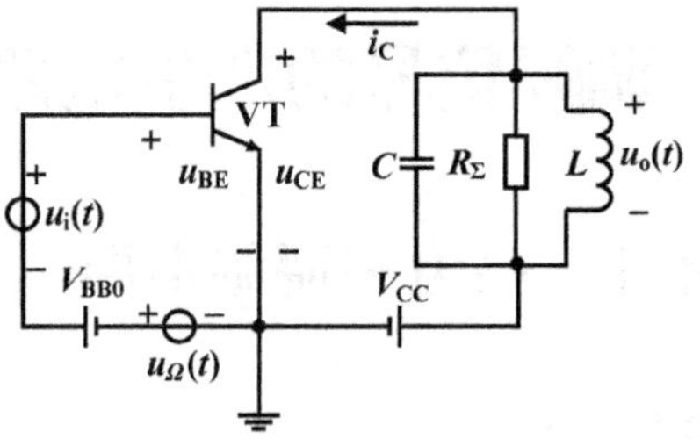

图 7.2.2 基极调幅电路

例题 7.2.1

假设采用如图 7.2.1 所示的集电极调幅电路进行普通调幅。已知调制信号的频率范围为 300Hz～3kHz，平均调幅指数 $m_a=0.5$，集电极直流偏置电压 $V_{CC0}=20V$，输出电流中的直流分量幅值 $I_{c0}=20mA$，集电极效率 $\eta_c=70\%$。

（1）求集电极调幅电路中电源提供的总功率 P。

（2）求输出普通调幅信号产生的总平均功率 P_{AM}。

（3）求输出普通调幅信号中载频信号产生的平均功率 P_c。

（4）求输出普通调幅信号中两个边带产生的平均功率 $2P_{SB}$。

（5）求功率利用率 η_{SB}。

（6）求输出普通调幅信号的带宽 BW。

解：（1）集电极调幅电路中电源提供的总功率由两部分组成，即由直流电源提供的直流功率 P_D 和由调制信号 $u_\Omega(t)$ 产生的平均功率 P_Ω。

由直流电源提供的直流功率为

$$P_D = V_{CC0}I_{c0} = 20\times 20\times 10^{-3}\,\text{W} = 400\text{mW}$$

由调制信号 $u_\Omega(t)$ 产生的平均功率为

$$P_\Omega = \frac{(\frac{U_{\Omega m}}{\sqrt{2}})^2}{R_D} = \frac{(\frac{m_a V_{CC0}}{\sqrt{2}})^2}{R_D} = \frac{1}{2}m_a^2\frac{{V_{CC0}}^2}{R_D} = \frac{1}{2}m_a^2 P_D$$

$$= \frac{1}{2}\times 0.5^2\times 400\times 10^{-3}\,\text{W} = 50\text{mW}$$

其中，$R_D = \dfrac{V_{CC0}}{I_{C0}}$ 为输出回路的等效直流电阻。

因此，集电极调幅电路中电源提供的总功率为

$$P = P_D + P_\Omega = (400+50)\text{mW} = 450\text{mW}$$

（2）输出普通调幅信号产生的总平均功率为

$$P_{AM} = P\eta_c = (450\times 70\%)\text{mW} = 315\text{mW}$$

（3）输出普通调幅信号中载频信号产生的平均功率为

$$P_c = \frac{P_{AM}}{(1+\frac{1}{2}{m_a}^2)} = \frac{315}{(1+\frac{1}{2}\times 0.5^2)}\text{mW} = 280\text{mW}$$

（4）输出普通调幅信号中两个边带产生的平均功率 $2P_{SB}$ 为

$$2P_{SB} = P_{AM} - P_c = \frac{1}{2}{m_a}^2 P_c = \frac{1}{2}\times 0.5^2\times 280 = 35\text{mW}$$

（5）功率利用率为

$$\eta_{SB} = \frac{2P_{SB}}{P_{AM}}\times 100\% = \frac{35}{315}\times 100\% \approx 11.1\%$$

（6）输出普通调幅信号的带宽为

$$\text{BW} = 2\times 3\text{kHz} = 6\text{kHz}$$

视频：7.2.2 低电平调幅电路

7.2.2 低电平调幅电路

【导学】

- 单片集成模拟乘法器 MC1596 的内部电路结构与工作原理。
- 采用 MC1596 组成的调幅电路的结构与工作原理。

模拟乘法器是低电平调幅电路的常用器件，它不仅可以实现普通调幅，还可以实现双边带调幅。

1. 单片集成模拟乘法器

单片集成模拟乘法器能够实现输出电压为两个输入电压的线性积，其典型应用包括乘、除、平方、均方、倍频、调幅、检波、混频、相位检测等。单片集成模拟乘法器 MC1596 的内部电路结构如图 7.2.3 所示。

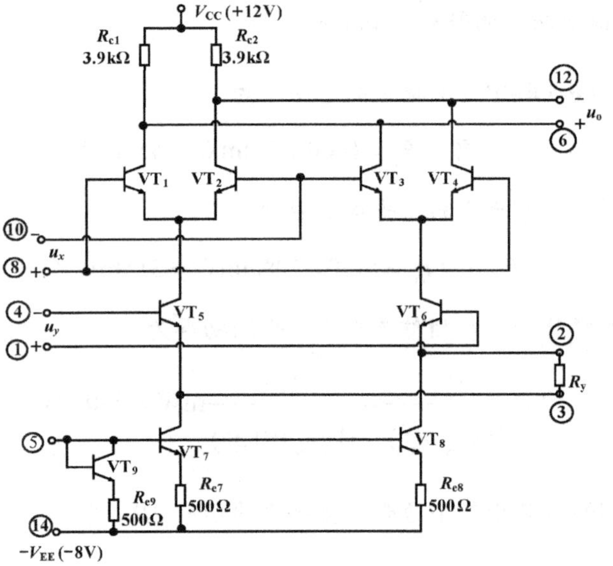

图 7.2.3 单片集成模拟乘法器 MC1596 的内部电路结构

单片集成模拟乘法器 MC1596 的两个输入信号分别为 u_x 和 u_y，两个输入信号通过模拟乘法器相乘后的输出信号为

$$u_o = ku_x u_y \tag{7.2.2}$$

其中，k 为模拟乘法器的增益系数（又称为标尺因子）。k 值与集成电路的内部电路结构、外围元器件参数的选择相关，当电路确定后，k 值为常数。

2．模拟乘法器调幅电路

图 7.2.4 所示为采用 MC1596 组成的调幅电路。该电路采用双电源供电，正电源（V_{CC}）通过电阻 R_1、R_2 分压后为⑧、⑩两个引脚提供合适的直流偏置电压，以使 MC1596 内部晶体三极管 VT_1～VT_4 正常工作；负电源（$-V_{EE}$）通过 750Ω 和 51Ω 电阻分压后为①、④两个引脚提供合适的直流偏置电压，以使 MC1596 内部晶体三极管 VT_5 和 VT_6 正常工作；通过引脚⑤处的 6.8kΩ 电阻来控制恒流源 VT_7 和 VT_8 的静态电流；R_w 为调零电位器，通过调节它可使电路对称以减小载波信号的输出；引脚⑥、⑫处的两个 3.9kΩ 电阻为输出端的负载电阻；引脚②和③之间的 1kΩ 电阻用来扩大调制信号的线性动态范围。

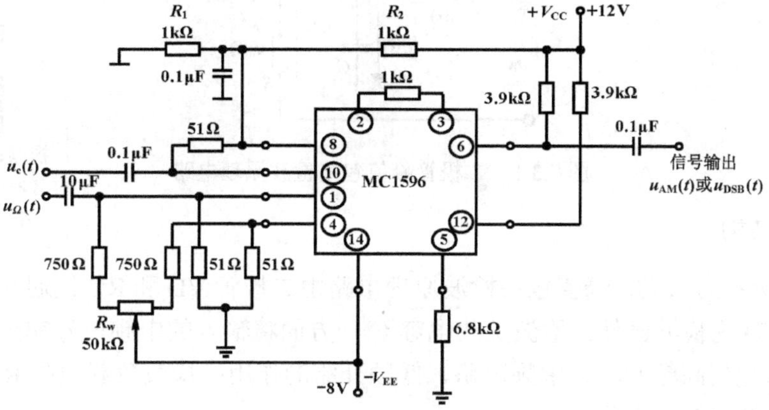

图 7.2.4　采用 MC1596 组成的调幅电路

采用如图 7.2.4 所示的电路可以组成普通调幅电路。将 X 通道作为载波信号输入通道，即 u_x 为载波信号 $u_c(t)$；Y 通道作为调制信号输入通道，Y 通道的两个输入端（①、④引脚）之间外接调节电路，可调节 50kΩ 的调零电位器 R_w，使引脚①的电位比引脚④的电位高 U_Y，交流调制信号 $u_\Omega(t)$ 与直流电压 U_Y 叠加后作为输入信号 u_y；调节调零电位器 R_w 可改变调幅指数 m_a。

采用如图 7.2.4 所示的电路也可以组成双边带调幅电路。此时，调节调零电位器 R_w 的目的是使 Y 通道的两个输入端之间的直流电位差为零，从而使 Y 通道上的输入信号只有交流调制信号。

△7.3　调幅信号的解调电路

将调制信号从高频已调波信号中提取出来的过程称为解调。对调幅信号进行解调又称为检波，完成这一功能的电路称为检波器。

7.3.1　二极管峰值包络检波器

【导学】

➢ 二极管峰值包络检波器的电路结构。

> ➢ 二极管峰值包络检波器的工作原理。
> ➢ 二极管峰值包络检波器的性能指标。
> ➢ 二极管峰值包络检波器的参数设计。

包络检波器由非线性元器件和低通滤波器组成，其中的非线性元器件可以是二极管，也可以是晶体三极管。包络检波器的电路种类较多，现以如图 7.3.1 所示的二极管峰值包络检波原理电路为例进行讨论。

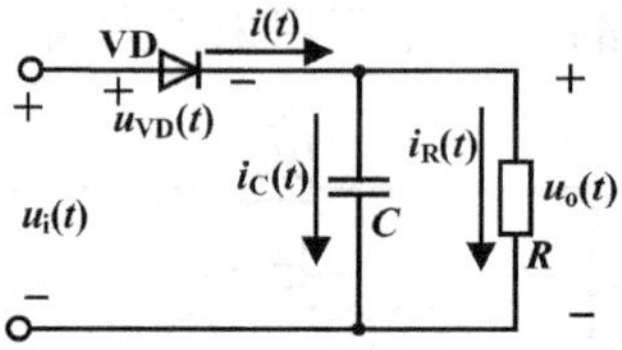

图 7.3.1　二极管峰值包络检波原理电路

视频：7.3.1（1）二极管峰值包络检波器-电路结构与工作原理

1．电路结构

图 7.3.1 所示的二极管峰值包络检波原理电路由二极管 VD 和 RC 低通滤波器组成。其中，二极管 VD 为检波器件；检波负载电容 C 一方面将输入的中频信号完全加至检波器件上，另一方面起到高频滤波、中频短路、低频开路的作用；检波负载电阻 R 将流经它的低频电流转化为低频输出电压。

2．工作原理

二极管峰值包络检波器就是利用二极管的单向导电性和检波负载的充、放电来完成检波的。现以时域上的波形变化来说明二极管峰值包络检波电路的工作原理。

由图 7.3.1 可知，加在二极管上的外加电压为 $u_{\mathrm{VD}}(t)=u_{\mathrm{i}}(t)-u_{\mathrm{o}}(t)$。假设二极管的导通电压为零，且伏安特性为

$$i(t)=\begin{cases} g_{\mathrm{D}}u_{\mathrm{VD}}(t) & u_{\mathrm{VD}}(t)\geqslant 0 \\ 0 & u_{\mathrm{VD}}(t)<0 \end{cases} \tag{7.3.1}$$

（1）图 7.3.1 所示的二极管峰值包络检波原理电路的特点如下。

① 二极管导通与否不仅与输入电压 $u_{\mathrm{i}}(t)$有关，还与输出电压 $u_{\mathrm{o}}(t)$有关，因此输出信号具有反馈作用。

② 当二极管导通时，电容充电，充电时间常数为 $r_{\mathrm{d}}C$，其中，r_{d} 为二极管的导通电阻；当二极管截止时，电容放电，放电时间常数为 RC。由于二极管的导通电阻 r_{d} 非常小，因此 $r_{\mathrm{d}}C \ll RC$，即电容的充电时间常数远远小于电容的放电时间常数。

（2）假设 $t=t_0$ 时的输出电压 $u_{\mathrm{o}}(t)=0$。下面根据图 7.3.2 来说明输出电压 $u_{\mathrm{o}}(t)$的波形变化过程。

① 在 $t_0 \sim t_1$ 时段，$u_{\mathrm{i}}(t)>u_{\mathrm{o}}(t)$，二极管导通，开始给电容充电，$u_{\mathrm{o}}(t)$按指数规律上升，即 AB 曲线。

② 在 $t_1 \sim t_2$ 时段，$u_{\mathrm{i}}(t) < u_{\mathrm{o}}(t)$，二极管截止，电容通过电阻 R 放电，$u_{\mathrm{o}}(t)$按指数规律下降，即 BC 曲线。

③ 在 $t_2 \sim t_3$ 时段，$u_{\mathrm{i}}(t) > u_{\mathrm{o}}(t)$，二极管再次导通，给电容充电，$u_{\mathrm{o}}(t)$按指数规律上升，即 CD 曲线。

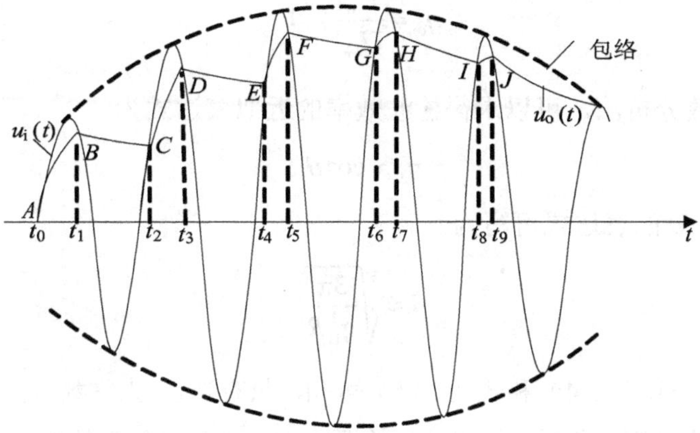

图 7.3.2　二极管峰值包络检波电路的包络检波波形

④ 在 $t_3 \sim t_4$ 时段，$u_{\mathrm{i}}(t) < u_{\mathrm{o}}(t)$，二极管再次截止，电容通过电阻 R 放电，$u_{\mathrm{o}}(t)$按指数规律下降，即 DE 曲线。

…………

由于充电、放电过程交替进行，因此，输出电压 $u_{\mathrm{o}}(t)$的波形呈锯齿状。综上，可以归纳出以下几条规律。

① 由于电容的充电时间常数远小于电容的放电时间常数，即 $r_{\mathrm{d}}C \ll RC$，因此，输出电压 $u_{\mathrm{o}}(t)$上升快、下降慢。

② 除了前几个周期，二极管的导通时间均在输入高频振荡信号峰值附近。例如，二极管在 $t_4 \sim t_5$ 和 $t_6 \sim t_7$ 等时段的导通时间很短，或者说其导通角 θ 很小。

③ 在正常情况下，导通角 θ 越小，输出电压 $u_{\mathrm{o}}(t)$的曲线与输入电压 $u_{\mathrm{i}}(t)$的包络线越接近。假设导通角 θ 趋于 0，那么输出电压 $u_{\mathrm{o}}(t)$的曲线几乎完全反映输入电压 $u_{\mathrm{i}}(t)$的包络线（反映调制信号的变化规律）。此时，检波效率最高、失真最小。

3．性能指标

视频：7.3.1（2）二极管峰值包络检波器-性能指标与参数设计

二极管峰值包络检波器的性能指标主要有 4 个：检波效率、等效输入电阻、惰性失真和底部切割失真。

（1）检波效率。

检波效率（η_{d}）定义为输出电压 $u_{\mathrm{o}}(t)$中的低频分量振幅与输入电压 $u_{\mathrm{i}}(t)$中的调制分量振幅的比值。

当输入电压 $u_{\mathrm{i}}(t)$是单频普通调幅波，即 $u_{\mathrm{i}}(t) = U_{\mathrm{im}}(1 + m_{\mathrm{a}}\cos\Omega t)\cos w_{\mathrm{c}}t$ 时，输出电压 $u_{\mathrm{o}}(t)$中的低频分量为 $U_{\mathrm{om}}\cos\Omega t$，检波效率可写为

$$\eta_{\mathrm{d}}=\frac{U_{\mathrm{om}}}{m_{\mathrm{a}}U_{\mathrm{im}}}\leqslant 1 \tag{7.3.2}$$

当输入电压 $u_{\mathrm{i}}(t)$是等幅余弦波，即 $u_{\mathrm{i}}(t)=U_{\mathrm{im}}\cos w_{\mathrm{c}}t$ 时，输出电压 $u_{\mathrm{o}}(t)$应是电平为 U_{o} 的直流电压，检波效率可写为

$$\eta_{\mathrm{d}}=\frac{U_{\mathrm{o}}}{U_{\mathrm{im}}}\leqslant 1 \tag{7.3.3}$$

利用折线函数分析法，可以求得检波效率的近似表达式为

$$\eta_{\mathrm{d}}\approx\cos\theta \tag{7.3.4}$$

当 θ 很小时，θ 的表达式可写为

$$\theta\approx\sqrt[3]{\frac{3\pi}{g_{\mathrm{D}}R}} \tag{7.3.5}$$

由式（7.3.2）、式（7.3.4）和式（7.3.5）可知，只有当 g_{D} 为常数时，导通角 θ 才为常数，检波效率 η_{d} 也才为常数。此时，输出信号的振幅 U_{om} 与调制信号的振幅 $m_{\mathrm{a}}U_{\mathrm{im}}$ 近似呈线性关系。由于只有在大信号下工作时，二极管的导通电压才可以忽略，二极管的伏安特性可利用折线近似，电导 g_{D} 可视为常数，因此，二极管峰值包络检波器仅适用于大信号工作状态。

由式（7.3.4）和式（7.3.5）可知，g_{D} 或 R 越大，导通角 θ 越小，检波效率 η_{d} 越大。考虑到二极管的实际导通电压不为零，以及充电电流在二极管微变等效电阻上的压降等因素，实际检波效率比以上公式计算值要小。

（2）等效输入电阻。

由于二极管在大部分时间都处于截止状态，仅在输入高频信号的峰值附近才会导通，因此，二极管峰值包络检波器的瞬时输入电阻是变化的。

二极管峰值包络检波器的前一级通常是一个调谐在载频上的高 Q（品质因数）值谐振回路，二极管峰值包络检波器相当于此谐振回路的负载。为了研究二极管峰值包络检波器对前级谐振回路的影响，定义二极管峰值包络检波器的等效输入电阻为

$$R_{\mathrm{i}}=\frac{U_{\mathrm{im}}}{I_{\mathrm{1m}}} \tag{7.3.6}$$

其中，U_{im} 是输入等幅高频余弦载波的振幅；I_{1m} 是二极管电流中基波分量的振幅。

根据图 7.3.1，若输入电压 $u_{\mathrm{i}}(t)$是等幅高频余弦载波，则输出电压 $u_{\mathrm{o}}(t)$应该是电平为 U_{o} 的直流电压。显然，二极管峰值包络检波器对前级谐振回路等效电阻的影响就是并联了一个阻值为 R_{i} 的电阻。

二极管峰值包络检波器的输入功率为

$$P_{\mathrm{i}}=\frac{\left(\frac{U_{\mathrm{im}}}{\sqrt{2}}\right)^2}{R_{\mathrm{i}}} \tag{7.3.7}$$

二极管峰值包络检波器的输出功率为

$$P_o = \frac{U_o^2}{R} = \frac{(\eta_d U_{im})^2}{R} \tag{7.3.8}$$

若忽略二极管上的功率损耗，则输入功率应与输出功率相等，考虑到检波效率$\eta_d \to 1$，可得

$$R_i \approx \frac{1}{2}R \tag{7.3.9}$$

（3）惰性失真。

在调幅波包络线下降部分，如果电容放电速度过慢，导致输出电压 $u_o(t)$的下降速率比包络线的下降速率低，那么在紧接其后的一个或几个高频周期内，二极管上为负电压，因此二极管不能导通，从而造成输出电压 $u_o(t)$的波形与包络线的失真。由于这种失真来源于电容来不及放电的惰性，故称为惰性失真。

图 7.3.3 给出了惰性失真的波形图，在 $t_1 \sim t_2$ 时段内出现了惰性失真。

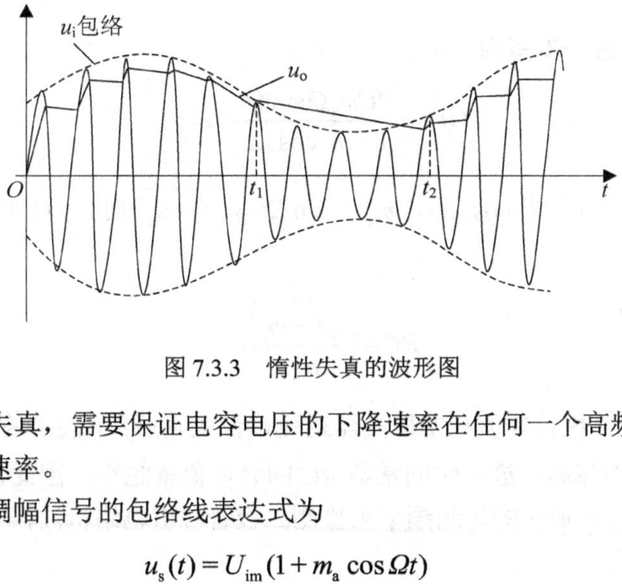

图 7.3.3　惰性失真的波形图

为了避免惰性失真，需要保证电容电压的下降速率在任何一个高频周期内都要高于或等于包络线的下降速率。

假设单频普通调幅信号的包络线表达式为

$$u_s(t) = U_{im}(1 + m_a \cos\Omega t) \tag{7.3.10}$$

则其下降速率为

$$-\frac{\mathrm{d}u_s(t)}{\mathrm{d}t} = U_{im} m_a \Omega \sin\Omega t < 0 \tag{7.3.11}$$

当电容 C 通过电阻 R 放电时，流经电容的电流与流经电阻的电流大小相同，即

$$-i_C = i_R = \frac{u_C}{R} \tag{7.3.12}$$

其中，u_C 为电容两端的电压。

由于

$$i_C = C\frac{du_C}{dt} = -\frac{u_C}{R} \tag{7.3.13}$$

因此电容电压的下降速率为

$$-\frac{du_C}{dt} = \frac{1}{RC}u_C \tag{7.3.14}$$

在开始放电的时刻，电容两端的电压 u_c 可近似视为包络电压 $u_s(t)$，因此避免惰性失真的表达式可写为

$$\left|\frac{du_C}{dt}\right| = \frac{1}{RC}u_s(t) \geqslant \left|\frac{du_s(t)}{dt}\right| \tag{7.3.15}$$

即

$$\frac{1}{RC}U_{im}(1+m_a\cos\Omega t) \geqslant U_{im}m_a\Omega\sin\Omega t \tag{7.3.16}$$

式（7.3.16）可进一步写为

$$f(t) = \frac{RCm_a\Omega\sin\Omega t}{1+m_a\cos\Omega t} \leqslant 1 \tag{7.3.17}$$

在式（7.3.17）中，当 $\cos\Omega t = -m_a$，$\sin\Omega t = \sqrt{1-m_a^2}$ 时，$f(t)$有极大值，不等式的解为

$$RC \leqslant \frac{\sqrt{1-m_a^2}}{m_a\Omega} \tag{7.3.18}$$

式（7.3.18）即二极管峰值包络检波器避免惰性失真所需满足的条件，调幅指数 m_a 越大，调制信号的频率越高，放电时间常数 RC 的允许值就越小。因此，在设计电路时，应使用最大的调幅指数和最高的调制频率来检测二极管峰值包络检波器有无惰性失真。放电时间常数的表达式为

$$RC \leqslant \frac{\sqrt{1-m_{amax}^2}}{m_{amax}\Omega_{max}} \tag{7.3.19}$$

（4）底部切割失真。

二极管峰值包络检波器的输出电压 $u_o(t)$是在一个直流电压上叠加了一个交流调制信号，因此需要用隔直电容将直流分量滤除，并将交流调制信号耦合到下一级进行放大或做其他处理。下一级电路的输入电阻即二极管峰值包络检波器的实际负载 R_L，如图 7.3.4（a）所示。

为了有效地将检波后的低频调制信号耦合到下一级，要求耦合电容 C_c 的容抗远远小

于 R_L，即 C_c 要非常大。这样，输出电压 $u_o(t)$ 中的直流分量就几乎都落在 C_c 上，这个直流分量的大小近似为输入载波的振幅 U_{im}。因此，可将 C_c 等效为一个电压为 U_{im} 的直流电压源。此电压源在电阻 R 上的分压为

$$U_R = \frac{R}{R+R_L}U_{im} \tag{7.3.20}$$

这就意味着，当二极管峰值包络检波器处于稳定工作状态时，其输出电阻 R 上将存在一个固定的电压 U_R。当输入调幅信号 $u_i(t)$ 的值小于 U_R 时，二极管将会截止。也就是说，电平低于 U_R 的包络线不能被提取出来，从而产生失真，如图 7.3.4（b）、（c）所示。由于这种失真出现在调制信号的底部，故将其称为底部切割失真。

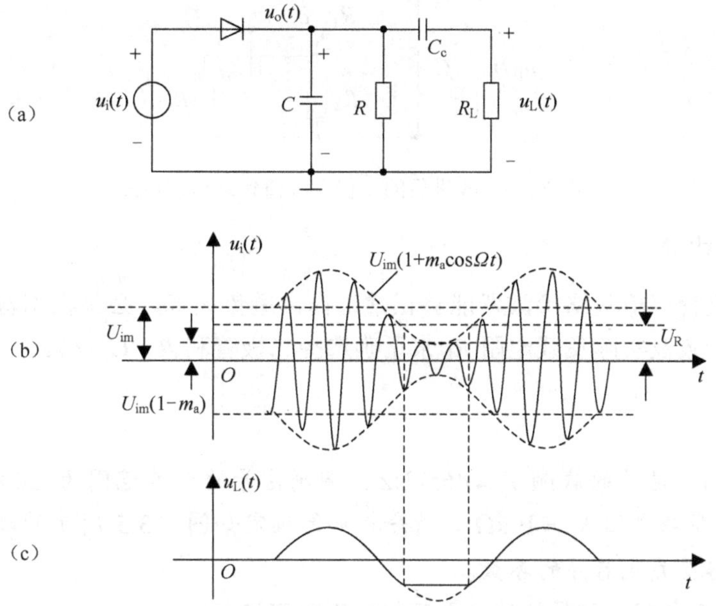

图 7.3.4　底部切割失真示意图

由图 7.3.4（b）可以看出，调幅信号的最小振幅或包络线的最低电平为 $U_{im}(1-m_a)$，因此，如果要避免底部切割失真，就必须使包络线的最小电平高于或等于 U_R，即

$$U_{im}(1-m_a) \geqslant \frac{R}{R+R_L}U_{im} \tag{7.3.21}$$

故有

$$m_a \leqslant \frac{R_L}{R+R_L} = \frac{R_L'}{R} \tag{7.3.22}$$

其中，$R_L' = R_L // R$，即二极管峰值包络检波器的交流负载。

式（7.3.22）即避免底部切割失真应该满足的条件。由式（7.3.22）可以看出，交流负载 R_L' 与直流负载 R 越接近，可允许的调幅指数就越大。

在实际电路中，有两种措施可用来减小交流负载与直流负载之间的差别。

① 在二极管峰值包络检波器与下一级之间插入一级射极跟随放大器，即增大负载电阻 R_L。

② 采用如图 7.3.5 所示的改进电路，将检波电路的直流负载 R 分为 R_1 和 R_2 两部分。显然，在直流负载不变的情况下，改进电路的交流负载（$R_1+\dfrac{R_2R_L}{R_2+R_L}$）相比于原电路的交流负载增大了。通常情况下，$R_1$ 和 R_2 需要满足 $\dfrac{R_1}{R_2}=0.1\sim0.2$，以免因分压过大而导致输出到下一级的信号减小过多。

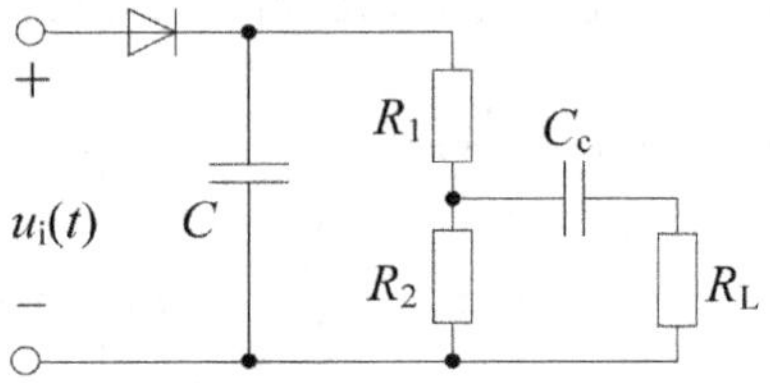

图 7.3.5　改进后的二极管峰值包络检波电路

4．参数设计

为了使二极管峰值包络检波器能够正常工作，避免失真，必须根据输入调幅信号的工作频率、调幅指数及实际负载电阻 R_L 来正确选择二极管和 R、C、C_c。

例题 7.3.1

已知普通调幅信号的载频 $f_c=465\text{kHz}$，调制信号的频率范围为 300～3400Hz，调幅指数 $m_a=0.3$，负载电阻 $R_L=10\text{k}\Omega$，请分析如何确定如图 7.3.5 所示的改进后的二极管峰值包络检波电路有关元器件的参数。

解： 图 7.3.5 中有关元器件的选择可按以下步骤进行。

（1）二极管通常选择正向电阻小（小于 500Ω）、反向电阻大（大于 500kΩ）、结电容小的点接触型锗二极管（注意其最高工作频率应满足要求）。

（2）放电时间常数 RC 应同时满足以下两个条件。

① C 对载频信号应近似短路，故应满足

$$\frac{1}{w_cC}\ll R$$

即要求

$$RC\gg\frac{1}{w_c}$$

通常取 $RC\geqslant\dfrac{5\sim10}{w_c}$。

② 为避免惰性失真，应满足

$$RC \leqslant \frac{\sqrt{1-m_a^2}}{m_a \Omega_{max}}$$

综合以上两个条件，即要求放电时间常数 RC 满足

$$\frac{5 \sim 10}{w_c} \leqslant RC \leqslant \frac{\sqrt{1-m_a^2}}{m_a \Omega_{max}}$$

代入相关参数的数值，即可得到 $(1.7 \sim 3.4) \times 10^{-6} \leqslant RC \leqslant 0.15 \times 10^{-3}$。

（3）假设 $\frac{R_1}{R_2} = 0.2$，则 $R_1 = \frac{R}{6}$，$R_2 = \frac{5R}{6}$。为避免底部切割失真，应满足

$$m_a \leqslant \frac{R'_L}{R}$$

其中，$R'_L = R_1 + \frac{R_2 R_L}{R_2 + R_L}$。代入相关参数的数值，可得到 $R \leqslant 63k\Omega$。

由于二极管峰值包络检波电路的输入电阻 R_i 不应太小，而 $R_i = \frac{R}{2}$，因此 R 不能太小。假设取 $R = 6k\Omega$，另取 $C = 0.01\mu F$，则 $RC = 0.06 \times 10^{-3}$，满足上一步对时间常数的要求。此时，$R_1 = 1k\Omega$，$R_2 = 5k\Omega$。

（4）C_c 的取值应使低频调制信号有效地耦合到负载电阻 R_L 上，应满足

$$\frac{1}{\Omega_{min} C_c} \ll R_L \text{ 或 } C_c \gg \frac{1}{R_L \Omega_{min}}$$

可取 $C_c = 47\mu F$。

在集成电路中，通常采用晶体三极管峰值包络检波器，其电路如图 7.3.6 所示。晶体三极管峰值包络检波器的工作原理与二极管峰值包络检波器的工作原理相似，读者可自行进行分析（注意：晶体三极管峰值包络检波器的输入电阻很大）。

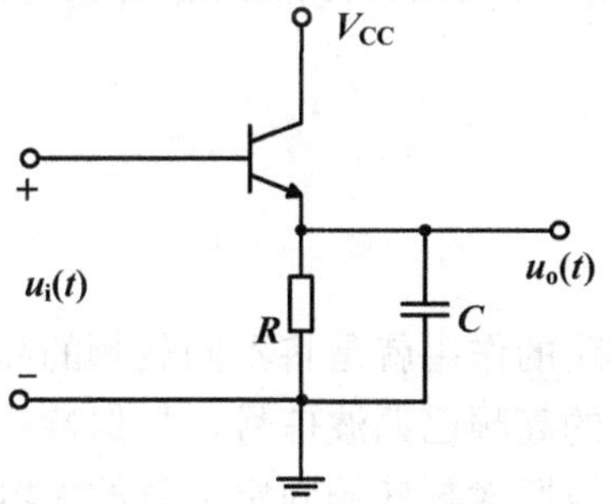

图 7.3.6　晶体三极管峰值包络检波电路

7.3.2 同步检波器

视频：7.3.2 同步检波器

【导学】

- 同步检波器的电路结构。
- 同步检波器的工作原理。

包络检波器只能用于解调普通调幅信号。由于双边带调幅信号和单边带调幅信号的包络不能反映调制信号的变化规律，因此不能采用包络检波器对其进行解调，而只能采用同步检波器。同步检波器适用于所有调幅信号的解调。

图 7.3.7 所示为由 MC1596 组成的集成同步检波电路。其中，MC1596 用于将输入的调幅信号与同步信号 $u_r(t)$相乘，相乘后的信号从引脚⑥输出，通过 π 型 RC 低通滤波器将调制信号 $u_o(t)$取出。

同步检波器比包络检波器复杂，而且需要一个同步信号，但其检波线性性能好，不存在惰性失真和底部切割失真问题。

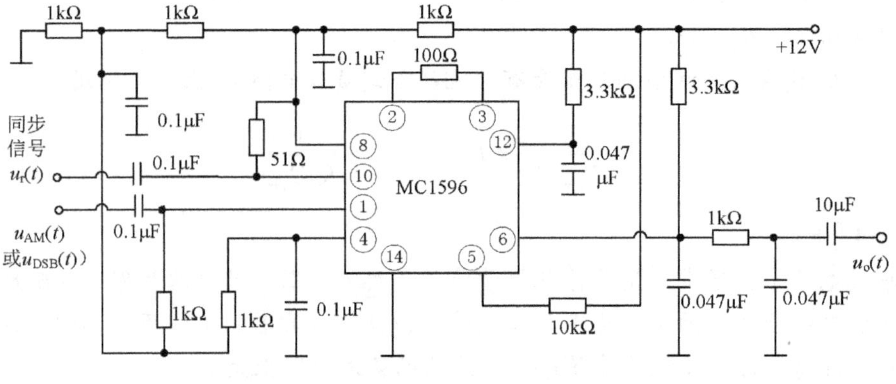

图 7.3.7　由 MC1596 组成的集成同步检波电路

△7.4　混频电路

在通信接收机中，混频电路的作用就是将不同载频的高频已调波信号变换为具有同一个固定载频（一般称为中频）的高频已调波信号，且保持其调制规律不变。由于设计制作增益大、选择性好、工作频率较原载频低的固定中频放大器比较容易，因此，采用混频方式可大大提高通信接收机的性能。

视频：7.4.1 混频电路的工作原理及特点

7.4.1　混频电路的工作原理及特点

【导学】

- ➢ 混频电路的工作原理。
- ➢ 混频电路的特点。

1．混频电路的工作原理

图 7.4.1 所示为混频电路的原理框图。混频电路的输入是载频为 f_c 的高频已调波信号 $u_s(t)$和频率为 f_L 的本振信号 $u_L(t)$，输出是中心频率为 f_I 的已调波信号 $u_I(t)$。通常取 $f_I = f_L - f_c$。假设输入为普通调幅信号 $u_s(t) = U_{cm}[1 + ku_\Omega(t)]\cos 2\pi f_c t$，本振信号为 $u_L(t) = U_{Lm}\cos 2\pi f_L t$，则输出中频调幅信号为 $u_I(t) = U_{Im}[1 + ku_\Omega(t)]\cos 2\pi f_I t$。可见，混频后，调幅信号的频谱从中心频率 f_c 处平移到中心频率 f_I 处，但是频谱宽度不变，包络形状也不变，如图 7.4.2 所示。

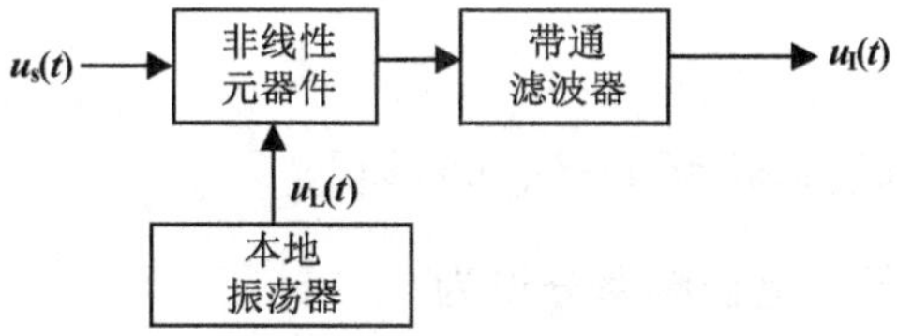

图 7.4.1　混频电路的原理框图

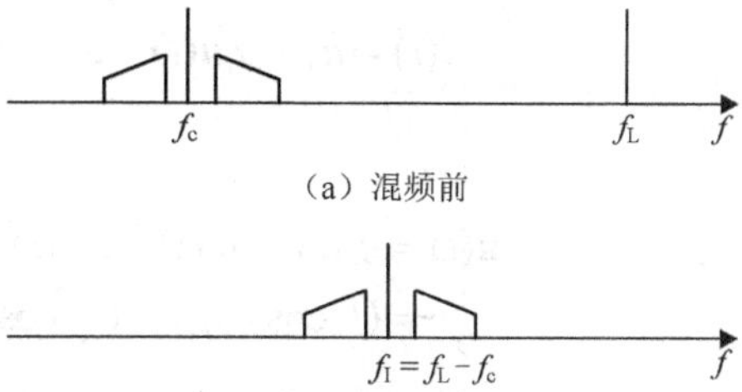

（a）混频前

（b）混频后

图 7.4.2　普通调幅信号的混频频谱图

2．混频电路的特点

混频电路与调幅电路、检波电路同属于线性频率变换电路，但它有两个明显不同的特点。

（1）混频电路的输入信号与输出信号均为高频已调波信号。由前面的讨论可知，调幅电路将低频调制信号搬移到高频段，检波电路将高频已调波信号搬移到低频段。而混频电路则将已调波信号从一个高频段搬移到另一个高频段。

（2）混频电路通常位于接收机前端，不但输入已调波信号很小，而且，若外来高频干扰信号能够通过混频电路之前的选频网络，则也可能进入混频电路。选频网络的中心频率通常是输入已调波信号的载频。

混频电路中的非线性元器件对于实现频谱搬移这一功能是必不可少的，但是其非线性特性不仅会产生许多无用组合频率分量，给接收机带来干扰，还会使中频分量的振幅受到干扰，这两类干扰统称为混频干扰，会使有用信号失真。

由于以上两个特点，混频电路的干扰来源比其他非线性电路的干扰来源要多一些。分析这些干扰产生的具体原因并提出减小或避免干扰的措施是混频电路需要讨论的一个关键问题。

视频：7.4.2 混频干扰

7.4.2 混频干扰

【导学】

- 各种混频干扰信号的产生原理。
- 减小或避免混频干扰的措施。

混频电路的输入除了载频为 f_c 的高频已调波信号 $u_s(t)$和频率为 f_L 的本振信号 $u_L(t)$，还可能有从天线进来的外来干扰信号。外来干扰信号包括其他发射机发出的已调波信号和各种噪声。

假设有两个外来干扰信号 $u_{n1}(t)$和 $u_{n2}(t)$，其频率分别为 f_{n1} 和 f_{n2}。混频电路中的非线性元器件为晶体三极管，其转移特性为

$$i(t)=a_0+a_1u(t)+a_2[u(t)]^2+a_3[u(t)]^3+a_4[u(t)]^4+\cdots \tag{7.4.1}$$

其中

$$\begin{aligned}u(t)&=u_s(t)+u_L(t)+u_{n1}(t)+u_{n2}(t)\\&=U_s\cos 2\pi f_c t+U_L\cos 2\pi f_L t+U_{n1}\cos 2\pi f_{n1}t+U_{n2}\cos 2\pi f_{n2}t\end{aligned}$$

参照例题 6.1.1 的分析，晶体三极管输出的所有组合频率分量为

$$f=\left|\pm pf_L\pm qf_c\pm rf_{n1}\pm sf_{n2}\right| \tag{7.4.2}$$

其中，p,q,r,s=0,1,2,…。

在这些组合频率分量中，只有 $p=q=1$ 、$r=s=0$ 时对应的中频分量 $f_I=f_L-f_c$ 才是有用组合频率分量，其余均是无用组合频率分量。若其中某些无用组合频率分量刚好位于中频附近，并且能够顺利通过混频电路内中心频率为 f_I 的带通滤波器，那么这些无用组合频率分量就可以经过中频放大电路、检波电路对有用的解调信号进行干扰，使输出失真。另外，由幂级数分析法可知，p、q、r 和 s 的值越小，对应的组合频率分量的振幅就越大，相应的无用组合频率分量产生的干扰也就越大。

1. 调幅信号和本振信号产生的组合频率分量干扰

若调幅信号和本振信号产生的组合频率分量满足

$$\left|\pm pf_L\pm qf_c\right|=f_I\pm F \tag{7.4.3}$$

其中，F 为音频，则此组合频率分量就会产生干扰。

例如，当 $f_c = 931\text{kHz}$，$f_L = 1396\text{kHz}$，$f_I = 465\text{kHz}$ 时，对应于 $p = 1$、$q = 2$ 的组合频率分量为 $|f_L - 2f_c| = |1396 - 2\times 931|\text{kHz} = 466\text{kHz} = 465\text{kHz} + 1\text{kHz}$，466kHz 的无用频率分量在通过中频放大电路后，与中频为 465kHz 的调幅信号一起进入检波电路的非线性元器件，会产生 1kHz 的差频干扰，经过扬声器输出后类似哨声，因此通常称这种干扰为哨声干扰。

2．一个外来干扰信号和本振信号产生的组合频率分量干扰

若一个外来干扰信号和本振信号产生的无用组合频率分量满足

$$|\pm pf_L \pm rf_{n1}| = f_I \tag{7.4.4}$$

其中，$p,r = 0,1,2,\cdots$，则此组合频率分量也会产生干扰。通常将这类组合频率分量产生的干扰称为寄生通道干扰。其中，中频干扰和镜频干扰这两种寄生通道干扰对应的 p 值与 r 值都很小，产生的干扰很大，需要特别重视。

（1）中频干扰。

当 $p = 0$、$r = 1$ 时，$f_{n1} = f_I$，即外来干扰信号的频率与中频相同。

例如，若中频为 465kHz，则同样频率的外来干扰信号即中频干扰的来源。

（2）镜频干扰。

当 $p = r = 1$ 时，$f_{n1} = f_L + f_I$。由于 $f_c = f_L - f_I$，因此 f_{n1} 与 f_c 在频率轴上对称分布于 f_L 两侧，互为镜像，故称 f_{n1} 为镜像频率（简称镜频）。镜频位置示意图如图 7.4.3 所示。

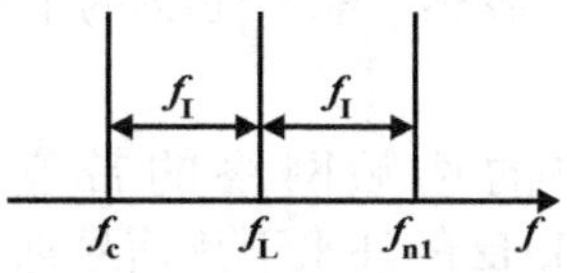

图 7.4.3 镜频位置示意图

例如，当中频 $f_I = 465\text{kHz}$，调幅信号的频率 $f_c = 1\text{MHz}$ 时，镜频为 1930kHz，此时，如果外来干扰信号中含有 1930kHz 的镜频，就会产生镜频干扰。

3．两个外来干扰信号和本振信号产生的组合频率分量干扰

若两个外来干扰信号能够进入混频电路，并且与本振信号共同产生的组合频率分量满足

$$|\pm f_L \pm rf_{n1} \pm sf_{n2}| = f_I \tag{7.4.5}$$

则此组合频率分量会产生干扰，通常称为互相调制干扰（简称互调干扰）。其中，$r = 1$、$s = 2$ 和 $r = 2$、$s = 1$ 对应的两个组合频率分量产生的干扰最大，由于 $r + s = 3$，因此将这种干扰称为三阶互调干扰。其中，两个外来干扰信号的频率与载频的关系分别为

$$-f_{n1} + 2f_{n2} = f_c \tag{7.4.6}$$

$$2f_{n1} - f_{n2} = f_c \tag{7.4.7}$$

令式（7.4.1）中的 $u(t)$对应的 $u_s(t)=0$，通过分析可知，这两个组合频率分量均是从 4 次方项 $a_4[u(t)]^4$ 中产生的，振幅分别为 $\frac{3}{2}a_4U_{n1}U_{n2}{}^2U_L$ 和 $\frac{3}{2}a_4U_{n1}{}^2U_{n2}U_L$。

例如，假设中频 $f_I=465\text{kHz}$，在接收频率为 $f_c=1.6\text{MHz}$ 的调幅信号时，如果有两个频率分别为 1.59MHz 和 1.58MHz 的外来干扰信号也能够通过选频网络进入混频电路，就会产生三阶互调干扰。

实际上，互调干扰的产生与有没有信号无关，只取决于满足式（7.4.5）的外来干扰信号能否进入混频电路。

4．外来干扰信号、调幅信号和本振信号产生的组合频率分量干扰

在式（7.4.1）中，假设 $u(t)=u_s(t)+u_L(t)+u_{n1}(t)$，则在输出电流表达式中，$u(t)$的偶次方项均会产生中频分量，其中 4 次方项 $a_4[u(t)]^4$ 产生的中频分量为 $3a_4U_sU_{n1}{}^2U_L\cos 2\pi(f_L-f_c)t$。显然，这个中频分量与 2 次方项 $a_2[u(t)]^2$ 产生的有用中频分量 $a_2U_sU_L\cos 2\pi(f_L-f_c)t$ 不同，因为它的振幅受外来干扰信号 $u_{n1}(t)$的振幅 U_{n1} 的控制。若 U_{n1} 是交变信号，则此中频分量会如同一个干扰信号叠加在有用中频分量上，通常称这种干扰为交叉调制干扰（简称交调干扰）。其中，由 4 次方项产生的干扰称为三阶交调干扰。虽然 4 次以上偶次方项也会产生交调干扰，但其影响比较小。

交调干扰有以下两个特点。

（1）当调幅信号消失，即 $u_s(t)=0$ 时，交调干扰也消失。

（2）能否产生交调干扰与外来干扰信号的频率无关，只取决于此外来干扰信号能否顺利通过混频电路之前的选频网络。显然，能产生交调干扰和互调干扰的外来干扰信号的频率都靠近调幅信号的载频 f_c。

例如，假设混频电路之前的选频网络的带宽为 10kHz，若调幅信号的载频 $f_c=560\text{kHz}$，则频率为 555～565kHz 的外来干扰信号都可能产生三阶交调干扰。

5．包络失真和强信号阻塞干扰

在式（7.4.1）中，假设 $u(t)=u_s(t)+u_L(t)$，则在输出电流表达式中，电压 $u(t)$的偶次方项均会产生中频分量。其中，2 次方项产生的中频信号的振幅为 $a_2U_sU_L$，4 次方项产生的中频信号的振幅为 $\frac{3}{2}a_4(U_L{}^3U_s+U_LU_s{}^3)$。可见，实际中频信号的振幅并不与调幅信号的振幅成正比。U_s 越大，失真越严重，由于 U_s 是已调波信号的包络，故称此失真为包络失真。若 U_s 太大，则包络失真太严重，使得晶体三极管进入饱和区或截止区，无法将调制信号解调出来，通常称这种失真为强信号阻塞干扰。

6．减小或避免混频干扰的措施

综合以上分析可知，产生混频干扰的根本原因就是非线性元器件的非线性特性。混频干扰又可分为两类：一类是由非线性元器件的非线性特性产生的众多无用组合频率分量引起的干扰；另一类是由非线性元器件的非线性特性产生的一些受外来干扰信号控制或与调

幅信号不是线性关系的有用频率分量引起的干扰。

根据混频干扰产生的具体原因，可以采取以下 3 种措施来减小或避免混频干扰。

（1）选择合适的中频。如果将中频选择在接收信号频段之外，就可以避免中频干扰和最强的哨声干扰。例如，假设接收的中波频段为 535～1605kHz，中频为 465kHz，那么能够产生中频干扰的频率为 465kHz 的外来干扰信号根本无法通过混频电路之前的选频网络，从而避免了中频干扰的产生。另外，从式（7.4.3）中可以看出，来源于 $p=0$、$q=1$ 的频率分量最强的哨声干扰要求 f_c 与 f_I 的差值在音频范围内，这个条件在整个中波频段都不会满足。尤其在采用高中频时，还可以避免镜频干扰和其他一些寄生通道干扰。

（2）提高混频电路之前选频网络的选择性，减少进入混频电路的外来干扰信号，这样可减小交调干扰和互调干扰。对于镜频干扰，可采用陷波电路将其滤除。

（3）采用具有平方律特性的场效应管、模拟乘法器，或者利用平衡抵消原理组成的平衡混频电路或环形混频电路可以大大减少无用组合频率分量，特别是靠近有用频谱的无用组合频率分量，从而减小各种组合频率干扰产生的可能性。

视频：7.4.3 实用混频电路

7.4.3 实用混频电路

【导学】

- 晶体三极管混频电路的结构与原理。
- 二极管平衡混频电路的结构与原理。
- 二极管环形（双平衡）混频电路的结构与原理。
- 模拟乘法器组成的集成混频电路的结构与原理。

实际的混频电路有晶体三极管混频电路、二极管混频电路和模拟乘法器组成的集成混频电路，三者的工作性能各有其优点和缺点，可根据频率及技术要求采用不同的混频电路。

晶体三极管混频电路具有增益大、噪声小的优点，但混频干扰大，场效应管混频电路由于其平方律特性而混频干扰小。二极管平衡混频电路和二极管环形混频电路结构简单、噪声小、混频干扰小、工作频率高（可达近千兆赫兹）。模拟乘法器组成的集成混频电路不但混频干扰小，而且容易调整，输入信号的动态范围较大。

1．晶体三极管混频电路

晶体三极管混频电路如图 7.4.4 所示。

在图 7.4.4 中，并联谐振回路 L_1C_1 调谐在输入信号 $u_s(t)$ 的载频 f_c 上，并联谐振回路 L_2C_2 调谐在中频 f_I 上，本振信号 $u_L(t)$ 与直流电压 V_{BB0} 叠加后作为基极偏置电压。由于输入信号 $u_s(t)$ 的振幅很小，而本振信号 $u_L(t)$ 的振幅较大，因此可将晶体三极管视为工作在线性时变工作状态。

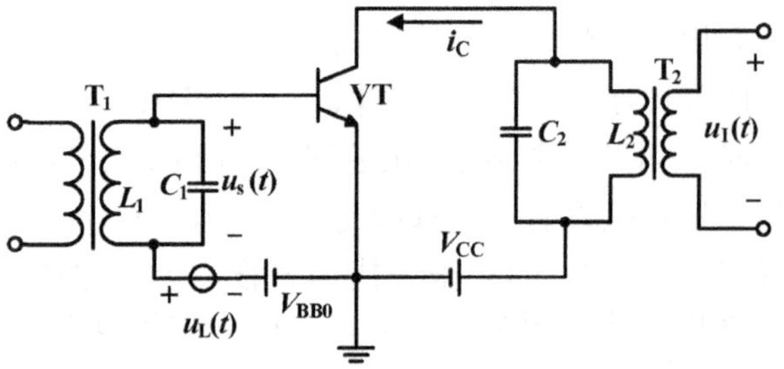

图 7.4.4　晶体三极管混频电路

采用 6.2.2 节的分析方法，根据式（6.2.5），可以看出，集电极电流 i_C 中含有的组合频率分量为

$$\left|\pm nf_L \pm f_c\right| \quad (n=0,1,2,3,\cdots) \tag{7.4.8}$$

其中的中频电流分量为

$$i_I = \frac{1}{2}g_1 U_s \cos 2\pi f_I t \tag{7.4.9}$$

其中，$f_I = f_L - f_c$；U_s 是输入信号 $u_s(t)$的振幅；g_1 是晶体三极管跨导中的基频（f_L）分量的振幅。

可令式（6.2.3）中的 $n=1$、$w_1 = w_L$，对 $g(t)$进行积分求出 g_1，而跨导 $g(t) = \left.\frac{\partial i_C}{\partial u_{BE}}\right|_{u_{BE}=V_{BB}(t)}$，其中 $V_{BB}(t) = V_{BB0} + u_L(t)$。

若定义混频跨导 $g_c = \frac{I_I}{U_s}$，即输出中频分量电流信号的振幅 I_I 与输入信号振幅 U_s 之比，则有

$$g_c = \frac{1}{2}g_1 \tag{7.4.10}$$

若并联谐振回路 L_2C_2 的总谐振电导为 g_Σ，则可以求得混频电压增益为

$$A_{uc} = \frac{U_I}{U_s} = \frac{I_I}{g_\Sigma U_s} = \frac{g_c}{g_\Sigma} \tag{7.4.11}$$

例题 7.4.1

在如图 7.4.4 所示的晶体三极管混频电路中，已知本振信号 $u_L(t) = U_{Lm}\cos w_L t$，输入信号为 $u_s(t)$且满足 $u_L(t) \gg u_s(t)$，晶体三极管的转移特性为 $i_C = a_0 + a_1 u_{BE} + a_2 u_{BE}^2 + a_3 u_{BE}^3 + a_4 u_{BE}^4$，输出回路的谐振电阻为 R_Σ，请分析并计算混频跨导 g_c 和混频电压增益 A_{uc}。

解：先求时变跨导 $g(t)$；然后根据式（6.2.3）对 $g(t)$进行积分，求出 $g(t)$中的基频分量的振幅 g_1；最后由式（7.4.10）和式（7.4.11）分别得到 g_c 与 A_{uc}。

因为

$$g(t)=\left.\frac{\partial i_{\mathrm{C}}}{\partial u_{\mathrm{BE}}}\right|_{u_{\mathrm{BE}}=V_{\mathrm{BB}}(t)}=a_1+2a_2V_{\mathrm{BB}}(t)+3a_3V_{\mathrm{BB}}^2(t)+4a_4V_{\mathrm{BB}}^3(t)$$

所以

$$g_1=\frac{1}{\pi}\int_{-\pi}^{\pi}\left[a_1+2a_2V_{\mathrm{BB}}(t)+3a_3V_{\mathrm{BB}}^2(t)+4a_4V_{\mathrm{BB}}^3(t)\right]\cos(w_{\mathrm{L}}t)\mathrm{d}w_{\mathrm{L}}t$$

将 $V_{\mathrm{BB}}(t)=V_{\mathrm{BB0}}+U_{\mathrm{Lm}}\cos w_{\mathrm{L}}t$ 代入，可得

$$g_1=(2a_2+6a_3V_{\mathrm{BB0}}+12a_4V_{\mathrm{BB0}}{}^2+3a_4U_{\mathrm{Lm}}{}^2)U_{\mathrm{Lm}}$$

由此可求得

$$g_{\mathrm{c}}=\frac{1}{2}g_1=\left(a_2+3a_3V_{\mathrm{BB0}}+6a_4V_{\mathrm{BB0}}{}^2+\frac{3}{2}a_4U_{\mathrm{Lm}}{}^2\right)U_{\mathrm{Lm}}$$

$$A_{\mathrm{uc}}=\frac{g_{\mathrm{c}}}{g_{\Sigma}}=g_{\mathrm{c}}R_{\Sigma}=\left(a_2+3a_3V_{\mathrm{BB0}}+6a_4V_{\mathrm{BB0}}{}^2+\frac{3}{2}a_4U_{\mathrm{Lm}}{}^2\right)U_{\mathrm{Lm}}R_{\Sigma}$$

2．二极管平衡混频电路

图 7.4.5 所示为二极管平衡混频电路原理图。在图 7.4.5 中，输入信号 $u_{\mathrm{s}}(t)$与本振信号 $u_{\mathrm{L}}(t)$分别由变压器耦合输入。利用 LC 选频网络，可以从输出负载电阻 R_{L} 上取出中频信号 $u_{\mathrm{I}}(t)$。

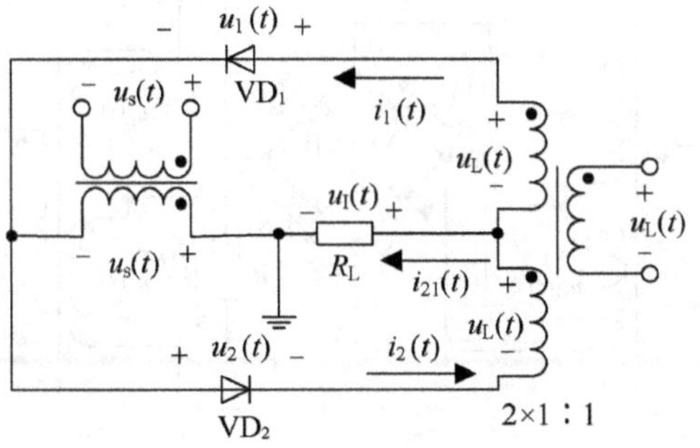

图 7.4.5　二极管平衡混频电路原理图

在图 7.4.5 中，若忽略输出电压 $u_{\mathrm{I}}(t)$的反馈作用，则加在两个二极管上的电压分别为

$$u_1(t)=u_{\mathrm{L}}(t)+u_{\mathrm{s}}(t)\tag{7.4.12}$$

$$u_2(t)=u_{\mathrm{L}}(t)-u_{\mathrm{s}}(t)\tag{7.4.13}$$

由于输入信号 $u_{\mathrm{s}}(t)$ 很小、本振信号 $u_{\mathrm{L}}(t)$ 很大，因此二极管工作在受本振信号 $u_{\mathrm{L}}(t)$ 控制的开关工作状态。在 $u_{\mathrm{L}}(t)$ 的正半周，两个二极管同时导通；在 $u_{\mathrm{L}}(t)$ 的负半周，两个二极管同时截止，根据基尔霍夫电压定律可写出两个回路的电压方程，分别为

$$-[u_L(t)+u_s(t)]K_1(w_Lt)+i_1(t)R_D-[i_2(t)-i_1(t)]R_L=0 \tag{7.4.14}$$

$$-[u_L(t)-u_s(t)]K_1(w_Lt)+i_2(t)R_D+[i_2(t)-i_1(t)]R_L=0 \tag{7.4.15}$$

其中，R_D是二极管的导通电阻。

将式（7.4.14）和式（7.4.15）相减，可得到流过负载电阻 R_L 的电流表达式：

$$i_{21}(t)=i_2(t)-i_1(t)=-\frac{2u_s(t)K_1(w_Lt)}{R_D+2R_L} \tag{7.4.16}$$

其中，$K_1(w_Lt)=\frac{1}{2}+\sum_{n=1}^{\infty}(-1)^{n-1}\frac{2}{(2n-1)\pi}\cos(2n-1)w_Lt$。假设 $u_s(t)=U_s\cos w_ct$，则流过负载电阻的电流中的组合频率分量为 w_c 和 $|\pm(2n-1)w_L\pm w_c|(n=1,2,3,\cdots)$。其中，中频电流分量为

$$i_I(t)=\frac{-2U_s}{\pi(R_D+2R_L)}\cos(w_L-w_c)t \tag{7.4.17}$$

3．二极管环形（双平衡）混频电路

二极管环形混频电路原理图如图 7.4.6 所示，可以将该混频电路看作由两个二极管平衡混频电路组合而成，因此又称之为二极管双平衡混频电路。其中，一个二极管平衡混频电路是由输入信号 $u_{s1}(t)$、二极管 VD_1 和 VD_2、负载电阻 R_L 与本振信号 $u_L(t)$组成的，与如图 7.4.5 所示的电路结构相同；另一个二极管平衡混频电路是由输入信号 $u_{s2}(t)$、二极管 VD_3 和 VD_4、负载电阻 R_L 与本振信号 $u_L(t)$组成的，如图 7.4.7 所示。

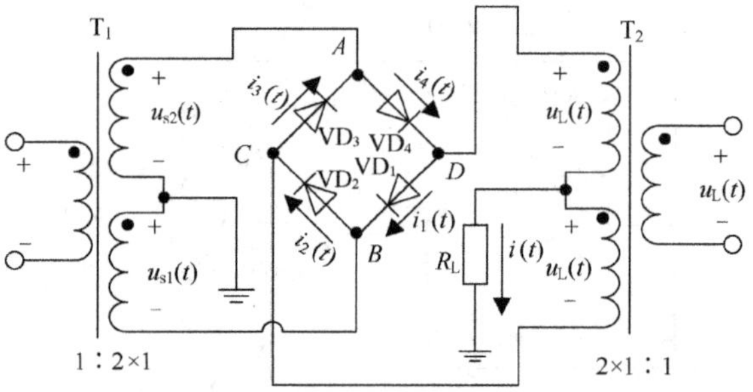

图 7.4.6　二极管环形混频电路原理图

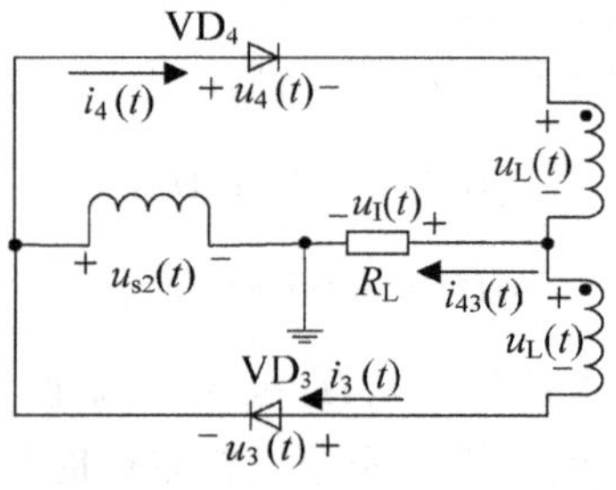

图 7.4.7　由二极管 VD_3 和 VD_4 组成的平衡混频电路原理图

在图 7.4.6 中，分别采用变压器 T_1 和 T_2 获取输入信号与本振信号。两个二极管平衡混频电路分别在 $u_L(t)$的正半周和负半周导通。在 $u_L(t)$的正半周，二极管 VD_1 和 VD_2 导通，对应的开关函数为 $K_1(w_Lt)$，流经负载电阻的电流如式（7.4.16）所示；在 $u_L(t)$的负半周，二极管 VD_3 和 VD_4 导通，对应的开关函数为 $K_1(w_Lt-\pi)$。

根据图 7.4.7，采用类似图 7.4.5 的分析方法，可以求得通过负载电阻的电流表达式为

$$i_{43}(t)=i_4(t)-i_3(t)=\frac{2u_s(t)K_1(w_Lt-\pi)}{R_D+2R_L} \tag{7.4.18}$$

在图 7.4.6 中，通过负载电阻的总电流的表达式为

$$\begin{aligned} i(t)&=i_{21}(t)+i_{43}(t)\\ &=[i_2(t)-i_1(t)]+[i_4(t)-i_3(t)]\\ &=-\frac{2u_s(t)}{R_D+2R_L}[K_1(w_Lt)-K_1(w_Lt-\pi)]\\ &=-\frac{2u_s(t)}{R_D+2R_L}K_2(w_Lt) \end{aligned} \tag{7.4.19}$$

其中，$K_2(w_Lt)=\sum\limits_{n=1}^{\infty}(-1)^{n-1}\frac{4}{(2n-1)\pi}\cos(2n-1)w_Lt$；$u_s(t)=U_s\cos w_ct$，则流过负载电阻的总电流 $i(t)$中的频率分量为$|\pm(2n-1)w_L\pm w_c|$（$n=1,2,3,\cdots$）。其中，中频电流分量为

$$i_I'(t)=\frac{-4U_s}{\pi(R_D+2R_L)}\cos(w_L-w_c)t \tag{7.4.20}$$

二极管平衡混频电路与二极管环形混频电路输出的无用组合频率分量均比晶体三极管混频电路要少，而二极管环形混频电路比二极管平衡混频电路还要少一个 w_c 频率分量，且中频电流分量的振幅加倍。

二极管环形混频电路的输入信号端口和本振信号端口均采用变压器耦合，将单端输入变为平衡输入，既可根据需要进行阻抗变换，两个端口之间又具有良好的隔离性。若变压器中心抽头上下对称，4 个二极管特性一致，则对本振信号而言，A、B 两点（见图 7.4.6）是等电位点，因为本振信号通过二极管 VD_1、VD_2 在 B 点产生的电压与通过二极管 VD_3、VD_4 在 A 点产生的电压相等，所以输入信号端口无本振信号输出。同样，对于输入信号，C、D 两点（见图 7.4.6）是等电位点，因此本振信号端口无输入信号输出。另外，由式（7.4.19）可知，中频端口输出电流中无输入信号和本振信号频率分量，即中频端口与其他两个端口也具有良好的隔离性。实际上，由于变压器中心抽头的非完全对称性和二极管特性的微小失配，各端口之间的隔离性并不是很理想。显然，二极管环形混频电路的性能优于二极管平衡混频电路的性能。

例题 7.4.2

在如图 7.4.8 所示的二极管平衡混频电路中，$u_1(t)$和 $u_2(t)$是输入信号，$u_o(t)$是输出信

号，二极管 VD_1 和 VD_2 的伏安特性均为从原点出发且斜率为 g_D 的直线。

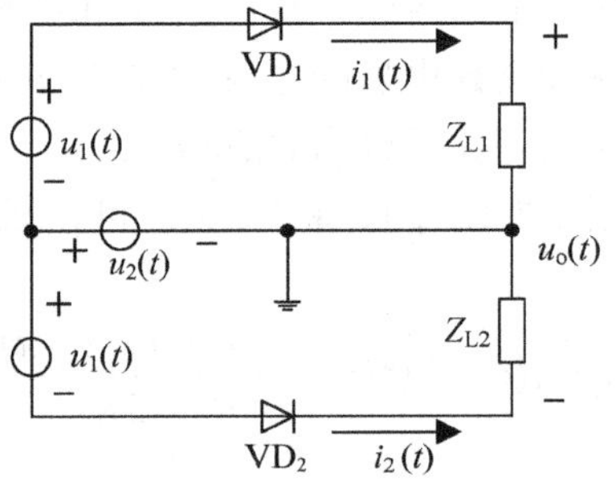

图 7.4.8　二极管平衡混频电路

（1）若采用该二极管平衡混频电路进行普通调幅，则 $u_1(t)$ 和 $u_2(t)$ 应该是什么信号？负载 Z_{L1}、Z_{L2} 应该采用什么元器件？试写出有关表达式。

（2）若采用该二极管平衡混频电路进行双边带调幅，则 $u_1(t)$ 和 $u_2(t)$ 应该是什么信号？负载 Z_{L1}、Z_{L2} 应该采用什么元器件？试写出有关表达式。

（3）若采用该二极管平衡混频电路进行同步检波，则 $u_1(t)$ 和 $u_2(t)$ 应该是什么信号？负载 Z_{L1}、Z_{L2} 应该采用什么元器件？试写出有关表达式。

解：（1）若采用该二极管平衡混频电路进行普通调幅，则 $u_1(t)$ 和 $u_2(t)$ 应该分别是载波信号与调制信号。

负载 Z_{L1}、Z_{L2} 应该采用变压器耦合 LC 谐振回路，如图 7.4.9 所示。

二极管应工作在受大信号 $u_1(t)$ 控制的开关状态。在 $u_1(t)$ 的正半周，二极管 VD_1 导通，二极管 VD_2 截止；在 $u_1(t)$ 的负半周，二极管 VD_2 导通，二极管 VD_1 截止。

设 g_D 是二极管导通时的电导，若忽略负载电压的反馈作用，则有

$$u_1(t) = U_{cm}\cos w_c t$$

$$u_2(t) = U_{\Omega m}\cos \Omega t$$

$$i_1(t) = g_D[u_1(t) + u_2(t)]K_1(w_c t)$$

$$i_2(t) = g_D[-u_1(t) + u_2(t)]K_1(w_c t - \pi)$$

输出电流的表达式为

$$\begin{aligned} i_o(t) &= i_1(t) - i_2(t) = g_D u_1(t) + g_D u_2(t) K_2(w_c t) \\ &= g_D U_{cm}\cos w_c t + g_D U_{\Omega m}\cos \Omega t\left[\sum_{n=1}^{\infty}(-1)^{n-1}\frac{4}{(2n-1)\pi}\cos(2n-1)w_c t\right] \end{aligned}$$

可见，输出电流 $i_o(t)$ 中含有的频率分量有 w_c、$(2n-1)w_c \pm \Omega$（$n = 1,2,3,\cdots$）。当 n=1 时，$(2n-1)w_c \pm \Omega$ 对应的频率分量即上边频 $w_c + \Omega$ 和下边频 $w_c - \Omega$。

在图 7.4.9 中，变压器耦合 LC 谐振回路起到带通滤波器的作用，当带通滤波器的中心角频率为 w_c、带宽为 2Ω 时，可将输出电流 $i_o(t)$ 中的载波分量、上边频分量和下边频分量

提取出来，得到普通调幅波。

（2）若采用该二极管平衡混频电路进行双边带调幅，则 $u_1(t)$和 $u_2(t)$应该分别是调制信号与载波信号。

负载 Z_{L1}、Z_{L2} 也应该采用变压器耦合 LC 谐振回路，如图 7.4.9 所示。

二极管应工作在受大信号 $u_2(t)$控制的开关状态。在 $u_2(t)$的正半周，二极管 VD_1 和 VD_2 均导通；在 $u_2(t)$的负半周，二极管 VD_1 和 VD_2 均截止。

设 g_D 是二极管导通时的电导，若忽略负载电压的反馈作用，则有

$$u_1(t)=U_{\Omega m}\cos\Omega t$$

$$u_2(t)=U_{cm}\cos w_c t$$

$$i_1(t)=g_D[u_1(t)+u_2(t)]K_1(w_c t)$$

$$i_2(t)=g_D[-u_1(t)+u_2(t)]K_1(w_c t)$$

输出电流的表达式为

$$\begin{aligned}i_o(t)&=i_1(t)-i_2(t)=2g_D u_1(t)K_1(w_c t)\\&=2g_D U_{\Omega m}\cos\Omega t\left[\frac{1}{2}+\sum_{n=1}^{\infty}(-1)^{n-1}\frac{2}{(2n-1)\pi}\cos(2n-1)w_c t\right]\end{aligned}$$

可见，输出电流 $i_o(t)$中含有的频率分量有 Ω、$(2n-1)w_c\pm\Omega$（$n=1,2,3,\cdots$）。当 n=1 时，$(2n-1)w_c\pm\Omega$ 对应的频率分量即上边频 $w_c+\Omega$ 和下边频 $w_c-\Omega$。

在图 7.4.9 中，变压器耦合 LC 谐振回路起到带通滤波器的作用，当带通滤波器的中心角频率为 w_c、带宽为 2Ω 时，可将输出电流 $i_o(t)$中的上边频分量和下边频分量提取出来，得到双边带调幅波。

（3）若采用该二极管平衡混频电路进行同步检波，则 $u_1(t)$和 $u_2(t)$应该分别是调幅信号与本振信号。

负载 Z_{L1}、Z_{L2} 应该采用相同的 RC 低通滤波器，如图 7.4.10 所示。

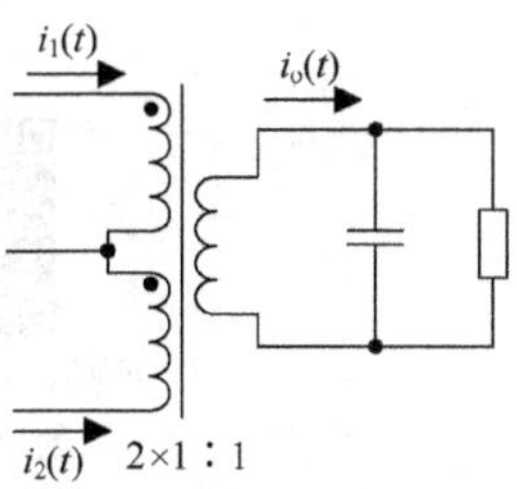

图 7.4.9　变压器耦合 LC 谐振回路

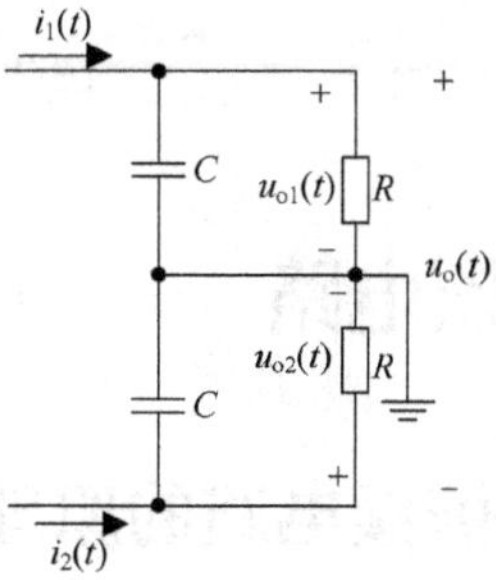

图 7.4.10　RC 低通滤波器

二极管应工作在受大信号 $u_2(t)$控制的开关状态。在 $u_2(t)$的正半周，二极管 VD_1 和 VD_2 均导通；在 $u_2(t)$的负半周，二极管 VD_1 和 VD_2 均截止。

设 $u_1(t)$是双边带调幅信号，$u_1(t)=kU_{\Omega m}U_{cm}\cos\Omega t\cos w_c t$，$u_2(t)=U_{rm}\cos w_c t$，则有

$$i_1(t)=g_D[u_1(t)+u_2(t)]K_1(w_c t)$$

$$i_2(t)=g_D[-u_1(t)+u_2(t)]K_1(w_c t)$$

输出电流的表达式为

$$\begin{aligned} i_o(t)=i_1(t)-i_2(t)&=2g_D u_1(t)K_1(w_c t) \\ &=2g_D kU_{\Omega m}U_{cm}\cos\Omega t\cos w_c t\left[\frac{1}{2}+\sum_{n=1}^{\infty}(-1)^{n-1}\frac{2}{(2n-1)\pi}\cos(2n-1)w_c t\right] \end{aligned}$$

可见，输出电流 $i_o(t)$中含有的频率分量有 $w_c\pm\Omega$、Ω、$2nw_c\pm\Omega$ （$n=1,2,3,\cdots$）。

在图 7.4.10 中，负载采用了 RC 低通滤波器，当其上限角频率为 Ω 时，就可将输出电流 $i_o(t)$中的低频分量 Ω 提取出来，得到调制信号，实现同步检波。

4. 模拟乘法器组成的集成混频电路

图 7.4.11 所示为由 MC1596 组成的混频电路。其中，本振信号 $u_L(t)$、已调波信号 $u_s(t)$分别从 X、Y 通道输入，混频信号由引脚⑥输出，经 π 型带通滤波器后得到中频信号 $u_I(t)$。调节 50kΩ 调零电位器，使引脚①、④的直流电位差为零。

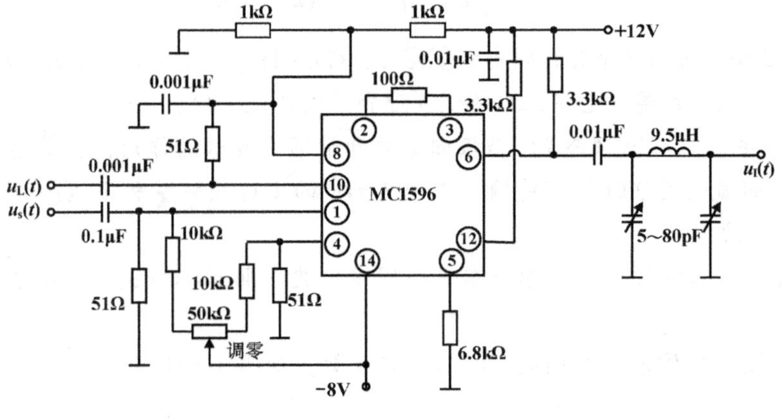

图 7.4.11　由 MC1596 组成的混频电路

7.5 倍频电路

7.5.1 倍频电路的原理及用途

视频：7.5.1 倍频电路的原理及用途

【导学】

- ➢ 倍频电路的原理。
- ➢ 倍频电路的用途。

倍频电路的输出信号频率是输入信号频率的整数倍，即倍频电路可以成倍地将信号频谱搬移到更高的频段上。因此，倍频电路是一种线性频率变换电路。

1. 倍频电路的原理

实现倍频的原理有以下几种。

（1）首先利用晶体三极管等非线性元器件产生输入信号频率的各次谐波分量，然后利用带通滤波器（调谐于 n 次谐波上）取出 n 倍频信号。

（2）将输入信号同时加到模拟乘法器的两个输入端进行自身线性相乘，此时，模拟乘法器输出的交流分量就是输入信号的 2 倍频信号。

例如，将单频输入信号 $u_1(t)=U_{cm}\cos w_c t$ 同时加到模拟乘法器的两个输入端，此时模拟乘法器的输出为

$$u_o(t)=ku_1(t)u_1(t)=kU_{cm}\cos w_c tU_{cm}\cos w_c t=\frac{kU_{cm}^{\ 2}}{2}(1+\cos 2w_c t)$$

（3）利用锁相倍频方式进行倍频，这在后面的章节中将会具体讨论。

2. 倍频电路的用途

倍频电路在通信系统及其他电子系统中被广泛采用。例如：

（1）对振荡电路的输出进行倍频，以得到更高的振荡频率。这样不仅可以降低振荡电路主振的振荡频率，有利于提高频率稳定度，还可以大大提高振荡电路的实际输出频率。

（2）在调频发射系统中使用倍频电路和混频电路能够扩展调频信号的最大线性频偏，在后面的章节中将会具体讨论这一点。

（3）采用几个不同的倍频电路对同一个振荡电路的输出进行倍频，能够得到几个具有不同频率的输出信号。

（4）在频率合成电路中，倍频电路是不可缺少的组成部分，在后面的章节中将会具体讨论这一点。

视频：7.5.2 晶体三极管倍频电路

7.5.2 晶体三极管倍频电路

【导学】

- 晶体三极管倍频电路的结构。
- 晶体三极管倍频电路的特点。

晶体三极管倍频电路的结构与晶体三极管丙类高频谐振功率放大电路的结构基本相同，区别在于后者要求 LC 谐振回路的中心频率与输入信号的中心频率相同，而前者则要求LC谐振回路的中心频率调谐在输入信号频率或中心频率的 n 倍上，其中，n 为正整数。

晶体三极管倍频电路有以下几个特点。

（1）倍频数 n 一般不超过 3～4，而且应根据倍频数选择最佳的导通角。

根据 4.1 节对晶体三极管丙类高频谐振功率放大电路的分析，若集电极最大瞬时电流 I_{cm} 确定，那么集电极电流中的 n 次谐波分量的振幅 I_{cnm} 与尖顶余弦脉冲的分解系数 $\alpha_n(\theta_c)$ 成正比，即

$$I_{cnm} = I_{cm}\alpha_n(\theta_c) \tag{7.5.1}$$

从图 4.1.3 中可以看出，一次谐波、二次谐波和三次谐波的分解系数的最大值逐渐减小，其最大值分别为 $\alpha_1(120°) = 0.536$，$\alpha_2(60°) = 0.276$，$\alpha_3(40°) = 0.185$。

由此可知，2 倍频、3 倍频时的最佳导通角分别为 60°和 40°，在 I_{cm} 相同的情况下，获得的最大电流振幅分别约为基波最大电流振幅的 1/2 和 1/3。

在相同情况下，倍频数越大，倍频电路获得的输出电压或功率越小。因此，倍频电路的倍频数一般不应超过 3～4，如果需要更高次倍频，则可以采用多个倍频电路级联的方式。

（2）必须采取良好的输出滤波措施。

倍频电路在丙类状态下工作时，输出集电极电流中的基波分量的振幅最大，谐波次数越低，对应的谐波分量的振幅越大。因此，n 倍频电路要滤除低于 n 的各次谐波分量比较困难。可以采取以下两种措施。

① 提高输出回路的有载品质因数 Q，一般应满足 $Q>10n\pi$。

② 采用选择性好的带通滤波器。

本 章 小 结

1．对于相同的调制信号，采用不同的调幅方式（普通调幅、双边带调幅、单边带调幅和残留边带调幅等），产生的已调幅信号的时域波形不一样、频谱不一样、带宽不完全一样、调制与解调的实现方式及难度不一样、适用的通信系统也不一样。

2．调幅、检波与混频电路都是线性频谱搬移电路，在工作原理上基本相同。对于混频电路，在参数和电路设计上，必须考虑干扰的影响，应采取措施以尽量避免或减小混频干扰的产生及其引起的失真。

3．两个输入信号相乘是实现线性频谱搬移的最直接的方法，因此，模拟乘法器是进行调幅、检波和混频的最常用器件。

4．二极管峰值包络检波器只适用于普通调幅信号的检波，而且在使用时必须正确选择元器件的参数，以避免产生惰性失真与底部切割失真。但是，由于其电路结构简单，因此仍然被广泛采用。

5．同步检波器适用于各种调幅信号的检波，它需要一个与发射端载波同频同相（或具有固定相位差）的同步信号。对于普通调幅、双边带调幅和残留边带调幅，可以从收到的已调幅信号中直接提取同步信号；但是，对于单边带调幅，必须在发射端另外专门发送一个载频信号以供接收方提取。

6．晶体三极管倍频电路是一种常用的倍频电路，但在使用时必须注意两点：①倍频数一般不超过 3～4；②必须采取良好的输出滤波措施。

7．在调幅、检波、混频和倍频电路的输入端或输出端需要采用滤波器，因此，正确设计滤波器的类型和参数是提高电路性能指标、减小失真的重要措施。

习　题

7.1 已知一调幅信号的表达式为

$$u_{AM}(t)=10(1+0.8\cos 2\pi\times 1000t-0.6\cos 2\pi\times 2000t+0.4\cos 2\pi\times 4000t)\cos 2\pi\times 10^{6}t\quad (V)$$

（1）求该调幅信号包括的频率分量及不同频率分量对应的振幅。

（2）判断该调幅信号的类型。

（3）画出该调幅信号的频谱图，并求其带宽。

（4）若将该调幅信号加在单位电阻 R（$R=1\Omega$）上，则该调幅信号产生的载波功率 P_c、总边带功率 $P_{SB(总)}$、平均总功率 P_{AM} 和功率利用率 η_{SB} 各为多少？

7.2 已知一调幅信号的频谱图如习题 7.2 图所示。

（1）判断该调幅信号的类型。

（2）根据频谱图写出该调幅信号的表达式。

（3）求该调幅信号的带宽。

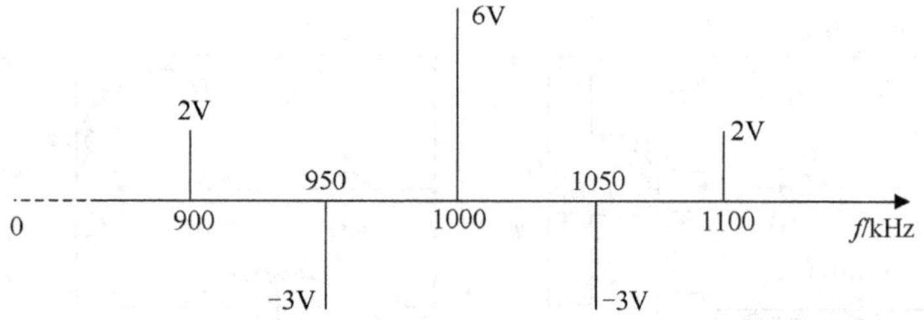

习题 7.2 图

7.3 已知单频普通调幅信号的最大振幅 $U_{max}=10V$，最小振幅 $U_{min}=6V$。

（1）载频的振幅为多少？

（2）调幅指数 m_a 为多少？

（3）若将该普通调幅信号加在单位电阻 R（$R=1\Omega$）上，则该普通调幅信号产生的载波功率 P_c、总边带功率 $P_{SB(总)}$、平均总功率 P_{AM} 和功率利用率 η_{SB} 各为多少？

7.4 采用如图 7.2.1 所示的集电极调幅电路进行普通调幅。已知调制信号的频率范围为 300Hz～4kHz，调幅指数 $m_a=0.3$，集电极直流偏置电压为 $V_{CC0}=24V$，输出电流中的直流电流 $I_{c0}=25mA$，集电极效率 $\eta_c=70\%$。

（1）求集电极调幅电路中电源提供的总功率 P。

（2）求输出普通调幅信号产生的总平均功率 P_{AM}。

（3）求输出普通调幅信号中载频信号产生的平均功率 P_c。

（4）求输出普通调幅信号中两个边带产生的平均功率 $2P_{SB}$。

（5）求功率利用率 η_{SB}。

（6）求普通调幅信号的带宽 BW。

7.5 在习题 7.5 图中，已知调制信号为 $u_\Omega(t)=U_{\Omega m}\cos\Omega t$，载波信号为 $u_c(t)=U_{cm}\cos w_c t$，且满足 $U_{cm}\gg U_{\Omega m}$、$w_c\gg\Omega$。二极管 VD_1 和 VD_2 的伏安特性均为从原点出发且斜率为 g_D 的直线。请分析习题 7.5 图中 4 个二极管混频电路输出信号中的频率分量有哪些，分别能实现什么功能。

7.6 在习题 7.6 图所示的大信号二极管峰值包络检波电路中，若给定负载电阻 $R_L=5\text{k}\Omega$，输入调幅指数 $m_a=0.3$ 的普通调幅信号，当载频 $f_c=465\text{kHz}$ 且调制信号最高频率为 $F_{max}=3400\text{Hz}$ 时，试分析电容 C 应如何选择？

7.7 在习题 7.7 图所示的二极管平衡混频电路中，假设输入信号为双边带调幅信号 $u_s(t)=kU_{\Omega m}U_{cm}\cos\Omega t\cos w_c t$，本振信号 $u_L(t)=U_{Lm}\cos w_L t$，且本振信号为大信号。请分析以下几个问题。

（1）该二极管平衡混频电路的输出信号中有哪些频率分量？

（2）若将习题 7.7 图中的输入信号 $u_s(t)$ 与本振信号 $u_L(t)$ 互换位置，则电路还能正常工作吗？为什么？

（3）若将习题 7.7 图中的二极管 VD_1 的正负极倒置，那么电路还能正常工作吗？为什么？

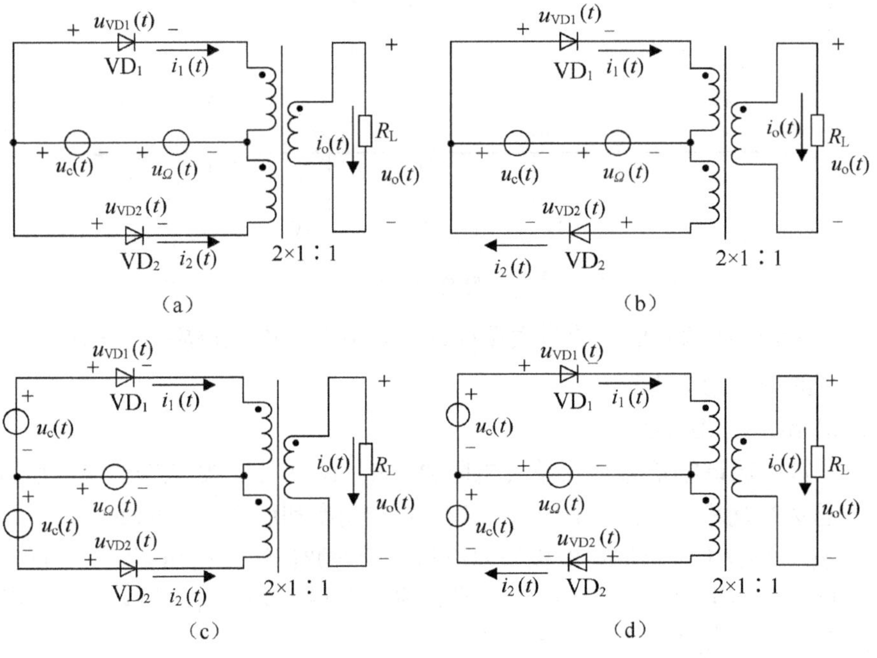

习题 7.5 图

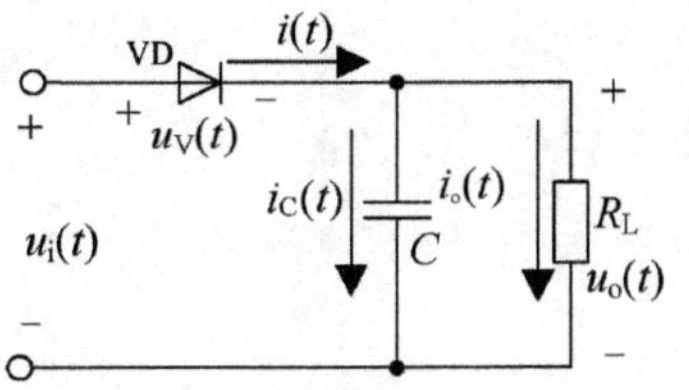
VD
i(t)
+
u_V(t)
−
+
i_C(t)
i_o(t)
C
R_L
u_o(t)
u_i(t)
−
−

习题 7.6 图

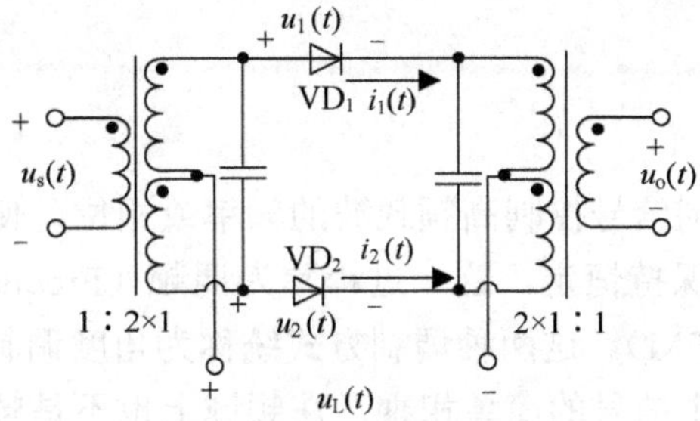
u_1(t)
+
−
VD_1
i_1(t)
+
u_s(t)
−
+
u_o(t)
−
VD_2
i_2(t)
+
u_2(t)
−
1 : 2×1
2×1 : 1
+
u_L(t)
−

习题 7.7 图

第 8 章　角度调制与解调

用反映信息的低频调制信号控制高频载波的频率或相位，使之随低频调制信号的变化规律而变化，载波的振幅保持恒定，这一过程称为调频（Frequency Modulation，FM）或调相（Phase Modulation，PM）。这两种调制方式统称为角度调制（或调角）。

调角在时域上不是两个信号的简单相乘，在频域上也不是频谱的线性搬移（已调波不再保持低频调制信号的频谱结构），而是产生了无数个新的组合频率分量。因此，调角属于频谱的非线性搬移，这一点不同于调幅。

调频广泛应用于调频广播、电视伴音、通信和遥控、遥测等，而调相则主要应用于数字通信系统中的移相键控。

调频或调相的逆过程称为频率解调（简称鉴频）或相位解调（简称鉴相）。

由于相位是频率的积分，因此频率的变化必将引起相位的变化，反之亦然。调频信号与调相信号在时域特性、频谱宽度、调制和解调的原理与实现方法等方面都有着密切的联系。

调角与解调属于非线性频率变换，因此，它在工作原理和电路实现上比线性频率变换的调幅与解调困难一些。但是调角信号在抗干扰方面优于调幅信号，因此，虽然调角信号占用更大的带宽，但其仍得到了广泛应用。在模拟通信系统中，调频信号比调相信号更加有优势，故大都采用调频。

△8.1　调角信号的分析

视频：8.1.1 调角信号的时域特性

8.1.1　调角信号的时域特性

【导学】

- 调频信号的表达式及相关参数的分析与计算。
- 调相信号的表达式及相关参数的分析与计算。
- 调频信号与调相信号时域特性的比较。

1. 调频信号

假设载波信号的表达式为$u_c(t)=U_{cm}\cos w_c t$，调制信号为 $u_\Omega(t)$，则调频信号的瞬时角频率的表达式为

$$w(t)=w_c+k_f u_\Omega(t) \tag{8.1.1}$$

调频信号的瞬时相位的表达式为

$$\phi(t)=\int_0^t w(\tau)\mathrm{d}\tau=w_c t+k_f\int_0^t u_\Omega(\tau)\mathrm{d}\tau \tag{8.1.2}$$

调频信号的表达式为

$$u_{FM}(t)=U_{cm}\cos[w_c t+k_f\int_0^t u_\Omega(\tau)\mathrm{d}\tau] \tag{8.1.3}$$

其中，k_f为比例系数；初始相位为$\phi(0)=0$。

由式（8.1.1）～式（8.1.3）可知，调频信号的振幅恒定，瞬时角频率是在固定的载频w_c上叠加了一个与调制信号成正比的角频率偏移（简称角频偏）$\Delta w(t)=k_f u_\Omega(t)$，瞬时相位是在随时间变化的载波相位$w_c t$上叠加了一个与调制信号的积分成正比的相位偏移（简称相偏）$\Delta\phi(t)=k_f\int_0^t u_\Omega(\tau)\mathrm{d}\tau$。

最大角频偏Δw_m定义为

$$\Delta w_m=k_f\left|u_\Omega(t)\right|_{max} \tag{8.1.4}$$

调频指数（最大相偏）m_f定义为

$$m_f=k_f\left|\int_0^t u_\Omega(\tau)\mathrm{d}\tau\right|_{max} \tag{8.1.5}$$

若调制信号为单频信号，即$u_\Omega(t)=U_{\Omega m}\cos\Omega t$（$\Omega\ll w_c$），则由式（8.1.3）可写出相应的调频信号，即

$$\begin{aligned}u_{FM}(t)&=U_{cm}\cos(w_c t+\frac{k_f U_{\Omega m}}{\Omega}\sin\Omega t)\\&=U_{cm}\cos(w_c t+m_f\sin\Omega t)\end{aligned} \tag{8.1.6}$$

当调制信号为单频信号时，对应的最大角频偏Δw_m和调频指数m_f分别为

$$\Delta w_m=k_f U_{\Omega m} \tag{8.1.7}$$

$$m_f=\frac{k_f U_{\Omega m}}{\Omega} \tag{8.1.8}$$

由式（8.1.6）可以看出，调频指数m_f就是调频信号的最大附加相偏，简称最大相偏。

2. 调相信号

假设载波信号的表达式为$u_c(t)=U_{cm}\cos w_c t$，调制信号为 $u_\Omega(t)$，则调相信号的瞬时相

位的表达式为

$$\phi(t) = w_c t + k_p u_\Omega(t) \tag{8.1.9}$$

瞬时角频率的表达式为

$$w(t) = \frac{d\phi(t)}{dt} = w_c + k_p \frac{du_\Omega(t)}{dt} \tag{8.1.10}$$

调相信号的表达式为

$$u_{PM}(t) = U_{cm} \cos[w_c t + k_p u_\Omega(t)] \tag{8.1.11}$$

其中，k_p为比例系数；初始相位$\phi(0) = 0$。

由式（8.1.9）～式（8.1.11）可知，调相信号的振幅恒定，瞬时相位是在随时间变化的载波相位$w_c t$上叠加了一个与调制信号成正比的相偏$\Delta\phi(t) = k_p u_\Omega(t)$；瞬时角频率是在固定载频$w_c$上叠加了一个与调制信号的导数成正比的角频偏$\Delta w(t) = k_p \frac{du_\Omega(t)}{dt}$。最大角频偏$\Delta w_m$和调相指数（最大相偏）$m_p$的定义如下。

最大角频偏Δw_m定义为

$$\Delta w_m = k_p \left| \frac{du_\Omega(t)}{dt} \right|_{max} \tag{8.1.12}$$

调相指数m_p定义为

$$m_p = k_p \left| u_\Omega(t) \right|_{max} \tag{8.1.13}$$

若调制信号为单频信号，即$u_\Omega(t) = U_{\Omega m} \cos \Omega t$，则由式（8.1.11）可写出相应的调相信号，即

$$\begin{aligned} u_{PM}(t) &= U_{cm} \cos(w_c t + k_p U_{\Omega m} \cos \Omega t) \\ &= U_{cm} \cos(w_c t + m_p \cos \Omega t) \end{aligned} \tag{8.1.14}$$

此时，最大角频偏Δw_m为

$$\Delta w_m = k_p U_{\Omega m} \Omega \tag{8.1.15}$$

调相指数m_p为

$$m_p = k_p U_{\Omega m} \tag{8.1.16}$$

由式（8.1.14）可以看出，调相指数m_p就是调相信号的最大相偏。

3. 调频信号与调相信号时域特性的比较

当调制信号分别为单频余弦波和三角波时，调频信号和调相信号的有关波形如图 8.1.1 所示。

根据调频信号和调相信号的时域表达式及波形可以得出以下几点结论。

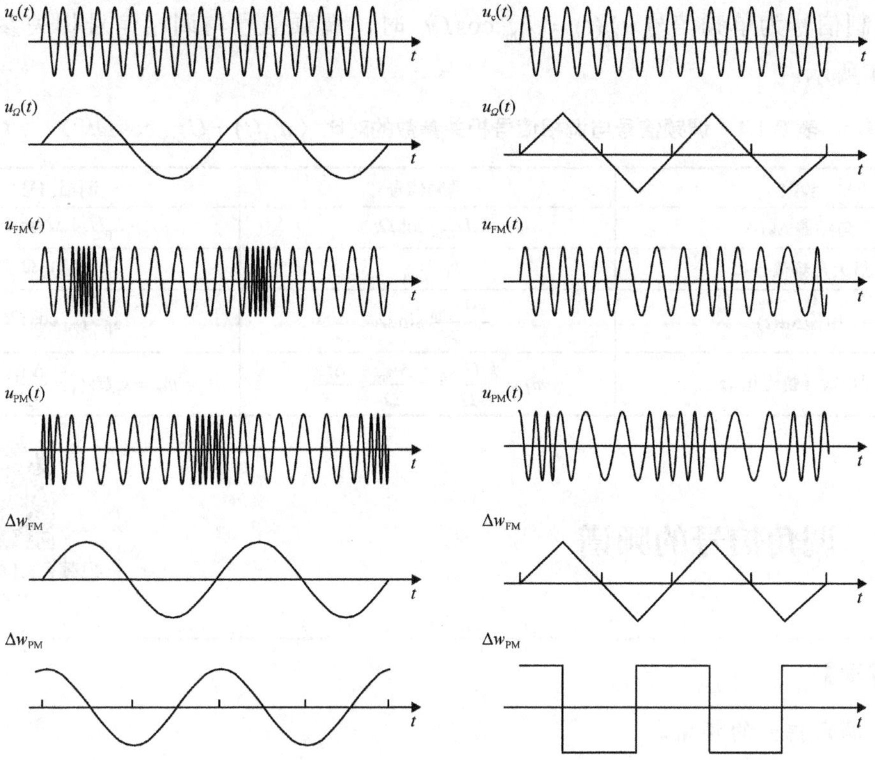

（a）调制信号为单频余弦波时的波形　　（b）调制信号为三角波时的波形

图 8.1.1　调频信号和调相信号的有关波形

（1）调频信号与调相信号的相同点如下。

① 二者都是等幅信号。

② 二者的频率和相位都随调制信号的变化而变化，均产生频偏与相偏，产生疏密波形。在正频偏最大处，即当瞬时频率最高时，对应的波形最密；在负频偏最大处，即当瞬时频率最低时，对应的波形最疏。

（2）调频信号与调相信号的不同点如下。

① 二者的频率和相位随调制信号变化的规律不一样，但是由于频率与相位是微积分的关系，因此二者有着密切的联系。

例如，对调频信号来说，角频偏 $\Delta w(t)=k_f u_\Omega(t)$，当调制信号最大时，对应的瞬时正频偏最大，波形最密；而对调相信号来说，角频偏 $\Delta w(t)=k_p\dfrac{du_\Omega(t)}{dt}$，当调制信号的电压变化率（斜率）最大时，对应的瞬时正频偏最大，波形最密。

② 调频信号的调频指数 m_f 与调制频率有关，最大角频偏与调制频率无关；调相信号的最大角频偏与调制频率有关，调相指数 m_p 与调制频率无关。

③ 从理论上来讲，调频信号的最大角频偏 $\Delta w_m < w_c$，由于载频 w_c 很大，因此 Δw_m 可以很大，即调制范围大；由于相位以 2π 为周期，因此调相信号的调相指数 $m_p < \pi$，即调制范围很小。

当调制信号为单频信号 $u_{\Omega}(t)=U_{\Omega\text{m}}\cos\Omega t$ 时，调频信号与调相信号相关参数的对比如表 8.1.1 所示。

表 8.1.1　调频信号与调相信号相关参数的对比（$u_{\Omega}(t)=U_{\Omega\text{m}}\cos\Omega t$ ）

参数	调频信号	调相信号
角频偏 $\Delta w(\text{t})$	$k_{\text{f}}U_{\Omega\text{m}}\cos\Omega t$	$-k_{\text{p}}U_{\Omega\text{m}}\Omega\sin\Omega t$
最大角频偏 Δw_{m}	$k_{\text{f}}U_{\Omega\text{m}}$	$k_{\text{p}}U_{\Omega\text{m}}\Omega$
相偏$\Delta\phi(t)$	$\dfrac{k_{\text{f}}U_{\Omega\text{m}}}{\Omega}\sin\Omega t$	$k_{\text{p}}U_{\Omega\text{m}}\cos\Omega t$
调制指数（最大相偏）	$m_{\text{f}}=\dfrac{k_{\text{f}}U_{\Omega\text{m}}}{\Omega}=\dfrac{\Delta w_{\text{m}}}{\Omega}=\dfrac{\Delta f_{\text{m}}}{F}$	$m_{\text{p}}=k_{\text{p}}U_{\Omega\text{m}}=\dfrac{\Delta w_{\text{m}}}{\Omega}=\dfrac{\Delta f_{\text{m}}}{F}$

视频：8.1.2 调角信号的频谱

8.1.2　调角信号的频谱

【导学】

- 调角信号的频谱。
- 调角信号频谱的特点。

由式（8.1.6）和式（8.1.14）可以看出，在单频调制时，调频信号与调相信号的时域表达式相似，仅瞬时相偏分别随余弦函数或正弦函数而变化，没有本质区别，因此可将调频信号与调相信号写成统一的调角信号表达式，即

$$u(t)=U_{\text{cm}}\cos(w_{\text{c}}t+m\sin\Omega t)\qquad(8.1.17)$$

其中，用调角指数 m 统一代替调频指数 m_{f} 与调相指数 m_{p}。

将式（8.1.17）进一步展开为

$$u(t)=U_{\text{cm}}\left[\cos(m\sin\Omega t)\cos w_{\text{c}}t-\sin(m\sin\Omega t)\sin w_{\text{c}}t\right]\qquad(8.1.18)$$

其中，$\cos(m\sin\Omega t)$ 和 $\sin(m\sin\Omega t)$ 是周期为 $T=\dfrac{2\pi}{\Omega}$ 的特殊函数，可分别展开为级数形式：

$$\begin{aligned}\cos(m\sin\Omega t)&=\text{J}_0(m)+2\text{J}_2(m)\cos2\Omega t+2\text{J}_4(m)\cos4\Omega t+\cdots\\&=\text{J}_0(m)+2\sum_{n=1}^{\infty}\text{J}_{2n}(m)\cos2n\Omega t\end{aligned}\qquad(8.1.19)$$

$$\begin{aligned}\sin(m\sin\Omega t)&=2\text{J}_1(m)\sin\Omega t+2\text{J}_3(m)\sin3\Omega t+2\text{J}_5(m)\sin5\Omega t+\cdots\\&=2\sum_{n=0}^{\infty}\text{J}_{2n+1}(m)\sin(2n+1)\Omega t\end{aligned}\qquad(8.1.20)$$

其中，$\text{J}_n(m)$是宗数为 m 的 n 阶第一类贝塞尔函数（Bessel Function）。当 m 和 n 一定时，

$J_n(m)$有固定的系数，其值可以由曲线和函数表查出。图 8.1.2 给出了宗数为 m 的 n 阶第一类贝塞尔函数的曲线。

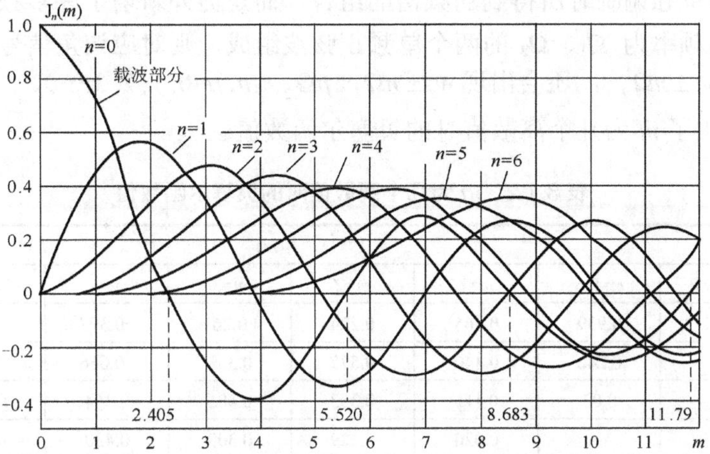

图 8.1.2 宗数为 m 的 n 阶第一类贝塞尔函数的曲线

将式（8.1.19）和式（8.1.20）代入式（8.1.18），可得

$$u(t)=U_{\mathrm{cm}}\left[\mathrm{J}_0(m)+2\sum_{n=1}^{\infty}\mathrm{J}_{2n}(m)\cos 2n\Omega t\right]\cos w_{\mathrm{c}}t-U_{\mathrm{cm}}\left[2\sum_{n=0}^{\infty}\mathrm{J}_{2n+1}(m)\sin(2n+1)\Omega t\right]\sin w_{\mathrm{c}}t \tag{8.1.21}$$

由式（8.1.21）和贝塞尔函数的特点可以看出，单频调角信号的频谱具有以下几个特点。

（1）单频调角信号的频谱是由无穷多个频率分量组成的，包括载频分量 w_{c} 和无穷多对边频分量 $w_{\mathrm{c}}\pm n\Omega$（$n$=1,2,3,…），各频率分量的振幅为 $\mathrm{J}_n(m)U_{\mathrm{cm}}$（$n$=0,1,2,3,…），其中 U_{cm}是调角信号的振幅。

当 n 为偶数时，对称分布在载频 w_{c} 两侧的一对边频分量的振幅相同、相位也相同；当 n 为奇数时，对称分布在载频 w_{c} 两侧的一对边频分量的振幅相同、相位相反。

（2）调角指数 m 确定后，各边频分量的振幅不是随着 n 单调变化的，而且有时为零。这是因为各阶贝塞尔函数随着 m 的增大而变化的规律均为衰减振荡，而各边频分量的振幅与对应阶贝塞尔函数成正比。

（3）随着调角指数 m 的增大，具有较大振幅的边频分量的数量增加，载频分量振幅呈衰减振荡趋势，在个别地方（如 m=2.405,5.520），载频分量为零。

（4）对于任何 m 值，均有 $\sum_{n=-\infty}^{\infty}\mathrm{J}_n(m)^2=1$。若调角信号的振幅 U_{cm}不变，调角指数 m 变化，则调角信号消耗在电阻 R 上的总功率 P_{o}（$P_{\mathrm{o}}=\dfrac{{U_{\mathrm{cm}}}^2}{2R}$）不变，但载频与各边频分量的功率将重新分配。

综合以上所述特点，说明调角是完全不同于调幅的一种非线性频率变换过程。显然，作为调角的逆过程，角度解调也是一种非线性频率变换过程。

对由众多频率分量组成的一般调制信号来说，调角信号的总频谱并不仅仅是调制信号中每个频率分量单独调制时所得到的频谱的组合，而是另外新增了许多频率分量。例如，若调制信号由角频率为 Ω_1、Ω_2 的两个单频正弦波组成，则对应调角信号的频率分量不仅有 $w_c \pm n\Omega_1$ 和 $w_c \pm n\Omega_2$ ，还会出现 $w_c \pm n\Omega_1 \pm p\Omega_2$（$n, p$=0, 1, 2, 3,…）。

表 8.1.2 给出了 m 为几个离散值时的贝塞尔函数值。

表 8.1.2　m 为几个离散值时的贝塞尔函数值

n	$J_n(m)$							
	m=0	m=0.5	m=1	m=2	m=3	m=4	m=5	m=6
0	1	0.939	0.765	0.224	−0.261	−0.397	−0.178	0.151
1	—	0.242	0.440	0.577	0.339	−0.066	−0.328	−0.277
2	—	0.03	0.115	0.353	0.486	0.364	0.047	−0.243
3	—	—	0.020	0.129	0.309	0.430	0.365	0.115
4	—	—	0.003	0.034	0.132	0.281	0.391	0.358
5	—	—	—	0.007	0.043	0.132	0.261	0.362
6	—	—	—	0.001	0.011	0.049	0.131	0.246
7	—	—	—	—	0.003	0.015	0.053	0.130
8	—	—	—	—	—	0.004	0.018	0.057

视频：8.1.3 调角信号的带宽

8.1.3　调角信号的带宽

【导学】

➢ 调角信号带宽的分析。

➢ 调角信号带宽的计算。

根据调角信号的频谱特点可以看出，虽然理论上其频带无限宽，但具有较大振幅的频率分量还是集中在载频附近，且上、下边频在振幅上是对称的。

当调角指数 $m \ll 1$ 时（工程上只需 $m < 0.25$），相应的调角信号称为窄带调角信号，满足以下条件：

$$\cos(m\sin\Omega t) \approx 1 \qquad \sin(m\sin\Omega t) \approx m\sin\Omega t$$

因此，式（8.1.18）可进一步简化为

$$\begin{aligned} u(t) &= U_{cm}\left(\cos w_c t - m\sin\Omega t\sin w_c t\right) \\ &= U_{cm}\left[\cos w_c t + \frac{m}{2}\cos(w_c+\Omega)t - \frac{m}{2}\cos(w_c-\Omega)t\right] \end{aligned} \tag{8.1.22}$$

由式（8.1.22）可知，窄带调角信号的频谱由载频和一对振幅相同、相位相反的上下边频组成，带宽为

$$\mathrm{BW}=2\Omega \text{ 或 } \mathrm{BW}=2\frac{\Omega}{2\pi}=2F \qquad (8.1.23)$$

对于非窄带调角信号，通常定义其有效带宽为

$$\mathrm{BW}=2(m+1)\Omega \text{ 或 } \mathrm{BW}=2(m+1)\frac{\Omega}{2\pi}=2(m+1)F \qquad (8.1.24)$$

从表 8.1.2 中可以看出，m+1 以上各阶边频的振幅均小于调角信号振幅的 10%，故可以忽略。

对于调制信号为多频信号时的调角信号，将其中的最高调制频率代入式（8.1.23）和式（8.1.24），即可求得调角信号的带宽。

例题 8.1.1

已知调制信号的最低频率 $F_{\min}=20\mathrm{Hz}$，最高频率 $F_{\max}=15\mathrm{kHz}$，要求最大频偏 $\Delta f_{\mathrm{m}}=45\mathrm{kHz}$。

（1）求相应调频信号的调频指数 m_{f}、带宽 BW。

（2）求相应调相信号的调相指数 m_{p}、带宽 BW。

解：（1）当调制信号为单频信号时，相应调频信号的调频指数 m_{f} 和最大角频偏 Δw_{m} 分别为

$$m_{\mathrm{f}}=\frac{k_{\mathrm{f}}U_{\Omega\mathrm{m}}}{\Omega}$$

$$\Delta w_{\mathrm{m}}=k_{\mathrm{f}}U_{\Omega\mathrm{m}}$$

根据以上两式，可得

$$m_{\mathrm{f}}=\frac{\Delta w_{\mathrm{m}}}{\Omega}=\frac{\Delta f_{\mathrm{m}}}{F}$$

因此，若调制信号为非单频信号，最低调制频率为 $F_{\min}=20\mathrm{Hz}$，最高调制频率为 $F_{\max}=15\mathrm{kHz}$，则对应的调频指数 m_{f} 也是一个范围段。

调频信号的调频指数 m_{f} 的最大值为

$$m_{\mathrm{fmax}}=\frac{\Delta f_{\mathrm{m}}}{F_{\min}}=\frac{45\times10^{3}}{20}=2250$$

调频信号的调频指数 m_{f} 的最小值为

$$m_{\mathrm{fmin}}=\frac{\Delta f_{\mathrm{m}}}{F_{\max}}=\frac{45\times10^{3}}{15\times10^{3}}=3$$

因此，调频信号的带宽为

$$BW = 2(m_{fmin} + 1)F_{max} = 2 \times (3+1) \times 15 \times 10^3 Hz = 120kHz$$

（2）当调制信号为单频信号时，相应调相信号的调相指数 m_p 为

$$m_p = k_p U_{\Omega m}$$

可见，调相信号的调相指数 m_p 与调制频率无关。

相应调相信号的最大角频偏 Δw_m 为

$$\Delta w_m = k_p U_{\Omega m} \Omega$$

可见，调相信号的最大角频偏 Δw_m 与调制频率成正比。

根据以上两式，可得

$$m_p = \frac{\Delta w_m}{\Omega} = \frac{\Delta f_m}{F}$$

因此，调相信号的调相指数 m_p 的最大值为

$$m_{pmax} = \frac{\Delta f_m}{F_{min}} = \frac{45 \times 10^3}{20} = 2250$$

调相信号的调相指数 m_p 的最小值为

$$m_{pmin} = \frac{\Delta f_m}{F_{max}} = \frac{45 \times 10^3}{15 \times 10^3} = 3$$

故调相信号的带宽为

$$BW = 2(m_{pmin} + 1)F_{max} = 2 \times (3+1) \times 15 \times 10^3 Hz = 120kHz$$

例题 8.1.2

已知调制信号为 $u_\Omega(t) = U_{\Omega m} \cos 2\pi \times 10^3 t V$，调频指数为 $m_f = 20$，调相指数为 $m_p = 10$。

（1）求相应调频信号的最大频移 Δf_m、带宽 BW。

（2）求相应调相信号的最大频移 Δf_m、带宽 BW。

解：（1）根据已知条件可知，调制信号的频率 $F=10^3$Hz。

对于调频信号：

$$\Delta f_m = m_f F = 20 \times 10^3 Hz = 20kHz$$

$$BW = 2(1 + m_f)F = 2 \times (1+20) \times 10^3 Hz = 42kHz$$

（2）对于调相信号：

$$\Delta f_m = m_p F = 10 \times 10^3 Hz = 10kHz$$

$$BW = 2(1 + m_p)F = 2 \times (1+10) \times 10^3 Hz = 22kHz$$

例题 8.1.3

已知一调角信号的表达式为

$$u = 10\cos(2\pi \times 10^6 t + 6\sin 4\pi \times 10^3 t)$$

（1）求载波频率。

（2）求调制信号频率。

（3）求最大频移。

（4）求信号带宽。

（5）求该调角信号在单位电阻上消耗的平均功率。

解： 调角信号表达式可进一步写为

$$u = 10\cos(2\pi \times 10^6 t + 6\sin 4\pi \times 10^3 t) = U_{cm}\cos(w_c t + m\sin \Omega t)$$

（1）载波频率：

$$f_c = \frac{w_c}{2\pi} = \frac{2\pi \times 10^6}{2\pi}\text{Hz} = 10^6\text{Hz}$$

（2）调制信号频率：

$$F = \frac{\Omega}{2\pi} = \frac{4\pi \times 10^3}{2\pi}\text{Hz} = 2 \times 10^3\text{Hz}$$

（3）最大频移：

$$\Delta f_m = mF = 6 \times 2 \times 10^3\text{Hz} = 12 \times 10^3\text{Hz}$$

（4）信号带宽：

$$\text{BW} = 2(1+m)F = 2 \times (1+6) \times 2 \times 10^3\text{Hz} = 28 \times 10^3\text{Hz}$$

（5）该调角信号在单位电阻上消耗的平均功率：

$$P_o = \frac{U_{cm}{}^2}{2R} = \frac{10^2}{2 \times 1}\text{W} = 50\text{W}$$

△8.2　调角与解调原理

视频：8.2.1 调角信号的调制原理

8.2.1　调角信号的调制原理

【导学】

- 调频原理。
- 调相原理。

1．调频原理

实现调频的方式一般有两种：直接调频和间接调频。

（1）直接调频。

根据调频信号的瞬时频率与调制信号呈线性关系这一基本特性，可以将调制信号作为压控振荡器的控制电压，使其产生的振荡频率随调制信号的规律变化，压控振荡器的中心频率即载波频率。这是实现调频的最直接的方式，故称直接调频。

（2）间接调频。

先对调制信号 $u_{\Omega}(t)$进行积分，得到$u_1(t)=\int_0^t u_{\Omega}(\tau)\mathrm{d}\tau$；然后将 $u_1(t)$作为调制信号，对载频信号进行调相，可得

$$u(t)=U_{\mathrm{cm}}\cos\left[w_{\mathrm{c}}t+k_{\mathrm{p}}u_1(t)\right]=U_{\mathrm{cm}}\cos\left[w_{\mathrm{c}}t+k_{\mathrm{p}}\int_0^t u_{\Omega}(\tau)\mathrm{d}\tau\right] \tag{8.2.1}$$

对照调频信号的表达式，对 $u_{\Omega}(t)$来说，式（8.2.1）是一个调频信号表达式。

将调制信号积分后调相是实现调频的另外一种方式，称为间接调频。或者说，间接调频是借用调相的方式来实现调频的。间接调频的原理框图如图 8.2.1 所示。

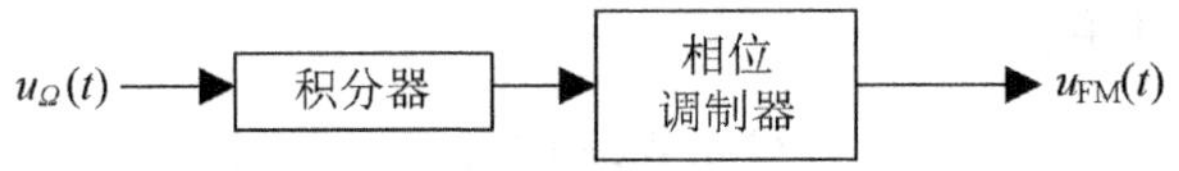

图 8.2.1 间接调频的原理框图

2．调相原理

调相的基本原理是使角频率为w_{c}的高频载波信号$u_{\mathrm{c}}(t)$通过一个可控相移网络，且可控相移网络产生的相移$\Delta\phi$受调制信号$u_{\Omega}(t)$的控制，即满足关系式$\Delta\phi=k_{\mathrm{p}}u_{\Omega}(t)$，可控相移网络的输出即调相信号，其表达式为

$$\begin{aligned}u_{\mathrm{PM}}(t)&=U_{\mathrm{cm}}\cos\left[w_{\mathrm{c}}t+k_{\mathrm{p}}u_{\Omega}(t)\right]\\&=U_{\mathrm{cm}}\cos\left\{w_{\mathrm{c}}\left[t+\frac{k_{\mathrm{p}}}{w_{\mathrm{c}}}u_{\Omega}(t)\right]\right\}\\&=U_{\mathrm{cm}}\cos\left[w_{\mathrm{c}}(t-\tau)\right]\end{aligned} \tag{8.2.2}$$

其中，$\tau=-\frac{k_{\mathrm{p}}}{w_{\mathrm{c}}}u_{\Omega}(t)=k_{\mathrm{d}}u_{\Omega}(t)$，$k_{\mathrm{d}}=-\frac{k_{\mathrm{p}}}{w_{\mathrm{c}}}$为比例系数。

式（8.2.2）将调相信号表示成一个可控时延信号，时延τ与调制信号 $u_{\Omega}(t)$成正比。可见，时延与相移在本质上是一样的。

可控相移网络调相原理框图如图 8.2.2 所示。将图 8.2.2 中的可控相移网络改为可控时延网络，也可实现调相。

图 8.2.2　可控相移网络调相原理框图

视频：8.2.2 调角信号的解调原理

8.2.2　调角信号的解调原理

【导学】

- 鉴频原理。
- 鉴相原理。

1. 鉴频原理

由调频信号的表达式 $u_{FM}(t)=U_{cm}\cos[w_c t+k_f\int_0^t u_\Omega(\tau)d\tau]$ 可以看出，要从调频信号中直接提取与 $u_\Omega(t)$成正比的电压信号是比较困难的。通常采用以下两种间接方法来实现鉴频。

（1）先将调频信号通过频幅转换网络转换为调频-调幅信号，然后利用包络检波法提取出调制信号，如图 8.2.3（a）所示。

（2）先将调频信号通过频相转换网络转换为调频-调相信号，然后利用乘积鉴相法提取出调制信号，如图 8.2.3（b）所示。

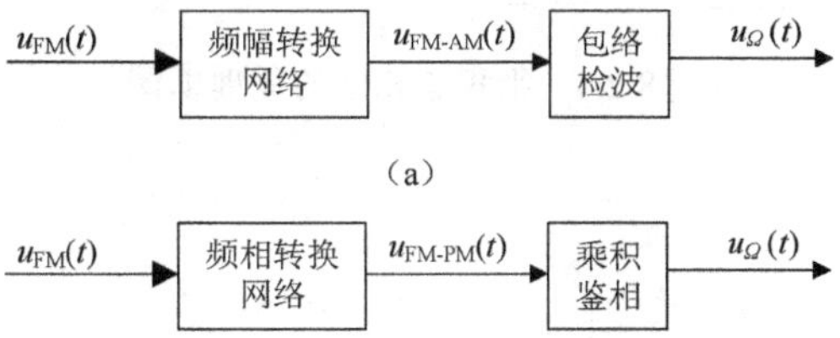

（b）

图 8.2.3　鉴频的原理框图

2. 鉴相原理

乘积鉴相法是最常用的解调方法。假设调相信号 $u_{PM}(t)=U_{cm}\cos[w_c t+\Delta\phi(t)]$，其中，$\Delta\phi(t)=k_p u_\Omega(t)$；同步信号 $u_r(t)=U_{rm}\cos(w_c t+\frac{\pi}{2})=-U_{rm}\sin w_c t$，与载波信号的相位相差 $\frac{\pi}{2}$。将调相信号与同步信号相乘，可得

$$\begin{aligned}u_o(t)&=ku_{PM}(t)u_r(t)\\&=-kU_{cm}U_{rm}\cos\left[w_c t+\Delta\phi(t)\right]\sin w_c t\\&=\frac{kU_{cm}U_{rm}}{2}\left\{\sin\Delta\phi(t)-\sin\left[2w_c t+\Delta\phi(t)\right]\right\}\end{aligned}\tag{8.2.3}$$

利用低通滤波器取出 $u_o(t)$中的低频分量，可得

$$
\begin{aligned}
u_{o1}(t) &= \frac{kU_{cm}U_{rm}}{2}\sin\Delta\phi(t) \\
&\approx \frac{kU_{cm}U_{rm}}{2}\Delta\phi(t) \\
&= \frac{kU_{cm}U_{rm}k_p}{2}u_\Omega(t) \propto u_\Omega(t)
\end{aligned}
\tag{8.2.4}
$$

其中，$|\Delta\phi(t)| \leqslant \frac{\pi}{6}$；$k$ 为模拟乘法器的增益，低通滤波器的增益为 1。

由式（8.2.4）可以看出，乘积鉴相法的线性鉴相范围较小，只能解调 $m_p \leqslant \frac{\pi}{6}$ 的调相信号。

乘积鉴相法的原理框图如图 8.2.4 所示。由于相乘的两个信号具有 90º 的固定相位差，因此又将这种方法称为正交乘积鉴相。

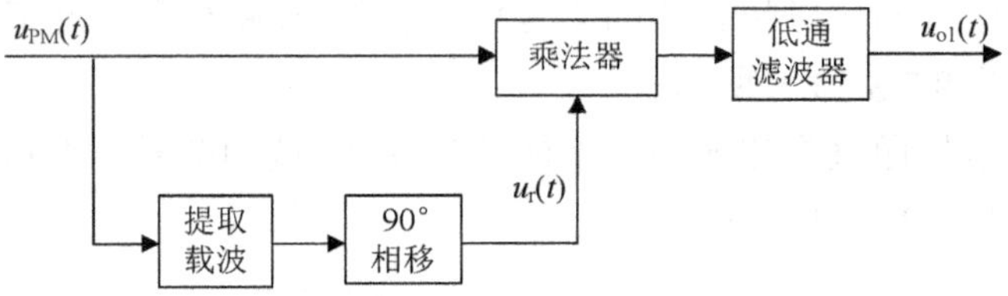

图 8.2.4　乘积鉴相法的原理框图

8.3　调频电路

视频：8.3.1 调频电路的主要性能指标

8.3.1　调频电路的主要性能指标

【导学】

- ➢ 调频线性特性。
- ➢ 调频灵敏度。
- ➢ 最大线性频偏。
- ➢ 载频稳定度。

1．调频线性特性

调频电路输出信号的瞬时频偏与调制电压的关系称为调频特性。在理想情况下，调频特性应该是线性的，然而，在实际电路中，总会产生一些非线性失真，应尽量采取措施使其减小。

2. 调频灵敏度

由单位调制电压变化产生的角频偏称为调频灵敏度 S_{f}，即 $S_{\mathrm{f}}=\dfrac{\mathrm{d}w}{\mathrm{d}u_{\Omega}(t)}$。在线性调频范围内，$S_{\mathrm{f}}$ 相当于调频信号表达式 $u_{\mathrm{FM}}(t)=U_{\mathrm{cm}}\cos[w_{\mathrm{c}}t+k_{\mathrm{f}}\int_0^t u_{\Omega}(\tau)\mathrm{d}\tau]$ 中的 k_{f}。

3. 最大线性调制频偏（简称最大线性频偏）

在实际电路中，调频特性从整体上看是非线性的，其中的线性部分能够实现的最大频偏称为最大线性频偏。为了避免符号过多，最大线性频偏仍然采用最大频偏的符号 Δf_{m}。

由调频指数的表达式 $m_{\mathrm{f}}=\dfrac{\Delta f_{\mathrm{m}}}{F}$ 和带宽的表达式 $\mathrm{BW}=2(m_{\mathrm{f}}+1)F=2(\Delta f_{\mathrm{m}}+F)$ 可知，最大频偏 Δf_{m} 与调频指数和带宽都有着密切的关系。不同的调频系统要求不同的最大线性频偏，调频电路能够达到的最大线性频偏应满足要求。例如，调频广播系统要求的最大线性频偏为 75kHz，调频电视伴音系统要求的最大线性频偏为 50kHz。假设调频广播系统的最高音频为 15kHz，则其带宽 $\mathrm{BW}=2\times(75+15)\,\mathrm{kHz}=180\mathrm{kHz}$。

4. 载频稳定度

调频电路的载频（中心频率）稳定度是接收电路能够正常工作且不会造成邻近信道相互干扰的重要保证。不同的调频系统对载频稳定度的要求是不同的。例如，调频广播系统要求载频漂移不超过±2kHz，调频电视伴音系统要求载频漂移不超过±500Hz。

视频：8.3.2 直接调频电路

8.3.2 直接调频电路

> **【导学】**
>
> - 变容二极管调频电路的原理与特点。
> - 晶振变容二极管调频电路的原理与特点。
> - 扩展直接调频电路最大线性频偏的方法。

变容二极管调频电路是广泛采用的一种直接调频电路，为了提高载频稳定度，可以加入石英晶振，但加入石英晶振又会使最大线性频偏减小，采取倍频和混频措施可以扩展晶振变容二极管调频电路的最大线性频偏。

1. 变容二极管调频电路

例题 5.4.1 讨论的变容二极管压控振荡器实际上就是一个变容二极管调频电路，其振荡回路由一个电感、一个变容二极管和两个电容组成。

为简化分析，假设变容二极管调频电路的振荡回路仅包括一个等效电感 L 和一个变容二极管组成的等效电容 C_{j}，则在单频调制信号 $u_{\Omega}(t)=U_{\Omega\mathrm{m}}\cos\Omega t$ 的作用下，振荡回路的振荡角频率可写为以下形式：

$$w(t)=\frac{1}{\sqrt{LC_{\mathrm{j}}}}=\frac{1}{\sqrt{\dfrac{LC_{\mathrm{j}Q}}{(1+m\cos\Omega t)^{n}}}} \tag{8.3.1}$$

$$=w_{\mathrm{c}}(1+m\cos\Omega t)^{\frac{n}{2}}=w_{\mathrm{c}}(1+x)^{\frac{n}{2}}$$

其中，$C_{\mathrm{j}}=\dfrac{C_{\mathrm{j}Q}}{(1+m\cos\Omega \mathrm{t})^{n}}$；$C_{\mathrm{j}Q}$ 为变容二极管的静态结电容；m 为变容二极管的结电容调制度；$w_{\mathrm{c}}=\dfrac{1}{\sqrt{LC_{\mathrm{j}Q}}}$ 为 $u_{\Omega}(t)=0$ 时的振荡角频率，即调频电路的中心角频率；$x=m\cos\Omega t=\dfrac{u_{\Omega}(t)}{U_{\mathrm{B}}+U_{Q}}$ 是归一化调制信号电压，而且 $|x|\leqslant 1$，U_{B} 为变容二极管 PN 结的内建电位差，U_{Q} 为变容二极管工作时所需外加的负静态直流偏置电压；n 为变容二极管的变容指数。

在式（8.3.1）中，当变容二极管的变容指数 $n=2$ 时，可得到以下表达式：

$$w(t)=w_{\mathrm{c}}(1+x)=w_{\mathrm{c}}\left[1+\frac{u_{\Omega}(t)}{U_{\mathrm{B}}+U_{Q}}\right] \tag{8.3.2}$$

此时角频偏为

$$\Delta w(t)=\frac{w_{\mathrm{c}}u_{\Omega}(t)}{U_{\mathrm{B}}+U_{Q}}\propto u_{\Omega}(t) \tag{8.3.3}$$

这种情况称为线性调频，没有非线性失真。

当 $n\neq 2$ 时，式（8.3.1）可展开为

$$w(t)=w_{\mathrm{c}}\left[1+\frac{n}{2}x+\frac{1}{2!}\frac{n}{2}(\frac{n}{2}-1)x^{2}+\frac{1}{3!}\frac{n}{2}(\frac{n}{2}-1)(\frac{n}{2}-2)x^{3}+\cdots\right] \tag{8.3.4}$$

此时线性角频偏为

$$\Delta w(t)=\frac{nxw_{\mathrm{c}}}{2}=\frac{nw_{\mathrm{c}}u_{\Omega}(t)}{2(U_{\mathrm{B}}+U_{Q})}\propto u_{\Omega}(t) \tag{8.3.5}$$

在式（8.3.4）中，右边第 3 项及其以后的各项一方面将产生与调制信号 $u_{\Omega}(t)$ 的 2 次方及其以上各次方有关的角频偏（这些将产生调制特性的非线性失真）；另一方面将使载频（中心频率）产生一个附加偏移，导致载频稳定度降低。由式（8.3.4）和式（8.3.5）可知，非线性失真和载频偏移将随着 m 及 n 与 2 之间差值的增大而增大。

根据式（8.3.3）与式（8.3.5），可以写出统一的最大线性角频偏表达式：

$$\Delta w_{\mathrm{m}}=\frac{nmw_{\mathrm{c}}}{2} \tag{8.3.6}$$

根据式（8.3.3）与式（8.3.5），也可以写出统一的调频灵敏度表达式：

$$S_{\mathrm{f}}=\frac{\mathrm{d}\left[\Delta w(t)\right]}{\mathrm{d}u_{\Omega}}=\frac{nw_{\mathrm{c}}}{2(U_{\mathrm{B}}+U_{Q})} \tag{8.3.7}$$

式（8.3.6）可进一步写为

$$\frac{\Delta w_{\mathrm{m}}}{w_{\mathrm{c}}}=\frac{\Delta f_{\mathrm{m}}}{f_{\mathrm{c}}}=\frac{nm}{2} \tag{8.3.8}$$

由式（8.3.8）可知，当 n 确定后，最大相对线性角频偏 $\frac{\Delta w_{\mathrm{m}}}{w_{\mathrm{c}}}$ 与结电容调制度 m 成正比。当增大结电容调制度 m 时，最大相对线性角频偏将会增大，但是也会导致非线性失真增大，载频稳定度降低，因此，最大相对线性角频偏受到结电容调制度 m 的限制。

在实际电路中，通常采用变容二极管部分接入回路的方式，图 5.4.3（a）所示的变容二极管压控振荡器就是一个例子。在这种情况下，加在变容二极管上的调制电压对整个 LC 谐振回路的影响减小，因此调频电路的最大线性频偏和非线性失真将有所减小，各种因素引起的载频不稳定性也有所减弱。读者可自行推导出有关表达式。

图 8.3.1 所示为另一种变容二极管部分接入调频电路，电路中采用了两个相同的变容二极管背靠背的连接方式，这也是一种常用方式。

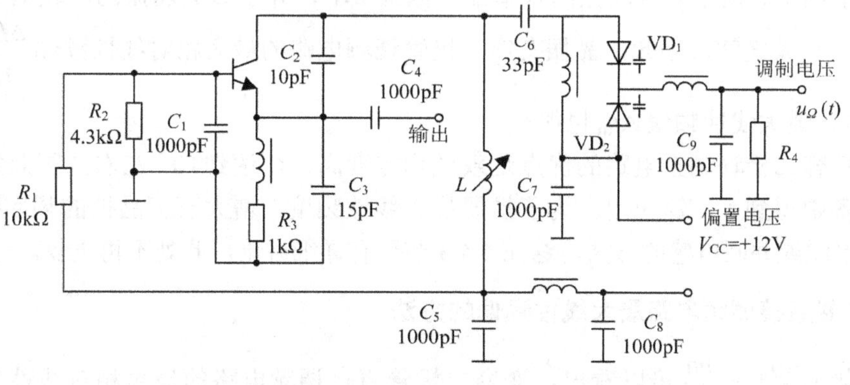

图 8.3.1 另一种变容二极管部分接入调频电路

在图 8.3.1 中，变容二极管的直流偏压中不仅有低频调制电压，还有回路中的高频振荡电压，因此，变容二极管的实际电容受到高频振荡电压的影响。如果高频振荡电压的振幅太大，则可能使叠加后的电压在某些时刻造成变容二极管正偏。如果采用两个变容二极管背靠背的连接方式，则两管对高频振荡电压来说是串联的，此时，加在每个变容二极管上的高频振荡电压的振幅将减半。

另外，两个变容二极管上的高频振荡电压的相位相反，由于 C_{j}-u 曲线的非线性特性，这虽然对结电容产生的高频影响不能完全抵消，但也能抵消一部分。对直流偏置电压和低频调制电压来说，两个变容二极管是并联关系，故工作状态不受影响。这种方式的缺点是调频灵敏度有所降低，因为两个变容二极管串联后，总的结电容减半，在相同调制电压的作用下，产生的结电容变化量减小，所以偏移量 $\Delta w(t)$ 也减小。变容二极管上叠加的高频振荡电压对结电容的影响如图 8.3.2 所示。

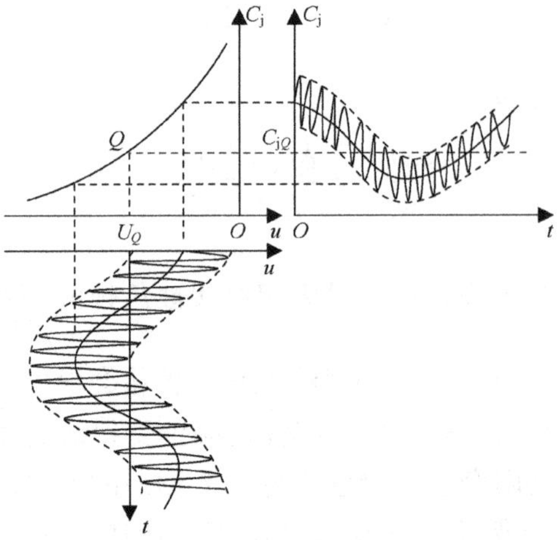

图 8.3.2　变容二极管上叠加的高频振荡电压对结电容的影响

2．晶振变容二极管调频电路

在晶振变容二极管调频电路中，通常采用石英晶振与变容二极管串联的形式，如图 5.4.4 给出的一个例子。由于石英晶振的频率控制范围很窄，介于石英晶振的串联谐振频率 f_s 与并联谐振频率 f_p 之间，因此，晶振变容二极管调频电路的最大相对线性频偏 $\frac{\Delta f_m}{f_c}$ 只能达到 0.01%左右，最大线性频偏 Δf_m 也很小。

晶振变容二极管调频电路的优点是载频稳定度高，可达到10^{-5}左右，因此它在调频通信发送设备中得到了广泛应用。为了扩展最大线性频偏，增大石英晶振的频率控制范围，可以采用串联或并联电感的方法，这在 5.4.3 节已有详细讨论，此处不再重复。

3．扩展直接调频电路最大线性频偏的方法

由 $\frac{\Delta w_m}{w_c}=\frac{\Delta f_m}{f_c}=\frac{nm}{2}$ 可以看出，变容二极管直接调频电路的最大相对线性频偏 $\frac{\Delta f_m}{f_c}$ 受变容二极管参数的限制。晶振直接调频电路的最大相对线性频偏也受石英晶振特性的限制。显然，提高载频是扩展最大线性频偏最直接的方法。例如，当载频 $f_c=100\text{MHz}$ 时，即使最大相对线性频偏（$\frac{\Delta f_m}{f_c}$）仅为0.01%，最大线性频偏（Δf_m）也可达到10kHz，这对于一般语音通信足够了。

若要进一步扩展最大线性频偏，则可以采用倍频和混频的方法。假设调频电路产生的单频调频信号的瞬时角频率为

$$w_1=w_c+k_f U_{\Omega m}\cos\Omega t=w_c+\Delta w_m\cos\Omega t \tag{8.3.9}$$

则经过 n 倍频电路之后，瞬时角频率变为

$$w_2 = nw_c + n\Delta w_m \cos\Omega t \tag{8.3.10}$$

由式（8.3.10）可知，n 倍频电路可将调频信号的载频和最大线性角频偏同时扩展为原来的 n 倍，但最大相对线性频偏（$\frac{n\Delta f_m}{nf_c} = \frac{\Delta f_m}{f_c}$）仍然保持不变。

若将瞬时角频率为 w_2 的调频信号与固定角频率为 $w_3 = (n+1)w_c$ 的高频余弦信号混频，则差频为

$$w_4 = w_3 - w_2 = w_c - n\Delta w_m \cos\Omega t \tag{8.3.11}$$

由以上分析可知，混频能使调频信号的最大线性角频偏保持不变，最大相对线性频偏（$\frac{n\Delta f_m}{f_c}$）发生变化。

综合以上分析，将直接调频电路、倍频电路和混频电路组合起来，可使产生的调频信号的载频不变，最大线性频偏扩展为原来的 n 倍。

如果将直接调频电路的中心频率提高为原来的 n 倍，保持最大相对线性频偏不变，则能够直接得到瞬时角频率为 w_2 的调频信号，从而省去倍频电路。图 8.3.3 给出了扩展直接调频电路最大线性频偏的原理框图。

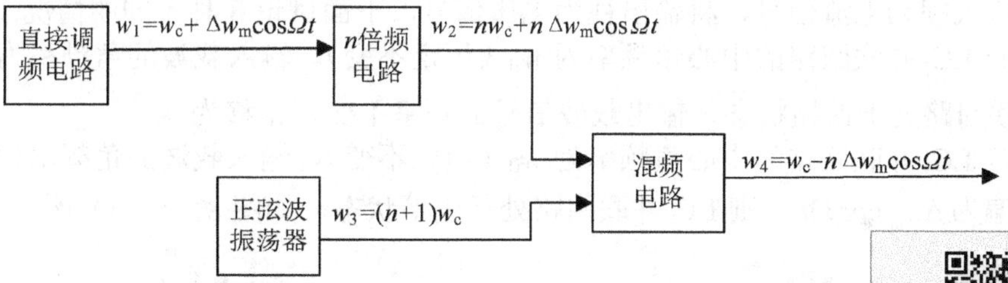

图 8.3.3　扩展直接调频电路最大线性频偏的原理框图

视频：8.3.3 间接调频电路

8.3.3　间接调频电路

【导学】

- ➢ 变容二极管相移网络的原理。
- ➢ 扩展间接调频电路最大线性频偏的方法。

根据 8.2.1 节所述的间接调频的原理，由于积分电路可以用简单的 RC 积分电路实现，因此，可控相移网络是间接调频电路的关键部分。可控相移网络有多种实现电路，其中，变容二极管相移网络是应用最广泛的一种。

1. 变容二极管相移网络

图 8.3.4（a）所示为变容二极管相移网络的实用电路，图 8.3.4（b）所示为其高频交

流通路。

对高频载波信号来说，C_1、C_3、C_4 三个 0.001μF 的小电容起到短路的作用；对低频调制信号来说，C_1、C_4 两个 0.001μF 的小电容起到断路的作用，4.7μF 的电容 C_2 起到短路的作用，电感 L 起到短路的作用，R_3 与 C_3 可视为一个低通滤波器。

在图 8.3.4（a）中，假设调制信号 $u_\Omega(t)=U_{\Omega m}\cos\Omega t$ 通过电容 C_2 耦合到变容二极管上，则由电感 L 和变容二极管 C_j 组成的并联回路的中心角频率 $w(t)$ 将随调制信号的变化而变化。那么，当角频率为 w_c 的载波信号通过这个并联回路后，会发生什么变化呢？

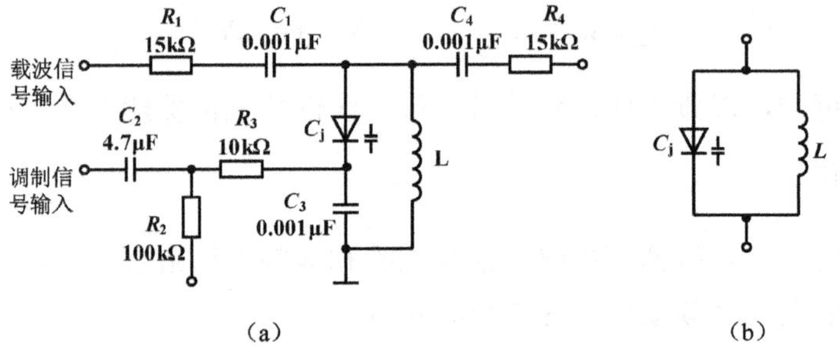

图 8.3.4　变容二极管相移网络

LC_j 并联回路的中心角频率 $w(t)$ 与输入信号的中心角频率 w_c 的相互变化关系如图 8.3.5 所示，将输入视为电流信号，将输出视为电压信号，下面讨论 3 种不同的情况。

（1）若 LC_j 并联回路的中心角频率为 w_0（恒定不变），输入载波的角频率为 $w_c=w_0$，则 LC_j 并联回路处于谐振状态，输出载波信号的频率不变、相移为零。

（2）若 LC_j 并联回路的中心角频率为 w_0（恒定不变），输入载波的角频率为 $w_c=w_0$，瞬时角频偏为 $\Delta w_m\cos\Omega t$，则 LC_j 并联回路处于失谐状态，如图 8.3.5（a）所示。

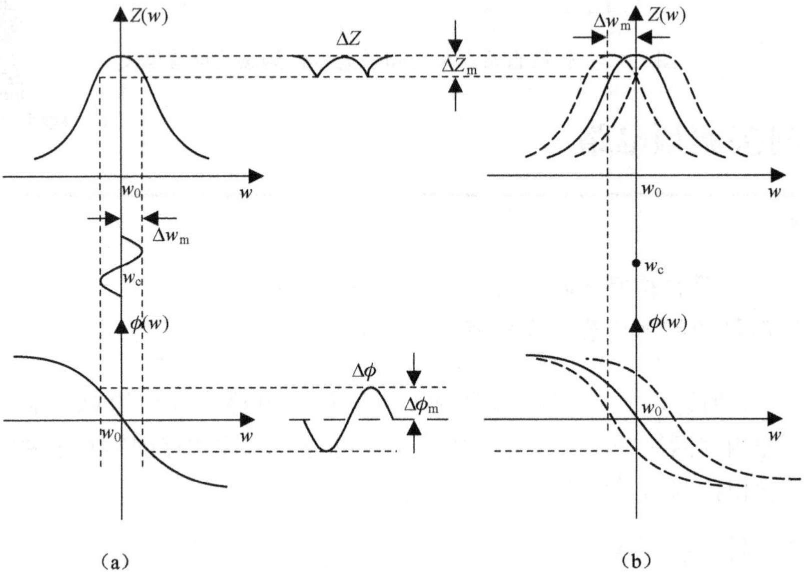

图 8.3.5　LC_j 并联回路的中心角频率 $w(t)$ 与输入信号的中心角频率 w_c 的相互变化关系

w_0 附近的幅频特性曲线比较平坦，因此阻抗的幅值变化（ΔZ）不大，最大变化量为 ΔZ_m。假设输入电流振幅恒为 I；输出电压振幅不是恒定的，它产生的最大变化量为 $\Delta U_m = \Delta Z_m I$，则 w_0 附近的相频特性曲线比较陡峭，因此产生的相移变化 $\Delta\phi$ 会很大，最大变化量为 $\pm\Delta\phi_m$，即输出电压的相位与输入电流的相位不同，有一个最大相移为 $\pm\Delta\phi_m$ 的相位差。

（3）与情况（2）相反，假设输入是角频率为 w_c 的载波信号，LC_j 并联回路的中心角频率 $w(t)$ 发生变化，且满足关系式 $w(t) = w_0 + \Delta w_m \cos\Omega t$，其中 $w_0 = w_c$，如图 8.3.5（b）所示。显然，LC_j 并联回路此时也处于失谐状态，但是这种失谐是由 LC_j 并联回路阻抗特性曲线的左右平移产生的。此时，输出电压的振幅变化和相位变化与情况（2）相似。

情况（2）、（3）下的 LC_j 并联回路均称为失谐回路。

变容二极管相移网络属于情况（3）。下面分析情况（3）对应的输出信号的相移的表达式 $\Delta\phi(t)$。

根据式（8.3.1）和式（8.3.4），当变容二极管的结电容调制度 m 较小时，LC_j 并联谐振回路的中心角频率（谐振角频率）的表达式为

$$
\begin{aligned}
w(t) &= \frac{1}{\sqrt{LC_j}} = w_0(1+m\cos\Omega t)^{\frac{n}{2}} \\
&\approx w_0\left(1+\frac{n}{2}m\cos\Omega t\right) \\
&= w_0 + \Delta w(t)
\end{aligned}
\tag{8.3.12}
$$

由于输入载波角频率 $w_c = w_0$，因此瞬时角频率差为

$$
\Delta w(t) = w(t) - w_c = \frac{n}{2} m w_0 \cos\Omega t \tag{8.3.13}
$$

当 LC_j 并联回路失谐不大时，回路输出电压与输入电流的相位差可近似表示为

$$
\Delta\varphi(t) = -\arctan\frac{wC_j - \frac{1}{wL}}{g_\Sigma} = -\arctan 2Q_e\frac{\Delta w(t)}{w_0} \tag{8.3.14}
$$

当 $|\Delta\phi(t)| \leqslant \frac{\pi}{6}$ 时，式（8.3.14）可进一步写为

$$
\Delta\phi(t) \approx -2Q_e\frac{\Delta w(t)}{w_0} \tag{8.3.15}
$$

当变容二极管相移网络的可变中心角频率 $w(t)$ 相对于输入载波角频率 w_c 失谐不大时，二者之间的相位差（载波信号通过相移网络产生的相移）可用式（8.3.15）近似表示。

将式（8.3.13）代入式（8.3.15），可得

$$
\Delta\phi(t) \approx -nmQ_e\cos\Omega t = -m_p\cos\Omega t \tag{8.3.16}
$$

其中，Q_e 为 LC_j 并联回路的有载品质因数。

由式（8.3.16）可知，变容二极管相移网络能够实现线性调相，但是受 LC_j 并联回路相频特性非线性的限制，调相指数 m_p 必须满足 $m_p \leqslant \frac{\pi}{6}$，因此调制范围比较窄，属于窄带调相。为了增大调相指数 m_p，可以采用多个相移网络级联的方式，各级相移网络之间采用小电容耦合，以实现对载频呈现较大的电抗，使各级相互独立。

图 8.3.6 所示为由三级单回路变容二极管相移网络组成的间接调频电路，其能够产生的最大相偏为 $\frac{\pi}{2}$。其中，调制信号 $u_\Omega(t)$ 经过 5μF 的电容耦合后分别输入给 3 个积分电路，3 个积分电路分别由 470kΩ 的电阻和 3 个 0.022μF 的电容组成；3 个 0.022μF 的电容上输出的积分电压用于控制变容二极管的结电容，回路电感对于低频积分电压可视为短路；3 个 22kΩ 的可调电阻用于调节各个 LC_j 并联回路的 Q_e 值，以使 3 个回路产生相同的相移。

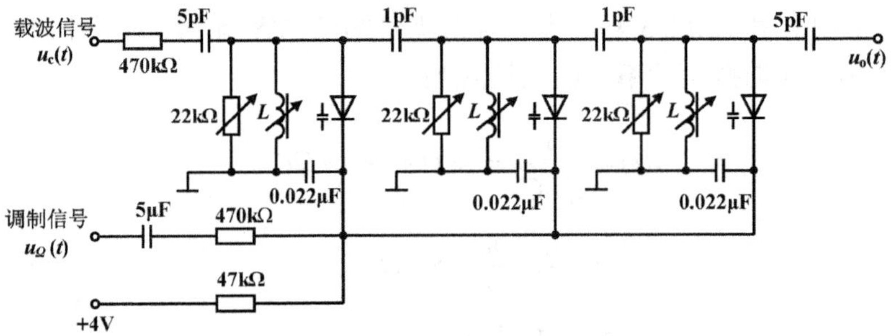

图 8.3.6　由三级单回路变容二极管相移网络组成的间接调频电路

2．扩展间接调频电路最大线性频偏的方法

由式（8.3.16）和变容二极管相移网络的分析可知，调相电路的调相指数 m_p 受 LC_j 并联回路相频非线性特性和变容二极管参数的限制，而调相信号的最大线性频偏 Δf_m 又与调相指数 m_p 成正比，因此，最大线性频偏 Δf_m 也受到限制。也就是说，间接调频电路的最大线性频偏受调相电路性能的影响，也受到限制，但与直接调频电路最大相对线性频偏受到的限制不一样。

为了扩展间接调频电路的最大线性频偏，也可以采用倍频和混频的方法。下面用一个例题来具体说明。

例题 8.3.1

假设调制信号的频率范围为 40Hz～15kHz，载频 $f_c = 90\text{MHz}$，若要求采用间接调频的方法产生最大线性频偏为 75kHz 的调频信号，其中调相电路的调相指数 $m_p = 0.5 < \frac{\pi}{6}$，请问应如何实现？

解：（1）若单独进行调相，则调相指数 $m_p = 0.5 < \frac{\pi}{6}$ 的调相电路对于最低调制频率和

最高调制频率产生的频偏是不同的，分别为

$$\Delta f_{\mathrm{mmin}} = m_{\mathrm{p}} F_{\min} = 0.5 \times 40\mathrm{Hz} = 20\mathrm{Hz}$$

$$\Delta f_{\mathrm{mmax}} = m_{\mathrm{p}} F_{\max} = 0.5 \times 15 \times 10^3\,\mathrm{Hz} = 7.5\mathrm{kHz}$$

（2）若采用包括调相电路在内的间接调频电路，那么产生调频信号的最大调频指数 m_{f} 应该就是内部调相电路的实际最大调相指数 m_{p}'，即

$$m_{\mathrm{f}} = \frac{k_{\mathrm{f}} U_{\Omega\mathrm{m}}}{\Omega} = \frac{\Delta f_{\mathrm{m}}}{F} = m_{\mathrm{p}}'$$

由上式可知，实际最大调相指数 m_{p}' 与调制频率成反比。然而，只进行调相时的最大相偏 m_{p} 与调制频率无关，只与调制信号的振幅成正比，这是为什么呢？

假设间接调频电路的单频调制信号为 $u_1(t) = U_{1\mathrm{m}} \cos \Omega t$，则当单频调制信号经过增益为 1 的 RC 积分电路后，可得

$$u_2(t) = \frac{U_{1\mathrm{m}}}{\Omega} \sin \Omega t = U_{2\mathrm{m}} \sin \Omega t$$

其中，$U_{2\mathrm{m}} = \dfrac{U_{1\mathrm{m}}}{\Omega}$；$u_2(t)$为调相电路的输入信号。此时，实际最大调相指数 m_{p}' 为

$$m_{\mathrm{p}}' = k_{\mathrm{p}} U_{2\mathrm{m}} = \frac{k_{\mathrm{p}} U_{1\mathrm{m}}}{\Omega} = \frac{k_{\mathrm{p}} U_{1\mathrm{m}}}{2\pi F} \propto \frac{1}{F}$$

最大线性频偏为

$$\Delta f_{\mathrm{m}} = m_{\mathrm{p}}' F = \frac{k_{\mathrm{p}} U_{1\mathrm{m}}}{2\pi F} F = \frac{k_{\mathrm{p}} U_{1\mathrm{m}}}{2\pi}$$

由以上分析可知，由于各调制分量经过 RC 积分电路后振幅减小，且减小后的振幅与频率成反比，因此，不同的调制频率分量在调相电路中获得的实际最大调相指数 m_{p}' 不一样，但最大线性频偏与频率无关。若各调制分量的振幅相同，均为 $U_{1\mathrm{m}}$，那么只有最低调制频率分量 $F_{\min}$ 获得的实际最大调相指数 m_{p}' 最大。由于只有最低调制频率分量 $F_{\min}$ 才能获得 0.5 这一实际最大相偏，因此该间接调频电路可获得的最大线性频偏为

$$\Delta f_{\mathrm{m}} = m_{\mathrm{p}}' F_{\min} = 0.5 \times 40\mathrm{Hz} = 20\mathrm{Hz}$$

（3）由于间接调频电路只能产生最大线性频偏为 20Hz 的调频信号，与实际要求的 75kHz 的最大线性频偏相差甚远，因此可在较低载频 f_{c1} 上进行调频，并用倍频的方法提高载频、增大最大线性频偏。

本题要求的相对线性频偏为

$$\frac{\Delta f_{\mathrm{m}}}{f_{\mathrm{c}}} = \frac{75 \times 10^3}{90 \times 10^6} = \frac{1}{1200}$$

则 $f_{c1}=20\times1200\text{Hz}=24\text{kHz}$，载频太低，可采用倍频和混频相结合的方法，设计方案如图 8.3.7 所示。

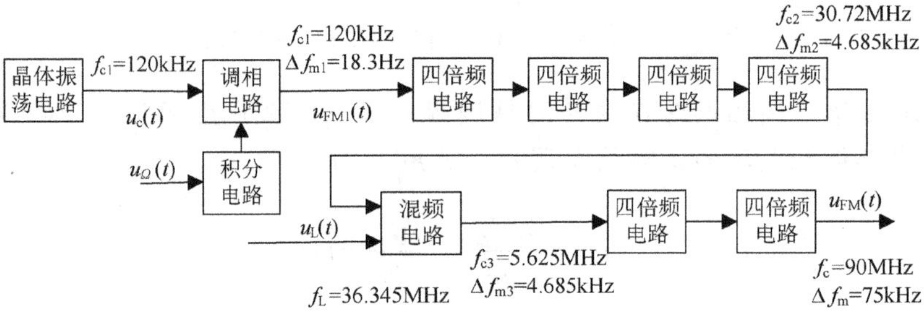

图 8.3.7 设计方案

首先利用间接调频电路在较低载频 $f_{c1}=120\text{kHz}$ 上产生最大线性频偏为 $\Delta f_{m1}=18.3\text{Hz}$（$m_p=0.46$）的调频信号；其次经过四级四倍频电路，得到载频为 $f_{c2}=30.72\text{MHz}$、最大线性频偏为 $\Delta f_{m2}=4.685\text{kHz}$ 的调频信号；然后与频率为 $f_L=36.345\text{MHz}$ 的本振信号进行混频，得到载频为 $f_{c3}=5.625\text{MHz}$、最大线性频偏为 $\Delta f_{m3}=4.685\text{kHz}$ 的调频信号；最后经过两级四倍频电路，就能够得到载频为 $f_c=90\text{MHz}$、最大线性频偏为 $\Delta f_m=75\text{kHz}$ 的调频信号。

例题 8.3.2

在如图 8.3.6 所示的间接调频电路中，已知变容二极管的参数 $n=3$，$U_B=0.6\text{V}$，LC_j 并联回路的有载品质因数 $Q_e=20$，调制信号 $u_\Omega(t)$ 的频率范围为 300～4000Hz，假设每级 LC_j 并联回路产生的相移不超过 $\frac{\pi}{6}$，试分析并计算调制信号的最大振幅 $U_{\Omega m}$ 和该间接调频电路产生的最大线性频偏 Δf_m。

解： 在图 8.3.6 中，调制信号 $u_\Omega(t)$ 通过 RC 积分电路后的输出信号（变容二极管上的调制电压）为

$$u_i(t)=\frac{1}{RC}\int_0^t u_\Omega(\tau)\text{d}\tau$$

根据例题 8.3.1 中的分析，只有最低调制频率分量才能够获得最大的调相指数（最大相偏）。也就是说，在本题中，只有 300Hz 的频率分量才能够获得 $\frac{\pi}{6}$ 的最大相偏，在此仅对频率为 300Hz 的单频调制信号 $u_\Omega(t)=U_{\Omega m}\cos\Omega t$ 进行分析。该单频调制信号通过积分电路后的输出信号为

$$u_i(t)=\frac{U_{\Omega m}}{RC\Omega_{\min}}\sin\Omega_{\min}t=U_{im}\sin\Omega_{\min}t$$

其中，$U_{im}=\frac{U_{\Omega m}}{RC\Omega_{\min}}$；$\Omega_{\min}=2\pi\times300\text{rad/s}$。

在图 8.3.6 中，变容二极管的直流偏置电压 $U_Q = 4\text{V}$，可得变容二极管的结电容调制度为

$$m = \frac{U_{\text{im}}}{U_{\text{B}} + U_Q} = \frac{U_{\text{im}}}{4.6}$$

单级回路的调相指数为

$$m_{\text{p}} = nmQ_{\text{e}} = \frac{60U_{\text{im}}}{4.6}$$

根据题意，每级 LC_{j} 并联回路产生的最大相偏不超过 $\frac{\pi}{6}$，即 $m_{\text{p}} \leqslant \frac{\pi}{6} \approx 0.52$，由上式可得

$$U_{\text{im}} \leqslant 0.04\text{V}$$

因此，调制信号的振幅为

$$\begin{aligned} U_{\Omega\text{m}} &= RC\Omega_{\min} U_{\text{im}} = 470 \times 10^3 \times 3 \times 0.022 \times 10^{-6} \times 2\pi \times 300 U_{\text{im}} \\ &\approx 58.44 U_{\text{im}} \leqslant 58.44 \times 0.04 \approx 2.34\text{V} \end{aligned}$$

三级 LC_{j} 并联回路产生的总的最大线性频偏为

$$\Delta f_{\text{m}} = 3m_{\text{p}} F_{\min} = 3 \times 0.52 \times 300\text{Hz} = 468\text{Hz}$$

从结果来看，本题虽然采用了三级相移网络，但产生的最大线性频偏仍然很小，仅为 468Hz，这是间接调频的缺点。

8.4　鉴频电路

视频：8.4.1 鉴频电路的主要性能指标

8.4.1　鉴频电路的主要性能指标

【导学】

- 鉴频特性的定义。
- 鉴频线性范围的定义。
- 鉴频灵敏度的定义。

1. 鉴频特性

鉴频电路输出的低频解调信号与输入调频信号瞬时频偏的关系称为鉴频特性。理想的鉴频特性应该是线性的。在实际电路中，应尽量减小非线性失真。

2. 鉴频线性范围

由于输入调频信号的瞬时频率是在载频附近变化的，因此鉴频特性曲线位于载频附近，其中线性部分的大小称为鉴频线性范围。

3. 鉴频灵敏度

在鉴频线性范围内，单位频偏产生的解调信号电压的大小称为鉴频灵敏度 S_d。

视频：8.4.2 LC 并联回路的频相转换和频幅转换特性

8.4.2 LC 并联回路的频相转换和频幅转换特性

【导学】

- LC 并联回路的频相转换特性。
- LC 并联回路的频幅转换特性。
- LC 并联回路的频相转换和频幅转换特性分析中应注意的问题。

在 8.2.2 节介绍的两种鉴频方法中，频幅转换网络和频相转换网络是首先需要考虑的问题。转换网络的线性特性是保证线性鉴频的基础。LC 并联回路具有的幅频特性和相频特性使其成为简单而实用的频幅转换与频相转换网络。

1. LC 并联回路的频相转换特性

在 8.3.3 节中，已经讨论了高频信号通过 LC 并联回路的 3 种不同情况，对于情况（2），当调频信号通过参数恒定的LC并联回路后，其振幅和相位都发生了变化，下面详细讨论这种情况。考虑到正交乘积鉴相（乘积鉴相法）的需要，为了获得 90°的固定相移，可以在 LC 并联回路输入端串联一个小电容 C_1，整个频相转换网络可看作一个分压网络，如图 8.4.1（a）所示，其相频特性如图 8.4.1（b）所示。

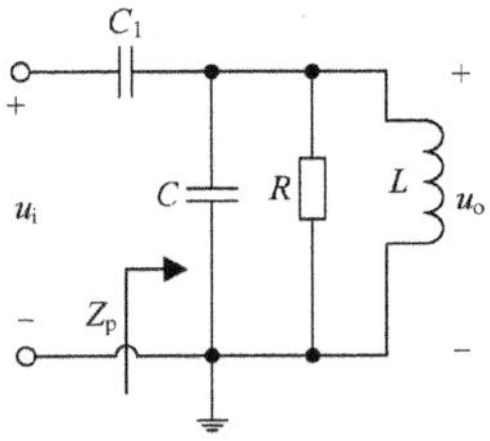

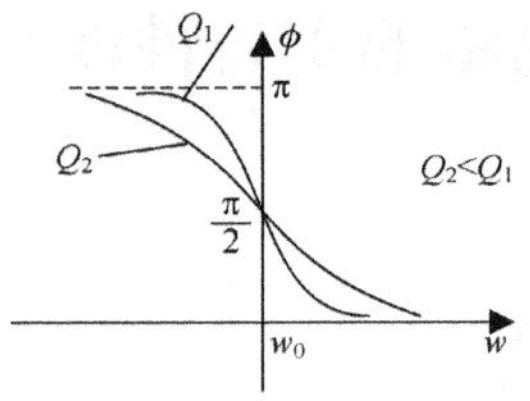

图 8.4.1　90°频相转换网络及其相频特性

在图 8.4.1（a）中，频相转换网络的电压传输函数为

$$H(\mathrm{j}w)=\frac{u_o}{u_i}=\frac{Z_p}{Z_p+\dfrac{1}{\mathrm{j}wC_1}} \tag{8.4.1}$$

其中，Z_p 为 LCR 并联回路的等效阻抗。

在 LC 并联回路失谐不大时，频相转换网络的电压传输函数可写为

$$H(\mathrm{j}w) = \frac{\mathrm{j}wC_1R}{1+\mathrm{j}2Q_e\dfrac{\Delta w}{w_0}} \tag{8.4.2}$$

其中，$w_0 = \dfrac{1}{\sqrt{L(C+C_1)}}$；$Q_e = \dfrac{R}{w_0L}$。

根据式（8.4.2），将 $H(\mathrm{j}w)$ 中分子部分的相移减去分母部分的相移，即可得到频相转换网络的相移函数，其表达式为

$$\Delta\phi(t) = \frac{\pi}{2} - \arctan\frac{2Q_e\Delta w(t)}{w_0} = \frac{\pi}{2} - \Delta\phi_1(t) \tag{8.4.3}$$

若角频偏 $\Delta w(t) = 0$，即输入信号的角频率为 w_0，则频相转换网络的相移 $\Delta\phi(t) = \dfrac{\pi}{2}$，此时频相转换网络就相当于一个 90° 相移器。

若 $|\Delta\phi_1(t)| \leqslant \dfrac{\pi}{6}$，则

$$\Delta\phi_1(t) \approx \frac{2Q_e\Delta w(t)}{w_0} \tag{8.4.4}$$

假设输入单频已调频信号的相位为

$$\phi_i(t) = w_ct + k_f\int_0^t u_\Omega(\tau)\mathrm{d}\tau = w_ct + m_f\sin\Omega t \tag{8.4.5}$$

则当 $w_c = w_0$ 时，频相转换网络输出信号的相位为

$$\begin{aligned}\phi_o(t) &= \phi_i(t) + \Delta\phi(t) = w_ct + m_f\sin\Omega t + \frac{\pi}{2} - \Delta\phi_1(t) \\ &\approx w_ct + m_f\sin\Omega t + \frac{\pi}{2} - \frac{2Q_e\Delta w(t)}{w_0} \\ &= w_ct + m_f\sin\Omega t + \frac{\pi}{2} - \frac{2Q_ek_fu_\Omega(t)}{w_c}\end{aligned} \tag{8.4.6}$$

由式（8.4.6）可知，输出信号与输入信号相比，不仅产生了 90°的固定相移，还产生了一个与调制信号 $u_\Omega(t)$成正比的瞬时相移，因此称此网络为 90°频相转换网络。显然，其输出是一个调频-调相信号。

由以上分析和如图 8.4.1（b）所示的频相转换网络的相频特性可知，在 $w = w_0$ 附近，相频特性曲线近似为直线，线性频相转换范围为$\pm\dfrac{\pi}{6}$。另外，受频相转换网络幅频特性的影响，输出信号的振幅也会发生一些变化，不再是等幅信号。

2. LC 并联回路的频幅转换特性

由图 8.3.5（a）可知，当调频信号的中心角频率 w_c 与 LC 并联回路的中心角频率 w_0 相等时，工作频率 w_0 处的网络幅频特性曲线比较平坦，对输入调频信号的振幅变化影响不大，而且为非单调性变化。

频幅转换原理如图 8.4.2 所示。为取得较好的线性转换特性，可将 w_c 置于幅频特性曲线下降段线性部分的中点，如图 8.4.2 中的 A 点。显然，与 A 点对称的 B 点也可以。注意：A、B 两点处曲线的斜率不一样。为了方便，在图 8.4.2 中，回路阻抗幅频特性的纵轴参量表示为电压振幅 $U(w)$。

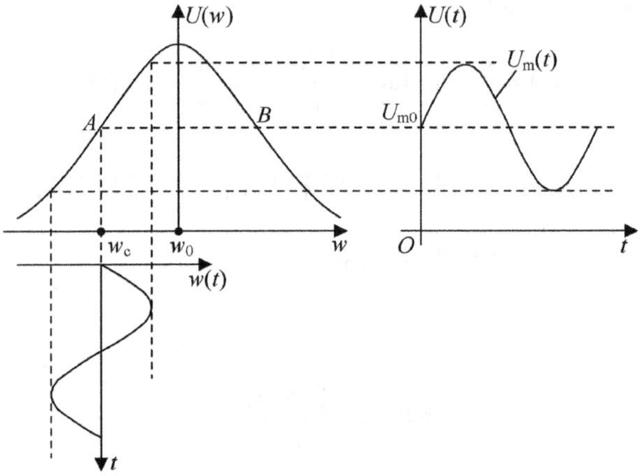

图 8.4.2　频幅转换原理

假设输入单频已调频信号为

$$u_{\mathrm{FM}}(t)=U_{\mathrm{cm}}\cos\left[w_c t+k_f\int_0^t u_\Omega(\tau)\mathrm{d}\tau\right] \tag{8.4.7}$$

则回路幅频特性曲线在 A 点的斜率为频幅转换灵敏度，即 $S_m=\dfrac{\mathrm{d}U}{\mathrm{d}w}\approx\dfrac{\Delta U}{\Delta w}$。其中，$\Delta U$ 和 Δw 分别为线性范围内的振幅变化量与角频率变化量。由图 8.4.2 可写出输出调幅信号振幅的表达式：

$$U_m(t)=U_{m0}+S_m\Delta w(t)=U_{m0}+S_m k_f u_\Omega(t) \tag{8.4.8}$$

可见，输出是一个调频-调幅信号。由于此工作频段对应回路相频特性曲线的非线性部分，故引起的相移变化与调制电压不成正比，而且变化量很小。

3. LC 并联回路的频相转换和频幅转换特性分析中应注意的问题

LC 并联回路的频相转换和频幅转换网络是线性网络，因此对调频信号的频谱结构不会产生影响；但是其中每个频率分量的振幅将会有不同程度的衰减，相位也会产生不同的偏移，因此，输出调频信号的振幅不再是恒定的，相位也发生了变化。也就是说，调频信号的频谱既没有产生线性搬移，又没有发生非线性变换，而仅仅是其中各个频率分量的振幅和相位发生了不同的变化而已。

视频：8.4.3 斜率鉴频电路

8.4.3　斜率鉴频电路

【导学】

➢ 差分峰值鉴频的原理。

➢ 双失谐回路鉴频的原理。

斜率鉴频就是首先利用频幅转换网络将调频信号转换为调频-调幅信号，然后经过检波电路取出原调制信号。

在斜率鉴频电路中，频幅转换网络通常采用 LC 并联回路或 LC 互感耦合回路，检波电路通常采用差分峰值包络检波电路或二极管峰值包络检波电路。

1．差分峰值鉴频

差分峰值鉴频电路如图 8.4.3 所示。

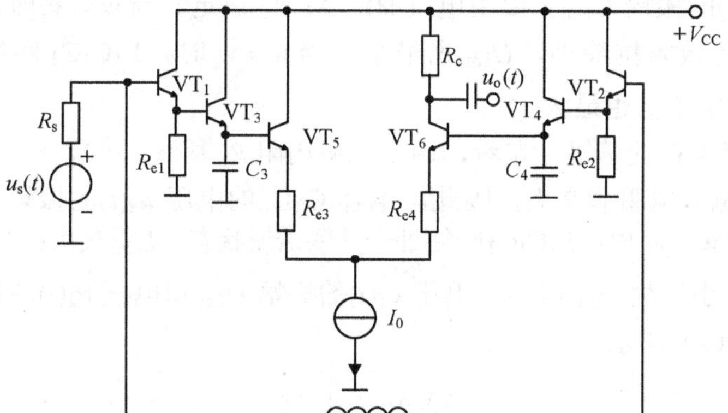

图 8.4.3　差分峰值鉴频电路

差分峰值鉴频电路便于集成，只有 LC 并联回路元器件需要外接，且调试方便。为了扩大其线性转换范围，提高其鉴频灵敏度，在 L_1C_1 并联回路上又添加了一个电容 C_2，组成频幅转换网络；检波部分由差分峰值包络检波电路组成。

首先分析 $L_1C_1C_2$ 网络的电抗特性，假设电感 L_1 的损耗可以忽略，X_1 和 X_2 分别为 L_1C_1 并联回路和 C_2 的电抗，即

$$X_1=\frac{wL_1\left(-\frac{1}{wC_1}\right)}{wL_1-\frac{1}{wC_1}}=\frac{wL_1}{1-w^2L_1C_1} \tag{8.4.9}$$

$$X_2=-\frac{1}{wC_2} \tag{8.4.10}$$

L_1C_1 并联回路和 C_2 串联后的等效电抗为 X_1+X_2，$X_1//X_2$ 是 L_1C_1 并联回路和 C_2 并联后的等效电抗。

图 8.4.4 给出了上述电抗随 w 变化的曲线。其中，图 8.4.4（b）中的 X_1+X_2 曲线可由图 8.4.4（a）中的 X_1 和 X_2 曲线相加而成。L_1C_1 并联回路的谐振角频率为 $w_1=\frac{1}{\sqrt{L_1C_1}}$，$L_1C_1$ 并联回路和 C_2 串联后的谐振角频率为 $w_2=\frac{1}{\sqrt{L_1(C_1+C_2)}}$，$L_1C_1$ 并联回路和 C_2 并联后的谐振角频率也为 $w_2=\frac{1}{\sqrt{L_1(C_1+C_2)}}$。输入调频信号的瞬时角频率位于 w_1 与 w_2 之间。

由于晶体三极管 VT_1、VT_2 的基极输入电阻非常大，因此，输入调频信号 $u_s(t)$在负载上产生的电压 $u_1(t)$的振幅 U_{1m} 主要由电抗曲线 X_1+X_2 决定。当 $w=w_2$ 时，$L_1C_1C_2$ 网络处于串联谐振状态，等效阻抗最小，U_{1m} 也最小；当 $w=w_1$ 时，$L_1C_1C_2$ 网络处于并联谐振状态，等效阻抗最大，U_{1m} 也最大。

从晶体三极管 VT_2 的基极往左看，由于电源内阻 R_s 很小，可看作近似短路，而晶体三极管 VT_2 基极的输入电阻非常大，因此，电容 C_2 上的电压 $u_2(t)$的振幅 U_{2m} 主要由电抗曲线 $X_1//X_2$ 决定。当 $w=w_2$ 时，$L_1C_1C_2$ 网络处于并联谐振状态，U_{2m} 最大；当 $w=w_1$ 时，$L_1C_1C_2$ 网络的等效容抗很小，故 U_{2m} 很小。电压 $u_1(t)$的振幅 U_{1m} 和电压 $u_2(t)$的振幅 U_{2m} 随 w 变化的曲线如图 8.4.5（a）所示。

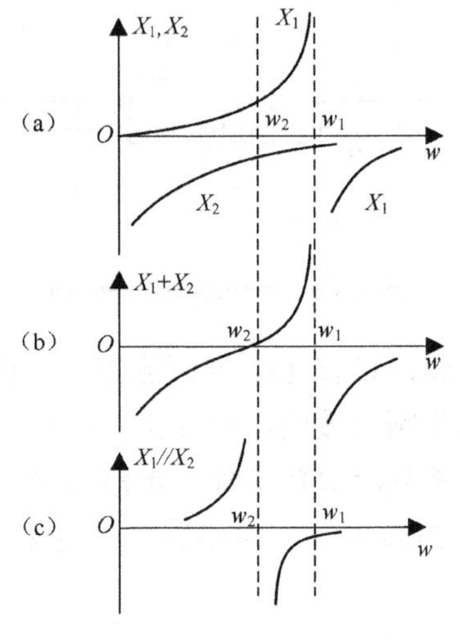

图 8.4.4　L_1C_1 并联回路和 C_2 串/并联后的电抗特性曲线

调频信号 $u_s(t)$通过 $L_1C_1C_2$ 网络转换为两个不同的调频-调幅信号：$u_1(t)$和 $u_2(t)$。$u_1(t)$和 $u_2(t)$分别从差分电路的两端输入，首先通过晶体三极管 VT_1、VT_2 发射极跟随；然后分别通过晶体三极管 VT_3、VT_4 进行峰值包络检波，晶体三极管 VT_5、VT_6 的输入电阻作为低通滤波器的电阻，晶体三极管 VT_5、VT_6 实现差分放大功能；最后由晶体三极管 VT_6 的集电极单端输出解调信号 $u_o(t)$。显然，$u_o(t)$与调频信号瞬时角频偏 $\Delta w(t)$之间满足以下关系式：

$$u_o(t) = S_d \Delta w(t) \tag{8.4.11}$$

其中，S_d 是差分峰值鉴频电路的鉴频灵敏度。

由如图 8.4.5（a）所示的曲线可画出如图 8.4.5（b）所示的曲线，这就是鉴频特性曲线。可见，在 $w_c = \dfrac{w_1 + w_2}{2}$ 附近，鉴频特性线性较好，且鉴频灵敏度比单个 LC 并联回路的鉴频灵敏度有所提高。

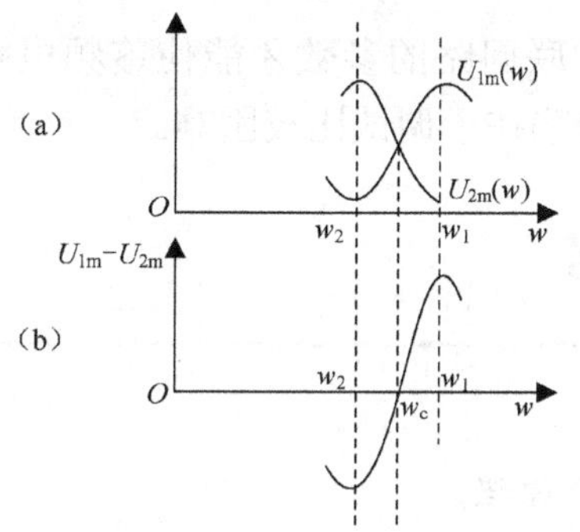

图 8.4.5　生成鉴频特性曲线

在实际电路中，通常固定 C_1 和 C_2，调整 L_1，以得到所需的角频率 w_1 和 w_2，并使实际电路在载频 w_c 处有 $u_o(t) = 0$ 。

2．双失谐回路鉴频

双失谐回路鉴频电路及其鉴频特性曲线如图 8.4.6 所示。

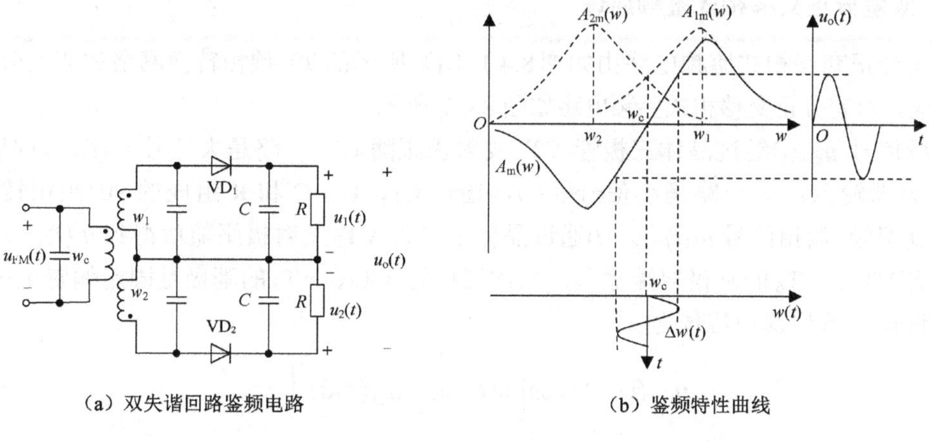

（a）双失谐回路鉴频电路　　（b）鉴频特性曲线

图 8.4.6　双失谐回路鉴频电路及其鉴频特性曲线

在图 8.4.6（a）中，首先采用两个失谐 LC 并联回路进行频幅转换，然后分别进行二极管峰值包络检波，输出是两个检波电压的差值。

在图 8.4.6（a）中，变压器初级端 LC 并联回路调谐于 w_c，次级端两个 LC 并联回路分别调谐于 w_1 和 w_2，输入调频信号的载频 w_c 处于 w_1 和 w_2 的中点位置，如图 8.4.6（b）所示。其中，两条虚线 $A_{1m}(w)$、$A_{2m}(w)$分别是次级端两个 LC 并联回路的鉴频特性曲线，实线 $A_m(w)=A_{1m}(w)-A_{2m}(w)$ 是两个回路合成的鉴频特性曲线。假设两个检波电路的参数相同，检波效率 $\eta_d=1$，则鉴频电路的输出为

$$u_o(t)=u_1(t)-u_2(t)=S_d\Delta w(t) \tag{8.4.12}$$

如果角频率 w_1 和 w_2 设置恰当，那么两个 LC 并联回路的鉴频特性曲线的弯曲部分将互相补偿，相减后的鉴频特性不但线性好，而且线性鉴频范围增大。

由于需要调整 3 个 LC 并联回路的参数才能使鉴频电路满足要求，因此，这种电路的主要缺陷在于调试比较困难。

视频：8.4.4 相位鉴频电路

8.4.4 相位鉴频电路

【导学】

- 相位鉴频电路的工作原理。
- 双差分正交移相式鉴频原理。

1. 相位鉴频电路的工作原理

相位鉴频电路的工作原理就是首先利用频相转换网络将调频信号转换为调频-调相信号，然后经过鉴相器（相位检波器）取出原调制信号。在相位鉴频电路中，集成化的双差分正交移相式鉴频电路被广泛采用。

2. 双差分正交移相式鉴频原理

双差分正交移相式鉴频电路由如图 8.4.1（a）所示的 90°频相转换网络和双差分乘积鉴相器组成。双差分正交移相式鉴频电路如图 8.4.7 所示。

调频信号 $u_{FM}(t)$经过晶体三极管 VT_1 发射极跟随后，一路是大信号 $u_1(t)$，从晶体三极管 VT_7 单端输入；另一路是小信号 $u_4(t)$，通过 C_1、L、C 和 R 组成的 90°频相转换网络后，得到调频-调相信号 $u_5(t)$。$u_5(t)$通过晶体三极管 VT_2 发射极跟随后得到 $u_2(t)$，$u_2(t)$从晶体三极管 VT_3、VT_6 的基极双端输入，晶体三极管 VT_4、VT_5 的基极是固定偏置电压。

假设输入单频调频信号为

$$u_{FM}(t)=U\cos\left[w_c t+k_f\int_0^t u_\Omega(\tau)\mathrm{d}\tau\right] \tag{8.4.13}$$

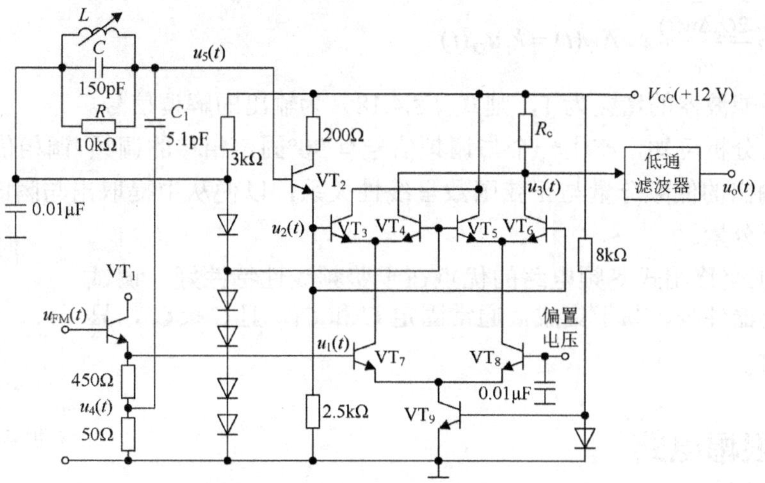

图 8.4.7 双差分正交移相式鉴频电路

则单频调频信号 $u_{FM}(t)$经过晶体三极管 VT_1 发射极跟随后，$u_1(t)$的表达式可写为

$$u_1(t)=U_{1m}\cos\left[w_c t+k_f\int_0^t u_\Omega(\tau)d\tau\right] \tag{8.4.14}$$

其中，U_{1m}和式（8.4.13）中单频调频信号的振幅 U 呈线性关系，且$U_{1m}\leqslant U$。

$u_2(t)$的表达式为

$$\begin{aligned}u_2(t)&=U_{2m}\cos\left[w_c t+k_f\int_0^t u_\Omega(\tau)d\tau+\frac{\pi}{2}-\Delta\phi_1(t)\right]\\&=-U_{2m}\sin\left[w_c t+k_f\int_0^t u_\Omega(\tau)d\tau-\Delta\phi_1(t)\right]\end{aligned} \tag{8.4.15}$$

在 $u_1(t)$、$u_2(t)$满足线性输入的条件下，模拟乘法器的输出为

$$\begin{aligned}u_3(t)&=ku_1(t)u_2(t)\\&=-\frac{kU_{1m}U_{2m}}{2}\left\{\sin[-\Delta\phi_1(t)]+\sin\left[2w_c t+2k_f\int_0^t u_\Omega(\tau)d\tau-\Delta\phi_1(t)\right]\right\}\end{aligned} \tag{8.4.16}$$

其中，k 为模拟乘法器的增益。

$u_3(t)$通过低通滤波器后，可得低频分量的输出表达式为

$$u_o(t)=\frac{kU_{1m}U_{2m}}{2}\sin\Delta\phi_1(t) \tag{8.4.17}$$

当$|\Delta\phi_1(t)|\leqslant\frac{\pi}{6}$时，式（8.4.17）可进一步写为

$$u_o(t)\approx\frac{kU_{1m}U_{2m}}{2}\Delta\phi_1(t)=\frac{kU_{1m}U_{2m}Q_e}{w_c}\Delta w(t)=\frac{kk_fU_{1m}U_{2m}Q_e}{w_c}u_\Omega(t) \tag{8.4.18}$$

其中，$\Delta\varphi_1(t) \approx \dfrac{2Q_e\Delta w(t)}{w_c}$；$\Delta w(t) = k_f u_\Omega(t)$。

假设低通滤波器的增益为 1，则式（8.4.18）为输出的解调信号。

综合以上分析可知，产生一个与调频信号有 90°固定相移的调频-调相信号的目的是使模拟乘法器输出的低频分量与正弦函数呈线性关系，以便从中提取出与瞬时角频偏 $\Delta w(t)$ 成正比的电压分量。

双差分正交移相式鉴频电路的优点在于鉴频线性特性好、调试简单、外接元器件少、易于集成，通常固定 C 和 C_1，且 $C \ll C_1$，只需调整 L 即可。

视频：8.4.5 限幅电路

8.4.5 限幅电路

【导学】

➢ 限幅电路的作用。
➢ 限幅电路的原理。

已调波信号在发送、传输和接收过程中，不可避免地要受到各种干扰。有些干扰会使已调波信号的振幅发生变化，产生寄生调幅。调幅信号上叠加的寄生调幅很难消除，那么，寄生调幅对鉴频有什么危害呢？若采用斜率鉴频，则需要把调频信号转换为调频-调幅信号。显然，寄生调幅会叠加在调频-调幅信号的振幅上，因此，在进行振幅检波时，会产生失真。若采用相位鉴频，则由式（8.4.18）可知，只有在调频信号的振幅 U_{1m}、U_{2m} 恒定的情况下，鉴频后的信号 $u_o(t)$才与原调制信号 $u_\Omega(t)$呈线性关系，因此，寄生调幅对 U_{1m}、U_{2m} 的影响也会使鉴频后的信号 $u_o(t)$产生失真。

用于调频信号的限幅电路通常是在晶体三极管放大电路或差分放大电路后接带通滤波器组成的。晶体三极管放大电路或差分放大电路的增益必须很大（通常采用多级放大电路），以将疏密程度不同的正弦调频信号转换为宽度不同的方波调频信号；带通滤波电路调谐于载频，其带宽与调频信号的带宽相同，于是可从宽度不同的方波信号中重新恢复出等幅的调频信号，消除寄生调幅的影响。

综合以上分析可知，消除调频信号的寄生调幅是必需的，也是比较容易做到的。限幅电路是鉴频电路中必不可少的辅助电路。

视频：8.4.6 加重电路与静噪电路

8.4.6 加重电路与静噪电路

【导学】

➢ 加重电路的作用与原理。
➢ 静噪电路的作用与原理。

在鉴频电路的输出端，噪声功率谱密度与频率的平方成正比，即大部分噪声功率分布在高频段，而语音、音乐等有用信号的能量大部分处于低频段，两者正好相反。为了改善信噪比，可以在鉴频电路的输出端采用具有低通性能的网络来滤除高频段噪声，但是同时信号的高频部分也会衰减，产生失真，因此，通常在发射机的调制电路之前采用具有高通性能的网络来提升调制信号的高频部分，从而使接收机鉴频之后信号的高频部分既不会产生失真，又能达到抑制噪声功率的目的。这种方法称为预加重、去加重技术，即发射时预先加重调制信号的高频分量，而在接收时去除解调信号中加重了的高频分量。

常用的 RC 预加重和去加重网络分别如图 8.4.8（a）、（b）所示。

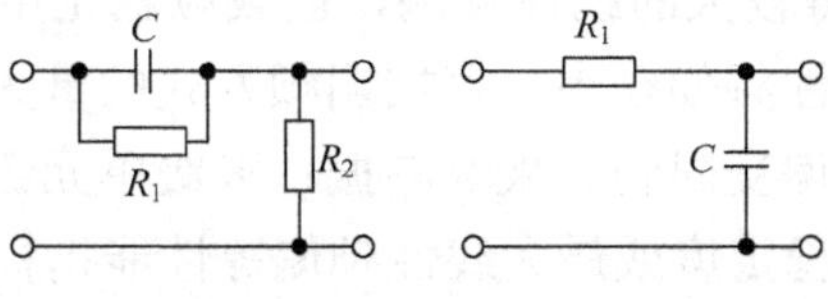

图 8.4.8　常用的 RC 预加重和去加重网络

在鉴频电路中，经常采用静噪电路。静噪电路的功能是，当调频接收机没有信号输入或信噪比很低时，由于鉴频电路对输入信噪比有门限要求（输入信噪比低于门限时输出噪声很大），因此鉴频电路输出的噪声很大，此时应该将后面的音频功放功能关闭；当有信号输入且信噪比较高时，鉴频电路输出噪声明显减小，此时应将后面的音频功放功能开启。

通常在鉴频电路前或后采用低通滤波器来提取有用信号或噪声的平均电平，并根据平均电平的高低控制音频功放功能的关闭和开启。若根据有用信号平均电平的高低控制音频功放功能的关闭和开启，则称相应的电路为信号型静噪电路，通常从鉴频电路前接入；若根据噪声平均电平的高低控制音频功放功能的关闭和开启，则称相应的电路为噪声型静噪电路，通常从鉴频电路后接入。噪声型静噪电路的组成与接入原理框图如图 8.4.9 所示。

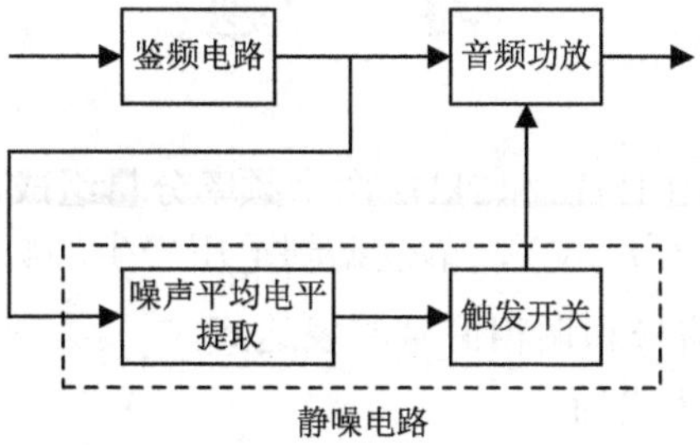

图 8.4.9　噪声型静噪电路的组成与接入原理框图

本 章 小 结

1．调频信号的瞬时角频率变化量 $\Delta w(t)$ 与调制电压呈线性关系，调相信号的瞬时相位

变化量 $\Delta\phi(t)$与调制电压也呈线性关系，调频信号和调相信号都是等幅信号。对单频调频或单频调相信号来说，只要调制指数相同，其频谱结构与参数就相同，均由载频与无穷多对上、下边频分量组成，频带无限宽。但是，当调制信号由多个频率分量组成时，相应的调频信号和调相信号的频谱不相同，而且各自的频谱都并不只是单个频率分量调制后所得频谱的简单叠加。这些都说明非线性频率变换与线性频率变换是不一样的。

2．最大角频偏 $\Delta w_{\rm m}$、最大相偏 $\Delta\phi_{\rm m}$（调制指数 $m_{\rm f}$ 或 $m_{\rm p}$）和带宽 BW 是调角信号的 3 个重要参数。要注意区别最大角频偏 $\Delta w_{\rm m}$ 和带宽 BW 这两个不同的概念；区别调频信号和调相信号中最大角频偏 $\Delta w_{\rm m}$、最大相偏 $\Delta\phi_{\rm m}$ 与其他参数的不同关系。

3．直接调频方式可获得较大的线性频偏，但载频稳定度较低；间接调频方式的载频稳定度较高，但可获得的线性频偏较小。直接调频方式的最大相对线性频偏受限制，间接调频方式的最大绝对线性频偏受限制。采取晶振、多级单元级联、倍频和混频等措施，可以改善两种调频方式的载频稳定度或最大线性频偏等性能指标。

4．斜率鉴频和相位鉴频是两种主要的鉴频方式。其中，差分峰值鉴频电路和正交移相式鉴频电路便于集成、易调谐、线性性能较好，因此得到了普遍应用，特别是正交移相式鉴频电路，其应用更为广泛。

5．在鉴频电路中，LC 并联回路作为线性网络，利用其幅频特性和相频特性，可分别将调频信号转换为调频-调幅信号和调频-调相信号，为频率解调准备条件。在调频电路中，由变容二极管（或其他可变电抗器件）组成的 LC 并联回路作为非线性网络被广泛采用。

6．限幅电路是鉴频电路前端不可缺少的重要部分，可以消除叠加在调频信号上面的寄生调幅，从而可减小鉴频失真。预加重、去加重电路可以改善鉴频信噪比。静噪电路可以在无接收信号或信噪比很低时关闭音频功放功能，从而避免扬声器输出大的噪声。

习　题

8.1 假设调制信号 $u_\Omega(t)$由 1kHz 和 2kHz 两个频率分量组成，振幅分别为 1.5V 和 0.5V，载波信号为 $u_{\rm c}(t)=5\cos 2\pi\times10^8 t$（V），单位调制电压产生的频偏和相偏分别为 4kHz/V 与 0.2rad/V，请分别写出调频信号和调相信号的表达式。

8.2 已知调角信号的表达式为

$$u(t)=10\cos(2\pi\times10^8 t+\cos 4\pi\times10^3 t)\text{（V）}$$

（1）当 $u(t)$为调频信号时，求其载波频率 $f_{\rm c}$、调制频率 F、调频指数 $m_{\rm f}$ 和最大频偏 $\Delta f_{\rm m}$。

（2）当 $u(t)$为调相信号时，求其载波频率 $f_{\rm c}$、调制频率 F、调相指数 $m_{\rm p}$ 和最大频偏 $\Delta f_{\rm m}$。

8.3 已知调频信号和调相信号对应的单频调制信号频率均为 0.5kHz，调频指数 $m_{\rm f}$ 和调相指数 $m_{\rm p}$ 均为 3。

（1）求调频信号的最大频偏 $\Delta f_{\rm m}$ 和带宽 BW。

（2）求调相信号的最大频偏 Δf_m 和带宽 BW。

（3）若调制指数不变，调制信号的振幅也不变，将调制信号的频率改为 1kHz，则调频信号的最大频偏 Δf_m 和带宽 BW 变为多大？调相信号的最大频偏 Δf_m 和带宽 BW 变为多大？

（4）若调制指数不变，调制信号的频率也不变，将调制信号的振幅减小为原来的 $\frac{1}{2}$，则调频信号的最大频偏 Δf_m 和带宽 BW 变为多大？调相信号的最大频偏 Δf_m 和带宽 BW 变为多大？

8.4 已知调频信号的最大频偏 $\Delta f_m = 50\text{kHz}$，调制信号频率为 1kHz、10kHz 时的带宽 BW 分别为多大？

8.5 在习题 8.5 图所示的变容二极管调频电路中，变容二极管的结电容 $C_j = 100(U_Q + u_\Omega)^{-\frac{1}{2}}$（pF），调制信号 $u_\Omega(t) = U_{\Omega m}\cos 2\pi\times 10^4 t$（V），调频指数 $m_f = 5$，载频 $f_c = 5\text{MHz}$。

（1）分别画出变容二极管的直流通路、低频交流通路和高频等效电路。

（2）试求直流偏压 U_Q。

（3）试求调制电压振幅 $U_{\Omega m}$ 和最大线性频偏 Δf_m。

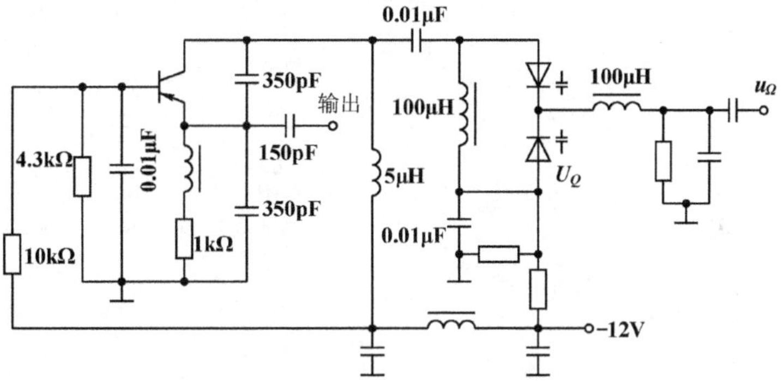

习题 8.5 图

8.6 在习题 8.6 图所示的间接调频电路组成框图中，已知 $u_\Omega(t)$为调制信号，输出 $u_o(t)$是调相信号，请分析并写出输出 $u_o(t)$的表达式，并说明在什么条件下此电路可以实现间接调频。

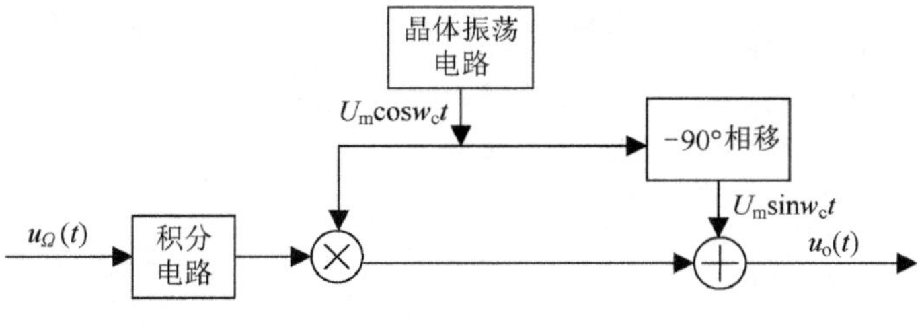

习题 8.6 图

8.7 在如图 8.3.4 所示的变容二极管相移网络中，加在变容二极管上的调制信号为 $u_{\Omega}(t)=U_{\Omega m}\cos\Omega t$，变容二极管的参数为 $n=2$、$U_{B}=1V$，LC 并联回路的有载品质因数 $Q_{e}=20$。若 $U_{\Omega m}=0.1V$，$\Omega=2\pi\times10^{3}rad/s$，请分析并计算调相指数 m_{p} 和最大线性频偏 Δf_{m}。

8.8 已知鉴频电路的输入调频信号为 $u_{FM}(t)=5\cos(w_{c}t+4\cos4\pi\times10^{3}t)$（V），鉴频灵敏度 $S_{d}=10mV/kHz$，请分析并计算鉴频电路的输出解调电压 $u_{o}(t)$（假定在线性鉴频范围内）。

第 9 章　反馈控制系统

反馈控制是现代系统工程中的一种重要技术手段。在系统受到干扰时，通过反馈控制作用，可使系统的某个参数达到所需的精度，或者按照一定的规律变化。为了提高通信和电子系统的性能指标，或者满足某些特定的要求，必须采用自动控制方式。由此，各种反馈控制电路应运而生。

在电子线路中，根据控制对象参数的不同，可将反馈控制电路分为 3 类：自动增益控制（Automatic Gain Control，AGC）电路、自动频率控制（Automatic Frequency Control，AFC）电路和自动相位控制（Automatic Phase Control，APC）电路。

其中，自动相位控制电路又称锁相环（Phase Locked Loop，PLL）电路，是应用最广泛的一种反馈控制电路。

△9.1　反馈控制系统的基本工作原理与分析

视频：9.1.1 反馈控制系统的基本工作原理

9.1.1　反馈控制系统的基本工作原理

【导学】

- 反馈控制系统的组成及工作原理。
- 反馈控制系统的工作过程。
- 反馈控制系统的特点。

1. 反馈控制系统的组成及工作原理

反馈控制系统原理框图如图 9.1.1 所示。

在图 9.1.1 中，比较器的作用是对外加的参考信号 $r(t)$和反馈信号 $f(t)$进行比较，通常取其差值，比较后的差值信号为 $e(t)$（误差信号）；可控特性设备在输入信号 $s(t)$的作用下产生输出信号 $y(t)$，其输出与输入特性的关系受误差信号 $e(t)$的控制，起到误差信号的校正作用；反馈环节的作用是将输出信号 $y(t)$按照一定的规律反馈到输入端，这个规律可以随着要求的不同而不同，它对整个环路的性能有着重要的作用。

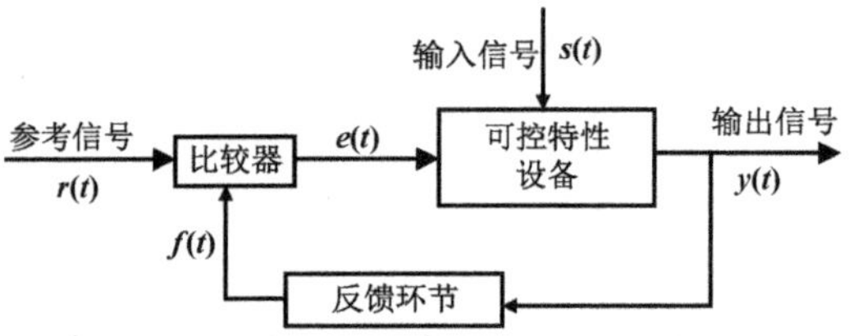

图 9.1.1　反馈控制系统原理框图

2. 反馈控制系统的工作过程

假设反馈控制系统已经处于稳定状态，输入信号为 s_0，输出信号为 y_0，参考信号为 r_0，比较器输出的误差信号为 e_0。

根据参考信号的不同，反馈控制系统可以在以下两种情况下工作。

（1）参考信号 r_0 保持不变，输出信号 $y(t)$发生变化。

$y(t)$发生变化的原因可能是输入信号 $s(t)$发生了变化，也可能是可控特性设备本身的特性发生了变化。$y(t)$的变化经过反馈环节将表现为反馈信号 $f(t)$的变化，使得输出信号 $y(t)$ 向着趋近于 y_0 的方向进一步变化。在反馈控制系统中，总是使输出信号 $y(t)$进一步变化的方向与原来的变化方向相反，即要减小 $y(t)$变化量。$y(t)$变化量的减小将使得比较器输出的误差信号减小。适当的设计可以使系统再次达到稳定状态，误差信号 $e(t)$的变化很小，这就意味着输出信号 $y(t)$偏离稳态值 y_0 的程度也很小，从而达到稳定输出 y_0 的目的。整个调整过程是自动进行的。

（2）参考信号 $r(t)$发生变化。

当 $r(t)$发生变化时，即使输入信号 $s(t)$和可控特性设备本身的特性没有发生变化，误差信号 $e(t)$也会发生变化。系统调整的结果使得误差信号 $e(t)$的变化很小，只能是输出信号 $y(t)$与参考信号 $r(t)$同方向的变化，即输出信号将随参考信号的变化而变化。

总之，在反馈控制的作用下，较大的参考信号变化和输出信号变化只会引起较小的误差信号变化。若要得到这种结果，则需要满足以下两个条件。

（1）使反馈信号变化的方向与参考信号变化的方向一致。

由于比较器输出的误差信号 $e(t)$是参考信号 $r(t)$与反馈信号 $f(t)$之差，即 $e(t)=r(t)-f(t)$，因此，只有当反馈信号与参考信号的变化方向一致时，才能抵消参考信号的变化，从而减小误差信号的变化。

（2）从误差信号到反馈信号的整个通路（包括可控特性设备、反馈环节和比较器）的增益要大。

从反馈控制系统的工作过程可以看出，整个调整过程就是反馈信号与参考信号之间的差值自动减小的过程，而反馈信号的变化受误差信号的控制。整个通路的增益越大，同样的误差信号的变化引起的反馈信号的变化就越大。这样，对于相同的参考信号与反馈信号之间的起始偏差，在系统重新达到稳定状态后，通路增益越大，误差信号的变化就越小，整个系统调整的质量就越高。但是，增大通路增益只能减小误差信号的变化，而不能将这个变化减小到零，这是因为补偿参考信号与反馈信号之间的起始偏差所需的反馈信号的变化只能由误差信号的变化产生。

3. 反馈控制系统的特点

（1）控制信号的产生和误差信号的校正全部都是自动完成的。

（2）系统是根据误差信号的变化进行调整的，而不管误差信号是由哪种原因产生的。

（3）系统的合理设计能够减小误差信号的变化，但不可能完全消除它。

9.1.2 反馈控制系统分析

【导学】

- 反馈控制系统的传递函数及数学模型。
- 反馈控制系统的基本特性分析。

1. 反馈控制系统的传递函数及数学模型

视频：9.1.2（1）反馈控制系统分析-传递函数及数学模型

分析反馈控制系统，就是要找到其参考信号与输出信号（又称被控信号）的关系，即要找到反馈控制系统的传输特性。反馈控制系统可以分为线性系统与非线性系统。这里着重分析线性系统。

若参考信号 $r(t)$的拉普拉斯变换为 $R(s)$，输出信号 $y(t)$的拉普拉斯变换为 $Y(s)$，则反馈控制系统的传输特性可表示为

$$T(s)=\frac{Y(s)}{R(s)} \qquad (9.1.1)$$

其中，$T(s)$为反馈控制系统的闭环传输函数。

下面推导闭环传输函数 $T(s)$的表达式，并利用它来分析反馈控制系统的传输特性。为此，需要先找出反馈控制系统中各个部件的传递函数及数学模型。

（1）比较器。

比较器输出的误差信号 $e(t)$通常与参考信号 $r(t)$和反馈信号 $f(t)$的差值成比例，即

$$e(t)=A_{\mathrm{cp}}[r(t)-f(t)] \qquad (9.1.2)$$

其中，A_{cp}为比例常数。

将式（9.1.2）写成拉普拉斯变换式：

$$E(s)=A_{\mathrm{cp}}[R(s)-F(s)] \qquad (9.1.3)$$

其中，$E(s)$是误差信号的拉普拉斯变换；$R(s)$是参考信号的拉普拉斯变换；$F(s)$是反馈信号的拉普拉斯变换。

（2）可控特性设备。

在误差信号的控制下产生相应输出信号的设备称为可控特性设备。与比较器一样，可

控特性设备的变化并不一定是线性的，为简化分析，假设它满足线性关系，即

$$y(t)=A_{c}e(t) \tag{9.1.4}$$

其中，A_c为比例常数。

将式（9.1.4）写成拉普拉斯变换式：

$$Y(s)=A_{c}E(s) \tag{9.1.5}$$

（3）反馈环节。

反馈环节的作用就是将输出信号 $y(t)$的形式变换为比较器所需的形式。例如，输出信号是交流信号，而比较器需要用反映交变信号的平均值的直流信号进行比较，此时反馈环节应能完成这种变换。反馈环节的另一个重要作用是按要求的规律传递输出信号。

反馈环节的传递函数的表达式为

$$H(s)=\frac{F(s)}{Y(s)} \tag{9.1.6}$$

根据上面各个部件的作用和数学模型，可以得到整个反馈控制系统的数学模型，如图 9.1.2 所示。

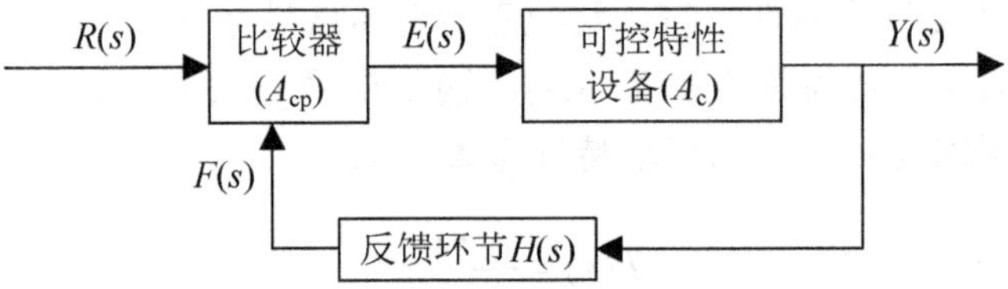

图 9.1.2　整个反馈控制系统的数学模型

在图 9.1.2 中，由于

$$\begin{aligned}Y(s)&=A_{c}E(s)\\&=A_{c}A_{cp}[R(s)-F(s)]\\&=A_{c}A_{cp}[R(s)-H(s)Y(s)]\\&=A_{c}A_{cp}R(s)-A_{c}A_{cp}H(s)Y(s)\end{aligned} \tag{9.1.7}$$

对式（9.1.7）进行整理，可得到反馈控制系统的闭环传递函数：

$$T(s)=\frac{Y(s)}{R(s)}=\frac{A_{c}A_{cp}}{1+A_{c}A_{cp}H(s)} \tag{9.1.8}$$

在分析反馈控制系统时，有时还要用到开环传递函数 $T_{op}(s)$、正向传递函数 $T_f(s)$和误差传递函数 $T_e(s)$的表达式。

开环传递函数是反馈信号 $F(s)$与误差信号 $E(s)$之比，其表达式为

$$T_{\mathrm{op}}(s)=\frac{F(s)}{E(s)}=A_{\mathrm{c}}H(s) \tag{9.1.9}$$

正向传递函数是输出信号 $Y(s)$与误差信号 $E(s)$之比，其表达式为

$$T_{\mathrm{f}}(s)=\frac{Y(s)}{E(s)}=A_{\mathrm{c}} \tag{9.1.10}$$

误差传递函数是误差信号 $E(s)$ 与参考信号 $R(s)$ 之比，根据式（9.1.8）和式（9.1.10），可得其表达式为

$$T_{\mathrm{e}}(s)=\frac{E(s)}{R(s)}=\frac{A_{\mathrm{cp}}}{1+A_{\mathrm{c}}A_{\mathrm{cp}}H(s)} \tag{9.1.11}$$

2. 反馈控制系统的基本特性分析

视频：9.1.2（2）反馈控制系统分析-基本特性分析

（1）反馈控制系统的瞬态响应与稳态响应。

假设反馈控制系统已选定，且已知 A_{c}、A_{cp} 和反馈环节的传递函数 $H(s)$，则在给定参考信号 $R(s)$ 后，就可根据式（9.1.8）求得该系统的输出信号 $Y(s)$，其表达式为

$$Y(s)=\frac{A_{\mathrm{c}}A_{\mathrm{cp}}}{1+A_{\mathrm{c}}A_{\mathrm{cp}}H(s)}R(s) \tag{9.1.12}$$

通常情况下，式（9.1.12）表示的是一个微分方程式，由线性系统分析可知，所求得的输出信号的时间函数 $y(t)$将包含稳态部分和瞬态部分。

（2）反馈控制系统的跟踪特性。

反馈控制系统的跟踪特性是指误差函数 $e(t)$与参考信号 $r(t)$之间的关系。根据式（9.1.11），可得

$$E(s)=\frac{A_{\mathrm{cp}}}{1+A_{\mathrm{c}}A_{\mathrm{cp}}H(s)}R(s) \tag{9.1.13}$$

当给定参考信号 $r(t)$时，求出其拉普拉斯变换并代入式（9.1.13），即可求出 $E(s)$，进行逆变换，就可得到误差信号 $e(t)$。

显然，误差信号的变化情况既取决于系统的参数 A_{cp}、A_{c} 和 $H(s)$，又取决于参考信号的形式。误差信号随时间变化的情况反映了参考信号和系统是怎样跟随变化的。

当需要了解系统在跟踪过程中有没有起伏及起伏的大小或误差信号减小到某一规定值所需的时间（跟踪速度）时，就需要了解整个跟踪过程。从数学上来说，就是在给定参考信号变化形式的情况下，求出误差信号的时间函数，但是这种计算往往是比较复杂的。

在实际应用中，往往不需要了解信号的跟踪过程，而只需了解系统稳定后误差信号的大小（稳态误差）即可。利用拉普拉斯变换的终值定理和误差传递函数的表达式，即

式（9.1.13），就可求得稳态误差值 e_s：

$$e_s = \lim_{t\to\infty} e(t) = \lim_{s\to 0} sE(s) = \lim_{s\to 0} \frac{sA_{cp}}{1 + A_c A_{cp} H(s)} R(s) \tag{9.1.14}$$

e_s 越小，系统的跟踪误差越小，跟踪特性越好。

（3）反馈控制系统的频率响应。

反馈控制系统在正弦信号作用下的稳态响应称为频率响应，可以用 jw 代替传递函数中的 s 得到。系统的闭环频率响应为

$$T(\mathrm{j}w) = \frac{Y(\mathrm{j}w)}{R(\mathrm{j}w)} = \frac{A_c A_{cp}}{1 + A_c A_{cp} H(\mathrm{j}w)} \tag{9.1.15}$$

此时，反馈控制系统等效为一个滤波器，$T(\mathrm{j}w)$ 也可以用幅频特性和相频特性来表示。如果参考信号的频谱函数为 $R(\mathrm{j}w)$，那么经过反馈控制系统后，它的不同频率分量的振幅和相位都将发生变化。

由式（9.1.15）可以看出，反馈环节的频率响应 $H(\mathrm{j}w)$ 对反馈控制系统的频率响应起决定性作用。因此，可以利用改变 $H(\mathrm{j}w)$ 的方法调整整个系统的频率响应。

与闭环频率响应一样，利用式（9.1.11）可求得误差频率响应：

$$T_e(\mathrm{j}w) = \frac{E(\mathrm{j}w)}{R(\mathrm{j}w)} = \frac{A_{cp}}{1 + A_c A_{cp} H(\mathrm{j}w)} \tag{9.1.16}$$

式（9.1.16）反映了误差信号的频谱函数与参考信号的频谱函数的关系。

（4）反馈控制系统的稳定性。

反馈控制系统的含义：在外来扰动的作用下，若环路脱离原来的稳定状态，经瞬变过程能再回到原来的稳定状态，则系统是稳定的；反之则是不稳定的。

若一个线性电路的传递函数 $T(s)$ 的全部极点（特征方程的根）都位于复平面的左半平面，则它的瞬态响应将按指数规律衰减（无论是振荡的还是非振荡的），这时环路是稳定的；反之，若其中一个或一个以上的极点处于复平面的右半平面或虚轴上，则环路的瞬态响应为等幅振荡或指数增长振荡，这时环路是不稳定的。

因此，由式（9.1.8），并根据环路的特征方程

$$1 + A_c A_{cp} H(s) = 0 \tag{9.1.17}$$

得出全部特征根都位于复平面的左半平面是环路稳定工作的充要条件。

（5）反馈控制系统的控制范围。

以上分析都是在假定比较器、可控特性设备及反馈环节具有线性特性的基础上进行的。这个假定只可能在一定的范围内成立，任何一个实际的反馈控制系统都有一个能够正常工作的范围。

9.2 自动增益控制电路

9.2.1 工作原理与性能指标

【导学】
- ➢ 自动增益控制电路的作用与组成。
- ➢ 自动增益控制电路中误差信号的提取。
- ➢ 自动增益控制电路中低通滤波器的作用。
- ➢ 自动增益控制电路的控制过程。
- ➢ 自动增益控制电路的动态范围。
- ➢ 自动增益控制电路的响应时间特性。

1. 电路组成

自动增益控制电路就是一种在输入信号振幅变化很大的情况下，调节可控增益放大器的增益，使输出信号振幅基本恒定或仅在较小范围内变化的一种电路，其组成框图如图9.2.1所示。自动增益控制电路是某些电子设备，特别是接收设备的重要辅助电路之一。

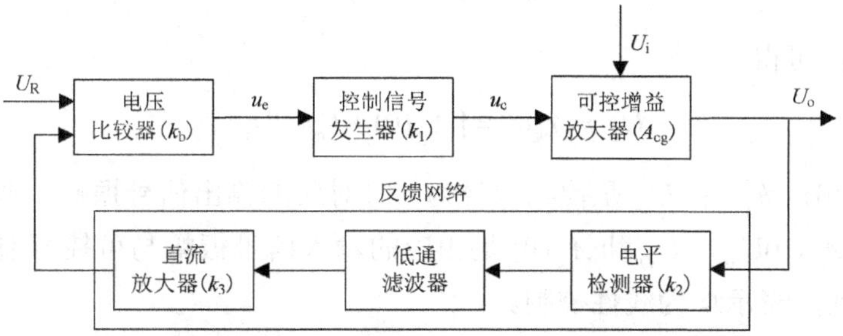

图 9.2.1 自动增益控制电路的组成框图

设输入信号的振幅为U_i，输出信号的振幅为U_o，可控增益放大器的增益为A_{cg}，则有

$$U_o = A_{cg} U_i \tag{9.2.1}$$

2. 误差信号的提取

在自动增益控制电路中，误差信号提取电路采用电压比较器的形式。反馈网络由电平检测器、低通滤波器和直流放大器组成，如图 9.2.1 所示。反馈网络检测输出信号振幅电平（平均电平或峰值电平），滤除不需要的较高频率分量后进行适当放大，与恒定的参考电平 U_R 做比较，产生一个误差信号。控制信号发生器在这里相当于一个比例环节，增益为 k_1。当 U_i 减小而使 U_o 减小时，环路产生的控制信号 u_c 将使可控增益放大器的增益 A_{cg} 增大，从而使 U_o 趋于增大。

视频：9.2.1（1）工作原理与性能指标-误差信号的提取、低通滤波器的作用

当 U_i 增大而使 U_o 增大时，环路产生的控制信号 u_c 将使可控增益放大器的增益 A_{cg} 减小，从而使 U_o 趋于减小。无论何种情况，通过环路不断地循环反馈，都应该使输出信号振幅 U_o 保持基本不变或仅在较小范围内变化。

3．低通滤波器的作用

环路中的低通滤波器是非常重要的。由发射功率的变化、距离的变化，以及电波传播过程中衰落等引起的信号强度的变化都是比较缓慢的，因此整个环路应具有低通传输特性，只有这样，才能保证仅对信号电平的缓慢变化有控制作用。尤其在输入为调幅信号时，为了使调幅波的有用幅值变化（如普通调幅波的包络变化）不会被自动增益控制电路的控制作用抵消（此现象称为反调制），必须恰当选择环路的频率响应特性和上限截止频率，使环路对高于截止频率的调制信号的变化无响应，而仅对低于截止频率的缓慢变化的信号有控制作用。也就是说，环路截止频率必须低于调制信号的最低频率，只有这样，才不会出现反调制现象。环路带宽取决于低通滤波器的截止频率。

视频：9.2.1（2）工作原理与性能指标-控制过程、动态范围、响应时间特性

4．控制过程

假设输出信号的振幅 U_o 与控制电压 u_c 的关系为

$$U_o = U_{o0} + k_c u_c = U_{o0} + \Delta U_o \tag{9.2.2}$$

根据式（9.2.1），可得

$$U_o = A_{cg} U_i = [A_{cg}(0) + k_g u_c] U_i \tag{9.2.3}$$

其中，$A_{cg} = A_{cg}(0) + k_g u_c$；$U_{o0}$ 是控制信号为 0 时对应的输出信号振幅，即理想的输出信号振幅，且 $U_{o0} = A_{cg}(0) U_{i0}$，$U_{i0}$ 和 $A_{cg}(0)$ 是相应的输入信号振幅与可控增益放大器的增益；k_c 和 k_g 皆为常数，表示均为线性控制。

假设低通滤波器对于直流信号的传递函数为 $H(s)=1$，当误差信号 $u_e = 0$ 时，由图 9.2.1 可写出 U_R 和 U_{o0}、U_{i0} 之间的关系，即

$$U_R = k_2 k_3 U_{o0} = k_2 k_3 A_{cg}(0) U_{i0} \tag{9.2.4}$$

当输入信号的振幅 $U_i \neq U_{i0}$ 且保持恒定时，环路经自身调节后达到新的平衡状态，这时的误差电压为

$$u_{e\infty} = k_b (U_R - k_2 k_3 U_{o\infty}) \tag{9.2.5}$$

又因为

$$U_{o\infty} = [A_{cg}(0) + k_c k_1 u_{e\infty}] U_i \tag{9.2.6}$$

所以，由式（9.2.5）和式（9.2.6）可知，$u_{e\infty} \neq 0$，否则与式（9.2.4）进行比较，将有 $U_i = U_{i0}$，与条件不符合。同时说明 $U_{o\infty} \neq U_{o0}$，即自动增益控制电路是有电平误差的控制电路。在式（9.2.5）中，k_2、k_3 和 k_b 均为比例系数。

5. 动态范围

自动增益控制电路的作用就是利用电压误差信号 u_e 消除输出信号振幅 U_o 与理想电压振幅 U_{o0} 之间的电压误差。当电路达到平衡状态后，仍会有电压误差存在，从对自动增益控制电路的实际要求考虑，一方面希望输出信号振幅的变化越小越好，即与理想电压振幅 U_{o0} 的误差越小越好；另一方面希望容许输入信号振幅 U_i 的变化越大越好，即在给定输出信号振幅的变化范围内，容许输入信号振幅的变化越大，此时自动增益控制电路的动态范围越大、性能越好。

假设 m_o 是自动增益控制电路限定的输出信号振幅的最大值与最小值之比（输出动态范围），即

$$m_o = \frac{U_{omax}}{U_{omin}} \tag{9.2.7}$$

m_i 是自动增益控制电路容许的输入信号振幅的最大值与最小值之比（输入动态范围），即

$$m_i = \frac{U_{imax}}{U_{imin}} \tag{9.2.8}$$

将 m_i 与 m_o 的比值称为可控增益放大器的增益控制倍数，用 n_g 表示，即

$$n_g = \frac{m_i}{m_o} = \frac{U_{imax}/U_{imin}}{U_{omax}/U_{omin}} = \frac{U_{omin}/U_{imin}}{U_{omax}/U_{imax}} = \frac{A_{cgmax}}{A_{cgmin}} \tag{9.2.9}$$

其中，A_{cgmax} 是输入信号振幅最小时可控增益放大器的增益，显然，这应是它的最大增益；A_{cgmin} 是输入信号振幅最大时可控增益放大器的增益，显然，这应是它的最小增益。

由式（9.2.9）可知，可控增益放大器的增益控制倍数 n_g 越大，表明自动增益控制电路的输入动态范围越大，输出动态范围越小，自动增益控制电路的性能越佳。可控增益放大器的增益控制倍数 n_g 也可称为增益动态范围，通常用分贝数来表示。

6. 响应时间特性

自动增益控制电路就是通过对可控增益放大器增益的控制来实现对输出信号振幅变化的限制的，而增益的变化又取决于输入信号振幅的变化。因此，要求自动增益控制电路的响应既要能跟得上输入信号振幅的变化速度，又不会出现反调制现象，这就是响应时间特性。

对自动增益控制电路响应时间长短的要求取决于输入信号的类型和特点，根据响应时间的长短，可将自动增益控制电路分为慢速自动增益控制电路和快速自动增益控制电路。而响应时间的调节由环路的带宽决定，主要取决于低通滤波器的带宽。低通滤波器的带宽越宽，响应时间越短，但容易出现反调制现象。

增益动态范围和响应时间是自动增益控制电路的两个主要性能指标。

例题 9.2.1

已知接收机输入信号振幅的增益动态范围为 72dB，输出信号振幅限定的变化范围为

30%。若单级放大电路的增益动态范围为 25dB，那么需要几级自动增益控制电路才能满足要求？

解： 根据式（9.2.7），可得

$$\begin{aligned}20\lg m_{\text{o}} &= 20\lg\frac{U_{\text{omax}}}{U_{\text{omin}}}\\ &= 20\lg\left(1+\frac{U_{\text{omax}}-U_{\text{omin}}}{U_{\text{omin}}}\right)\\ &= 20\lg(1+0.3)\,\text{dB}\\ &\approx 2.28\text{dB}\end{aligned}$$

根据式（9.2.9），可得

$$\begin{aligned}n_{\text{g}} &= 20\lg\frac{A_{\text{cgmax}}}{A_{\text{cgmin}}}\\ &= 20\lg\frac{m_{\text{i}}}{m_{\text{o}}} = 20\lg m_{\text{i}} - 20\lg m_{\text{o}}\\ &= 72\text{dB} - 2.28\text{dB} = 69.72\text{dB}\end{aligned}$$

因此，所需的自动增益控制电路的级数为

$$n = \frac{69.72\text{dB}}{25\text{dB}} \approx 3$$

例题 9.2.2

在如图 9.2.2 所示的自动增益控制电路的组成框图中，u_{i} 和 u_{o} 分别为输入信号与输出信号；参考信号 $U_{\text{R}} = 1\text{V}$；可控增益放大器的增益 $A_{\text{cg}}(u_{\text{c}}) = 1 + 0.3u_{\text{c}}$，理想的要求是增益为 1。当输入信号振幅 U_{i} 的变化范围为±1.5dB 时，要求输出信号振幅 U_{o} 的变化范围限制在±0.05dB 以内，此时直流放大器的增益 k_1 的最小值为多少？

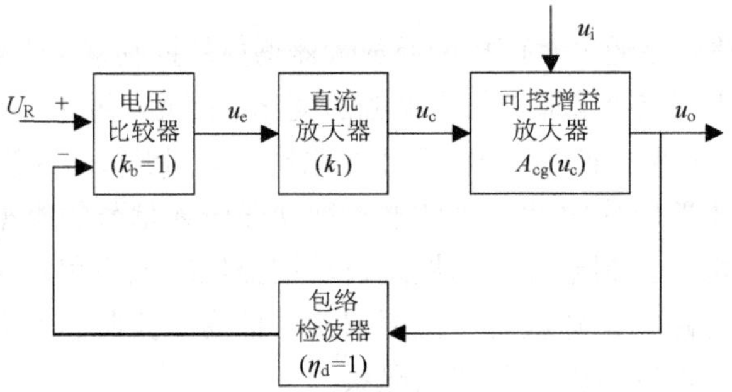

图 9.2.2　例题 9.2.2 图

解： 由图 9.2.2 可知

$$u_{\text{c}} = k_1 u_{\text{e}} = k_1 k_{\text{b}}(U_{\text{R}} - \eta_{\text{d}} U_{\text{o}})$$

而且有

$$U_o = A_{cg}(u_c)U_i = (1+0.3u_c)U_i$$

因此

$$\begin{aligned} U_o &= [1+0.3k_1k_b(U_R-\eta_d U_o)]U_i \\ &= U_i + 0.3k_1k_bU_i(U_R-\eta_d U_o) \end{aligned}$$

代入已知数据，可求得

$$k_1 = \frac{U_o - U_i}{0.3U_i(1-U_o)}$$

当输入信号振幅 U_i 的变化为 1.5dB 时，要求输出信号振幅 U_o 的变化范围限制在 0.05dB 以内，转换成倍数，分别为 1.189 和 1.006，因此有

$$k_1 = \frac{1.006-1.189}{0.3\times1.189\times(1-1.006)} \approx 86$$

当输入信号振幅 U_i 的变化为−1.5dB 时，要求输出信号振幅 U_o 的变化范围限制在−0.05dB 以内，转换成倍数，分别为 0.841 和 0.994，因此有

$$k_1 = \frac{0.994-0.841}{0.3\times0.841\times(1-0.994)} \approx 101$$

综合以上分析可知，直流放大器的增益 k_1 必须满足 $k_1 \geqslant 101$，即直流放大器的增益 k_1 的最小值为 101。

视频：9.2.2 自动增益控制电路的类型

9.2.2 自动增益控制电路的类型

【导学】

- 简单自动增益控制电路的优点、缺点及适用场合。
- 延迟自动增益控制电路的原理。

1. 简单自动增益控制电路

在简单自动增益控制电路中，参考信号 $U_R = 0$。无论输入信号振幅 U_i 的大小如何，自动增益控制电路都会使可控增益放大器的增益 A_{cg} 减小，从而使输出信号振幅 U_o 的变化减小。简单自动增益控制电路的输入–输出特性曲线如图 9.2.3 所示。

简单自动增益控制电路的优点为线路简单，在实用电路中不需要电压比较器；缺点为对微弱信号的接收很不利，因为在输入信号振幅很小时，可控放大电路的增益仍然会受到反馈控制作用而有所减小。若前级可控增益放大电路的增益减小，则会导致系统的噪声系数下降，从而使接收灵敏度降低。因此，简单自动增益控制电路仅适用于输入信号振幅较大的场合。

2. 延迟自动增益控制电路

延迟自动增益控制电路的输入-输出特性曲线如图 9.2.4 所示。延迟自动增益控制电路中有一个起控门限，就是比较电路的参考信号 U_R，由式（9.2.4）可知，它对应的输入信号振幅为 U_{i0}，即图 9.2.4 中的 U_{imin}。

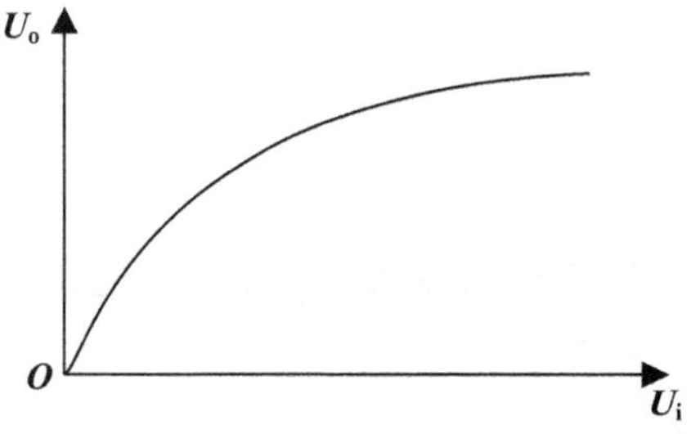

图 9.2.3　简单自动增益控制电路的输入-输出特性曲线

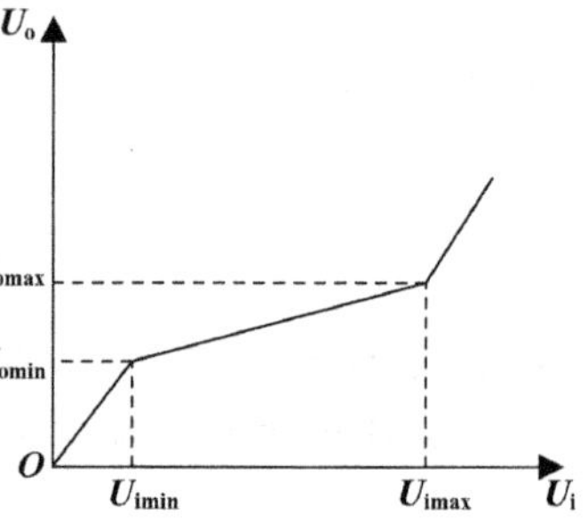

图 9.2.4　延迟自动增益控制电路的输入-输出特性曲线

当输入信号振幅 U_i 小于 U_{imin} 时，反馈环路断开，自动增益控制电路不起作用，可控增益放大器的增益 A_{cg} 不变，输出信号振幅 U_o 与输入信号振幅 U_i 呈线性关系。当 U_i 大于 U_{imin} 后，反馈环路接通，自动增益控制电路开始产生误差信号和控制信号，使可控增益放大器的增益 A_{cg} 有所减小，保持输出信号 U_o 基本恒定或仅有微小变化。当输入信号 U_i 大于 U_{imax} 后，自动增益控制电路的作用消失。可见，U_{imin} 与 U_{imax} 之间即容许的输入信号的动态范围，U_{omin} 与 U_{omax} 之间即对应的输出信号的动态范围。

由于这种自动增益控制电路只有延迟到输入信号振幅 U_i 大于 U_{imin} 之后才开始起控制作用，故称之为延迟自动增益控制电路。注意：此处的“延迟”并不是指时间上的延迟。

9.2.3　实用电路介绍

【导学】

- 晶体三极管收音机中简单自动增益控制电路的工作原理。
- 电视机中使用的自动增益控制电路的工作原理。

1. 晶体三极管收音机中的简单自动增益控制电路

图 9.2.5 所示为晶体三极管收音机中的简单自动增益控制电路。其中，电阻 R_2 与电容 C_3 组成低通滤波器，从检波后的音频信号中取出直流分量作为控制信号，直接对晶体三极管进行增益控制。若音频信号中的直流分量增大，则电容 C_3 上的电位升高，导致晶体三极管的基极电位升高，基极和发射极之间的静态压差减小，使得集电极平均电流减小，增益减小。通过调节电阻 R_2，可使低通滤波器的截止频率低于解调后音频信号的最低频率，以避免出现反调制现象。

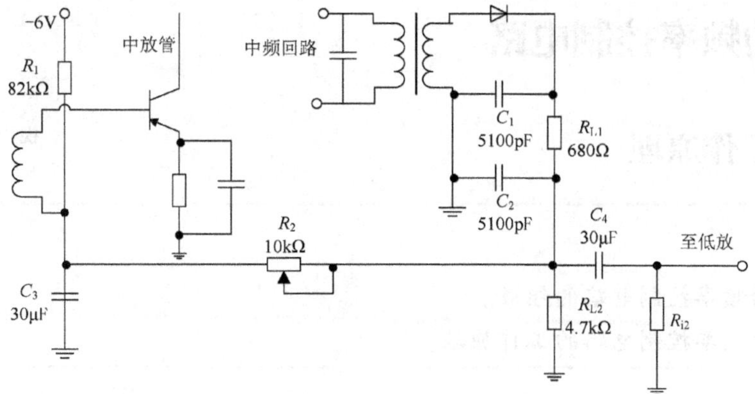

图 9.2.5　晶体三极管收音机中的简单自动增益控制电路

2. 电视机中使用的自动增益控制电路

在电视机中，自动增益控制电路也得到了广泛应用。电视机中使用的自动增益控制电路的组成框图如图 9.2.6 所示。其中，自动增益控制检波电路用来对预视频放大电路输出的全电视信号进行检波，得到与信号电平高低有关的直流信号，对其进行直流放大以提高自动增益控制的灵敏度。为了使控制更加合理，图 9.2.6 中采用了两级延迟自动增益控制：当输入信号振幅 U_i 超过某一定值 U_{i1} 后，先对中频放大电路进行增益控制，而高频放大电路的增益不变，这是第一级延迟自动增益控制；当输入信号振幅 U_i 超过另一定值 U_{i2} 后，中频放大电路的增益不再减小，而高频放大电路的增益开始受控制，这是第二级延迟自动增益控制。两级延迟自动增益随输入信号振幅 U_i 的变化曲线如图 9.2.7 所示。采用两级延迟自动增益控制的原因在于，当输入信号不是很大时，保持高频放大电路处于最大增益状态，以使高频放大电路的输出信噪比不会降低，有助于减小接收机的总噪声系数。

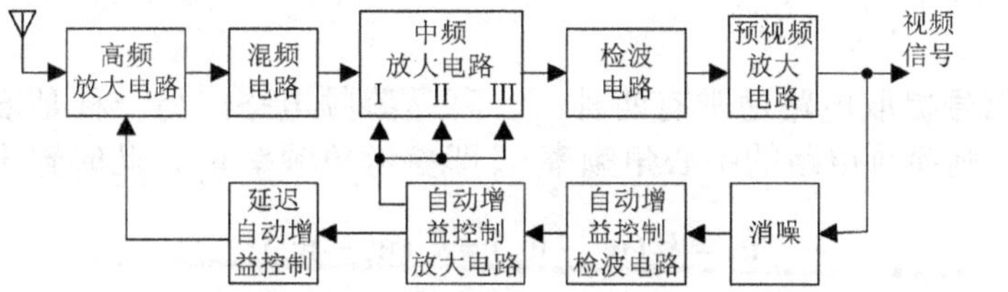

图 9.2.6　电视机中使用的自动增益控制电路的组成框图

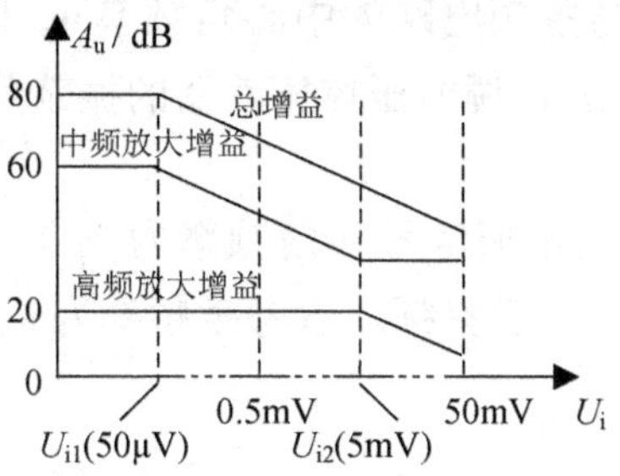

图 9.2.7　两级延迟自动增益随输入信号振幅 U_i 的变化曲线

9.3 自动频率控制电路

视频：9.3.1 工作原理

9.3.1 工作原理

【导学】

> 自动频率控制电路的组成。
> 自动频率控制电路的工作原理。

自动频率控制电路由频率误差信号提取电路、低通滤波器和可控频率器件 3 部分组成，如图 9.3.1 所示。

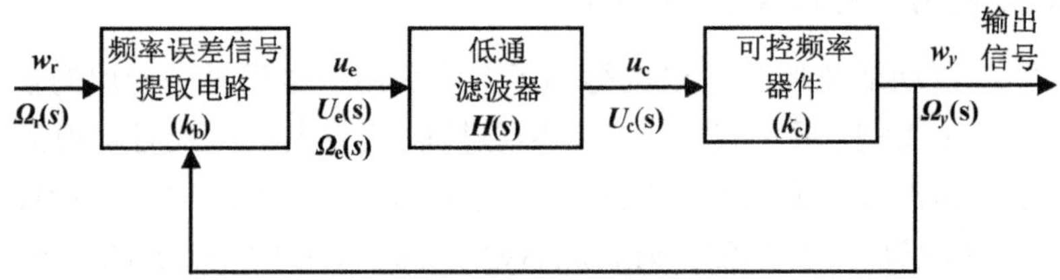

图 9.3.1　自动频率控制电路的组成框图

自动频率控制电路的控制参数是频率。可控频率器件通常是压控振荡器，其输出振荡角频率可写为

$$w_y = w_{y0} + k_c u_c \tag{9.3.1}$$

其中，w_{y0} 是控制信号 $u_c = 0$ 时的振荡角频率，称为压控振荡电路的固有振荡角频率；k_c 是压控灵敏度。

频率误差信号提取电路通常有两种：一种是鉴频电路，另一种是混频-鉴频电路。如果是鉴频电路，则鉴频电路的中心角频率 w_0 即参考角频率 w_r，此时输出误差电压为

$$u_e = k_b(w_0 - w_y) = k_b(w_r - w_y) \tag{9.3.2}$$

其中，k_b 是鉴频灵敏度。

当输出信号的角频率 w_y 与鉴频电路的中心角频率 w_0 不相等时，误差电压 $u_e \neq 0$，经过低通滤波器后输出控制电压 u_c，调节压控振荡器的振荡角频率，使之稳定在鉴频电路的中心角频率 w_0 上。

如果是混频-鉴频电路，则本振信号（角频率为 w_L）与输出信号（角频率为 w_y）先混频，输出差频 $w_d = w_y - w_L$，然后鉴频。参考角频率为 $w_r = w_0 + w_L$，此时鉴频电路输出的误差电压为

$$u_e = k_b(w_0 - w_d) = k_b[(w_0 + w_L) - w_y] = k_b(w_r - w_y) \tag{9.3.3}$$

若差频 w_d 与鉴频电路的中心角频率 w_0 不相等，则误差电压 $u_e \neq 0$，经低通滤波器后输出控制电压 u_c，调节压控振荡器的振荡角频率 w_y，使之与本振信号的角频率 w_L 的差值 w_d 稳定在鉴频电路的中心角频率 w_0 上。若 w_L 是变化的，则 w_y 将跟随 w_L 的变化而变化，保持其差频 w_d 基本不变。此时，w_L 可以看作输入信号的角频率 w_i，而输出信号的角频率 w_y 则跟随输入信号的角频率 w_i 的变化而变化，从而实现频率跟踪。

视频：9.3.2 性能指标

9.3.2 性能指标

【导学】

- 自动频率控制电路的暂态/稳态响应。
- 自动频率控制电路的跟踪特性。

对于自动频率控制电路，其主要性能指标为暂态/稳态响应及跟踪特性。

1. 暂态/稳态响应

根据图 9.3.1，可求得自动频率控制电路的闭环传递函数，其表达式如下：

$$T(s)=\frac{\Omega_y(s)}{\Omega_r(s)}=\frac{k_b k_c H(s)}{1+k_b k_c H(s)} \tag{9.3.4}$$

由此可得到输出信号角频率的拉普拉斯变换表达式：

$$\Omega_y(s)=\frac{k_b k_c H(s)}{1+k_b k_c H(s)}\Omega_r(s) \tag{9.3.5}$$

对式（9.3.5）求拉普拉斯反变换，即可得到自动频率控制电路的时域响应，包括暂态响应和稳态响应。

2. 跟踪特性

根据图 9.3.1，可求得自动频率控制电路的误差传递函数，其表达式如下：

$$T_e(s)=\frac{\Omega_e(s)}{\Omega_r(s)}=\frac{1}{1+k_b k_c H(s)} \tag{9.3.6}$$

注意：此处的误差传递函数 $T_e(s)$ 是误差角频率 $\Omega_e(s)$ 与参考角频率 $\Omega_r(s)$ 之比。

在自动频率控制电路中，误差角频率 w_e 的时域稳态误差的表达式如下：

$$w_{e\infty}=\lim_{s\to 0} s\Omega_e(s)=\lim_{s\to 0}\frac{s}{1+k_b k_c H(s)}\Omega_r(s) \tag{9.3.7}$$

9.3.3　自动频率控制电路的应用

视频：9.3.3 自动频率控制电路的应用

【导学】

- ➢ 自动频率控制电路在调幅接收机中的应用。
- ➢ 自动频率控制电路在调频接收机中的应用。

1. 在调幅接收机中用于稳定中频

超外差式接收机是一种重要的接收系统，它首先利用混频器将不同载频的高频已调幅信号转换成载频为固定中频的已调波信号，然后进行中频放大和解调，其整机增益和选择性主要取决于中频放大器的性能，这就要求中频稳定，因此，通常采用自动频率控制电路。图 9.3.2 所示为调幅接收机中的自动频率控制电路的组成框图。

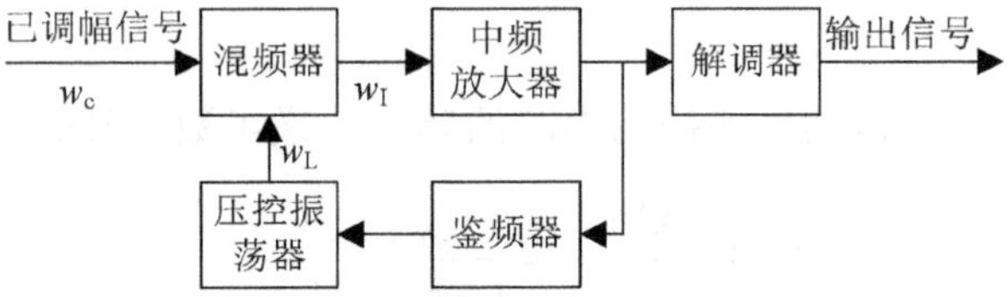

图 9.3.2　调幅接收机中的自动频率控制电路的组成框图

在正常工作情况下，收到的已调幅信号的载频为 w_c，本振信号的角频率为 w_L，混频后输出的中频信号角频率为 $w_I = w_L - w_c$。假设由于某种原因，本振信号的角频率发生了偏移，偏移量为 Δw_L，变为 $w_L + \Delta w_L$，则混频后的中频将变为 $w_I + \Delta w_L$。中频信号经过中频放大器放大后传输给鉴频器，鉴频器将产生相应的误差电压 u_e，经压控振荡器后控制本振信号的角频率 w_L，使其向相反方向变化，从而使混频后的中频也向相反方向变化。经过不断地循环反馈，系统达到新的稳定状态，实际中频与 w_I 的偏移量将远小于 Δw_L，从而达到稳定中频的目的。

2. 在调频接收机中用于改善解调质量

鉴频器对输入信噪比有一个门限要求。当输入信噪比高于解调门限时，解调后的输出信噪比较高；当输入信噪比低于解调门限时，解调后的输出信噪比将急剧下降。因此，为了保证解调质量，必须使鉴频器的输入信噪比高于解调门限。由于鉴频器的前一级通常为中频放大器，因此，鉴频器的输入信噪比与中频放大器的输出信噪比直接相关。想要提高中频放大器的输出信噪比，可以通过减小其输出噪声来实现，而减小输出噪声又可采用压缩中频放大器带宽的方法来实现。采用自动频率控制电路压缩调频接收机中的中频放大器的带宽，以改善解调质量，这样的系统称为调频负反馈解调器。调频接收机中的自动频率控制电路的组成框图如图 9.3.3 所示。

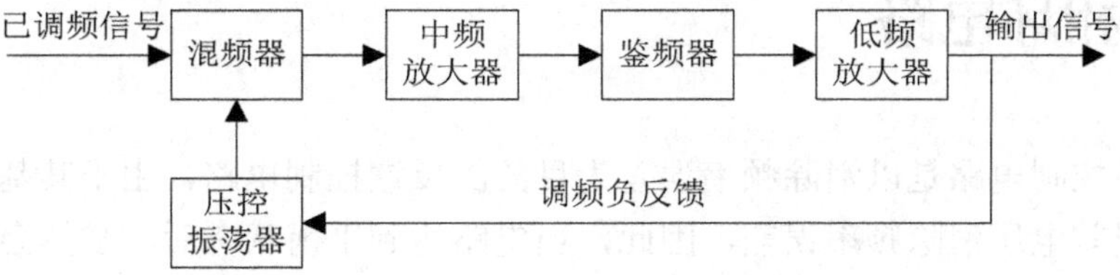

图 9.3.3　调频接收机中的自动频率控制电路的组成框图

假设收到的已调频信号的载频为 w_c，频偏为 Δw_c；压控振荡器产生的本振信号角频率为 w_L，频偏为 Δw_L；中频为 w_I，频偏为 Δw_I。

由图 9.3.1 写出的自动频率控制电路的角频率误差传递函数的表达式如式（9.3.6）所示（$T_e(s)=\dfrac{\Omega_e(s)}{\Omega_r(s)}=\dfrac{1}{1+k_b k_c H(s)}$）。其中，$\Omega_e(s)$ 和 $\Omega_r(s)$ 分别对应中频的频偏 Δw_I 与载频的频偏 Δw_c 的拉普拉斯变换；k_b 为混频-鉴频器输出误差电压与输入频率误差的比值；k_c 为压控振荡器的压控灵敏度。在图 9.3.3 中，中频放大器起到放大电压振幅的作用，与频率变化无关，故在此不考虑。

若低频放大器在通频带内的传递函数为 $H(s)=k_1$，则中频频偏的表达式为

$$\Delta w_I=\frac{\Delta w_c}{1+k_b k_c k_1} \tag{9.3.8}$$

由式（9.3.8）可以看出，由于调频负反馈作用，中频频偏 Δw_I 被压缩为输入信号频偏 Δw_c 的 $\dfrac{1}{1+k_b k_c k_1}$，因此，中频放大器的工作频带可以根据压缩后的中频频偏适当减小，从而减小中频放大器的输出噪声，提高输出信噪比。

采用调频负反馈方法虽然能够减小中频放大器的输出噪声，但由于中频频偏被压缩，鉴频器输出的解调信号动态范围减小，整体的鉴频灵敏度降低，这一点是不利的。因此，是否采用调频负反馈方法及反馈量的大小应根据实际情况而定。

调幅接收机中的中频稳定电路与调频负反馈电路虽然都是利用自动频率控制电路实现的，但是两者利用自动频率控制电路的目的和参数选择是不一样的。前者的目的是尽量减小中频信号的频偏（理想情况下频偏为零），因此稳态时频偏越小，系统性能越好；后者的目的是适当减小输入信号的频偏，但是并不希望它为零，如果频偏为零，那么调制信息会丢失，只要中频频偏的大小对应的中频放大器的带宽能使中频放大器的输出信噪比高于鉴频器的解调门限或满足要求就可以。在低通滤波器截止频率的选择上，前者应使其带宽足够窄，从而使加在压控振荡器上的控制电压仅仅反映中频频偏的缓变电压；后者应使其带宽足够宽，以便不失真地使解调后的调制信号顺利通过。通常将前者称为载波跟踪型自动频率控制电路，后者称为调制跟踪型自动频率控制电路。

△9.4 锁相环电路

自动频率控制电路是以消除频率误差为目的的反馈控制电路，由于其基本工作原理就是利用频率误差电压消除频率误差，因此，当电路达到平衡状态后，必然会有剩余频率误差存在，即频率误差不可能为零，这是自动频率控制电路一个不可克服的缺点。

锁相环电路也是一种以消除频率误差为目的的反馈控制电路，但是其基本工作原理是利用相位误差电压消除频率误差，因此，当电路达到平衡状态后，虽然有剩余相位误差存在，但频率误差可以为零，从而实现无频差（频率误差）的频率跟踪和相位跟踪。由于锁相环电路易于集成、性能优越，因此它在通信、雷达、导航和仪表等方面都得到了广泛应用。

视频：9.4.1 工作原理

9.4.1 工作原理

【导学】

- ➢ 锁相环电路的组成、工作原理及各组成部分的作用。
- ➢ 锁相环电路的相位模型及基本环路方程。

锁相环电路主要由鉴相器、环路滤波器和压控振荡器 3 部分组成，如图 9.4.1 所示。其中，被控参量是相位。锁相环电路的受控对象是压控振荡器，鉴相器和环路滤波器组成反馈比较控制器。

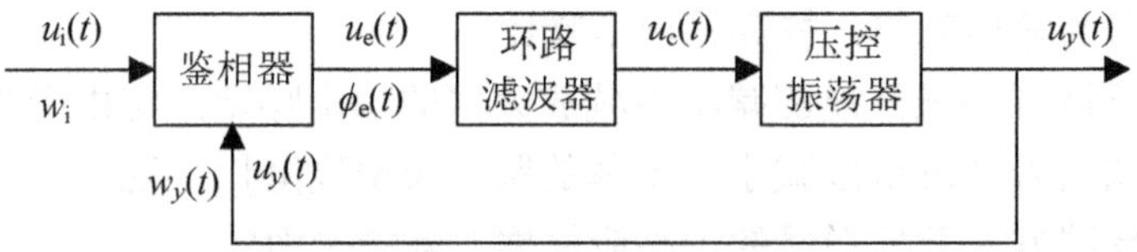

图 9.4.1　锁相环电路的组成框图

在图 9.4.1 中，$u_i(t)$是输入参考电压，w_i是输入参考电压的角频率；$u_y(t)$是压控振荡器的输出电压，$w_y(t)$是压控振荡器输出电压的角频率。若 $w_i \neq w_y(t)$，则 $u_i(t)$与 $u_y(t)$之间势必会产生随时间变化的相位差 $\phi_e(t)$，鉴相器就会输出一个与相位差 $\phi_e(t)$成正比的误差电压 $u_e(t)$。该电压经过环路滤波器后，取出其中的直流分量或缓慢变化的低频电压分量 $u_c(t)$作为控制电压，控制压控振荡器的频率，以使相位差 $\phi_e(t)$不断减小。当该相位差减小到某一较小的恒定值时（剩余相差），由 $\Delta w(t)=\dfrac{\mathrm{d}\phi_e(t)}{\mathrm{d}t}=0$ 可知，此时 $\Delta w(t)=w_i-w_y(t)=0$，即 $w_y(t)=w_i$，锁相环进入锁定状态。

由此可见，锁相环电路就是一个相位误差反馈控制系统，它比较的是输入参考信号与输出信号的相位，调整的是压控振荡器的频率，通过相位来控制频率以实现无误差的频率跟踪。

1．鉴相器

在锁相环电路中，鉴相器的作用就是完成输入参考信号与压控振荡器输出信号之间的相位差到电压的变换。

假设鉴相器的输入信号 $u_i(t)$和压控振荡器的输出信号 $u_y(t)$均为单频余弦波，通常情况下，这两个信号的频率是不同的；w_{y0} 和 $w_{y0}t+\phi_{y0}$ 分别是压控振荡器未加控制电压时的中心角频率与相位，其中，ϕ_{y0} 为初始相位；$\phi_1(t)$ 是 $u_i(t)$与压控振荡器输出信号（未加控制电压时）的相位差，$\phi_2(t)$ 是 $u_y(t)$与压控振荡器输出信号（未加控制电压时）的相位差，即

$$\phi_1(t)=\phi_i(t)-(w_{y0}t+\phi_{y0}) \tag{9.4.1}$$

$$\phi_2(t)=\phi_y(t)-(w_{y0}t+\phi_{y0}) \tag{9.4.2}$$

将式（9.4.1）和式（9.4.2）相减，可得

$$\phi_1(t)-\phi_2(t)=\phi_i(t)-\phi_y(t) \tag{9.4.3}$$

若采用模拟乘法器组成的乘积鉴相器，则根据鉴相特性和式（9.4.3），可得输出误差电压的表达式为

$$u_e(t)=k_b\sin[\phi_1(t)-\phi_2(t)]=k_b\sin\phi_e(t) \tag{9.4.4}$$

其中，k_b 为乘积鉴相器的增益，为一常数。

2．环路滤波器

环路滤波器是一个低通滤波器，作用是滤除鉴相器输出电流中的无用组合频率分量及其他干扰分量，以保证环路所要求的性能，并提高环路的稳定性。

假设环路滤波器的传递函数为 $H(s)$，则有

$$H(s)=\frac{U_c(s)}{U_e(s)} \tag{9.4.5}$$

若将 $H(s)$中的 s 用微分算子 $p=\frac{d}{dt}$ 替换，则可以写出 $H(s)$对应的微分方程：

$$H(p)=\frac{u_c(t)}{u_e(t)} \tag{9.4.6}$$

3．压控振荡器

在锁相环电路中，压控振荡器受环路滤波器输出电压 $u_c(t)$ 的控制。在有限的控制电压范围内，压控振荡器的振荡角频率 $w_y(t)$ 与其控制电压 $u_c(t)$ 可写为以下线性关系表达式：

$$w_y(t)=w_{y0}+k_c u_c(t) \tag{9.4.7}$$

其中，k_c 为压控灵敏度，为一常数。

压控振荡器输出信号 $u_y(t)$的相位为

$$\phi_y(t)=\int_0^t w_y(\tau)\mathrm{d}\tau+\phi_{y0}=w_{y0}t+k_\mathrm{c}\int_0^t u_\mathrm{c}(\tau)\mathrm{d}\tau+\phi_{y0} \tag{9.4.8}$$

根据式（9.4.2），可求得

$$\phi_2(t)=k_\mathrm{c}\int_0^t u_\mathrm{c}(\tau)\mathrm{d}\tau \tag{9.4.9}$$

虽然压控振荡器的振荡角频率 $w_y(t)$与其控制电压 $u_\mathrm{c}(t)$是线性关系，但其瞬时相位变化 $\phi_2(t)$与其控制电压 $u_\mathrm{c}(t)$是积分关系。因此，对锁相环电路来说，压控振荡器被视为一个积分电路。若用积分算子 $\dfrac{1}{p}=\int_0^t(\ )\mathrm{d}\tau$ 来表示，则式（9.4.9）可写为

$$\phi_2(t)=k_\mathrm{c}\frac{u_\mathrm{c}(t)}{p} \tag{9.4.10}$$

4．环路相位模型

根据式（9.4.4）、式（9.4.6）和式（9.4.10）确立的鉴相器、环路滤波器与压控振荡器的数学模型及图 9.4.1，可建立锁相环电路的相位模型（见图 9.4.2），并可写出一个统一的方程式，即

$$\phi_\mathrm{e}(t)=\phi_1(t)-\phi_2(t)=\phi_1(t)-\frac{k_\mathrm{c}k_\mathrm{b}H(p)\sin\phi_\mathrm{e}(t)}{p} \tag{9.4.11}$$

对式（9.4.11）左右两边同时求积分，可得

$$p\phi_\mathrm{e}(t)=p\phi_1(t)-k_\mathrm{c}k_\mathrm{b}H(p)\sin\phi_\mathrm{e}(t) \tag{9.4.12}$$

其中，$p\phi_\mathrm{e}(t)$为瞬时相位误差$\phi_\mathrm{e}(t)$随时间的变化率，称为瞬时频差；$p\phi_1(t)$为输入信号相位差$\phi_1(t)$随时间的变化率，称为固有频差，是输入信号频率与压控振荡器中心角频率的差值；$k_\mathrm{c}k_\mathrm{b}H(p)\sin\phi_\mathrm{e}(t)$ 称为控制频差，因为这一项是由控制电压 $u_\mathrm{c}(t)$产生的。

式（9.4.12）即基本环路方程。基本环路方程从数学上描述了锁相环电路相位调节的动态过程，说明在闭合环路中，任何时刻的瞬时频差都等于固有频差减去控制频差。当环路锁定时，瞬时频差为零，控制频差与固有频差相等，相位误差$\phi_\mathrm{e}(t)$为一常数，用$\phi_{\mathrm{e}\infty}$表示，称为稳态相位误差。

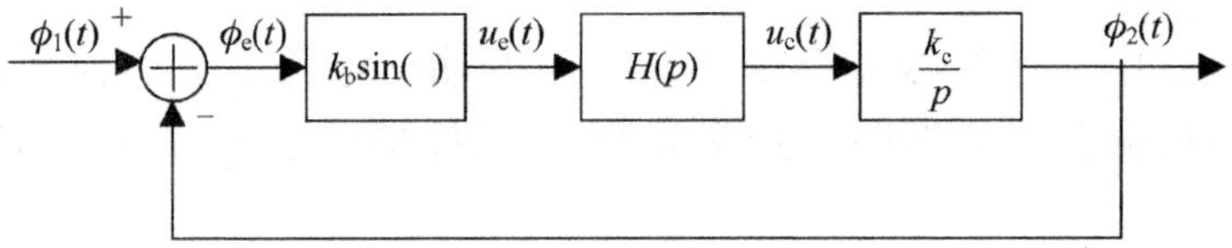

图 9.4.2　锁相环电路的相位模型

视频：9.4.2 跟踪过程与捕捉过程

9.4.2　跟踪过程与捕捉过程

【导学】

- 锁相环电路的跟踪过程。
- 锁相环电路的捕捉过程。

锁相环电路有两种不同的自动调节过程：跟踪过程和捕捉过程。

1．跟踪过程

在环路锁定后，若输入信号的频率发生变化，产生瞬时频差，从而使瞬时相位差发生变化，则环路将及时调节误差电压来控制压控振荡器，使压控振荡器输出信号的频率随之变化，即产生新的控制频差，以使压控振荡器输出信号的频率及时跟踪输入信号的频率。当控制频差等于固有频差时，瞬时频差将再次为零，继续维持锁定，这就是跟踪过程。

输入信号的频率变化越大，产生的瞬时频差、误差电压和控制电压就越大，需要压控振荡器产生的频率增量也就越大。

由于鉴相器产生的最大误差电压和压控振荡器的频率控制范围都是有限的，因此输入信号的频率变化范围也受到限制。在锁定后能够经过跟踪过程继续维持锁定允许的最大固有角频差$\pm\Delta w_{1m}$（或 $2\Delta w_{1m}$）称为跟踪带或同步带。

2．捕捉过程

环路由失锁状态进入锁定状态的过程称为捕捉过程。捕捉过程的分析采用非线性分析方法，比较复杂。以下仅对捕捉过程进行简单的定性分析。

假设 $t=0$ 时环路开始闭合，环路闭合前，输入信号的角频率 w_i 不等于压控振荡器输出信号的角频率 w_{y0}，环路处于失锁状态。假定 w_i 为一定值，w_i 与 w_{y0} 有一个固有的角频差 $\Delta w_1 = w_i - w_{y0}$，固有相位差 $\Delta w_1 t$ 随时间线性增长，则鉴相器的输出误差电压 $u_e(t) = k_b \sin\Delta w_1 t$ 将是一个周期为 $\dfrac{2\pi}{\Delta w_1}$ 的正弦函数，称为正弦差拍电压。

所谓差拍电压，就是指其角频率（此处为 Δw_1）为两个角频率（此处为 w_i 与 w_{y0}）的差值。角频差 Δw_1 不同，环路的工作情况也将不同。

如果 Δw_1 较小，处于环路滤波器的通频带内，那么差拍电压 $u_e(t)$就能够顺利通过环路滤波器加到压控振荡器上，控制压控振荡器的频率，使其随差拍电压的变化而变化，因此，压控振荡器的输出是一个调频波，即 $w_y(t)$ 将在 w_{y0} 附近上下摆动。由于 Δw_1 较小，因此 $w_y(t)$ 很容易摆动到 w_i，使环路进入锁定状态，鉴相器将输出一个与稳态相位差对应的直流电压，以维持环路的动态平衡，通常将这一过程称为快捕过程。

如果Δw_1较大，即差拍电压$u_e(t)$的频率较高，处于环路滤波器的通频带外附近，那么差拍电压$u_e(t)$的振幅在经过环路滤波器后会受到一些衰减，压控振荡器输出信号的角频率$w_y(t)$上下摆动的范围也比理想情况下的上下摆动的范围小一些，因此需要多次摆动才能够靠近输入信号的角频率w_i，即需要多个差拍周期。此时，差拍电压$u_e(t)$的角频率将不再是固定的Δw_1，而是随时间变化的瞬时角频差$\Delta w_e(t) = w_i - w_y(t)$，且其正、负半周的波形也不对称，其中包含的直流分量作为控制信号，使压控振荡器输出信号的角频率$w_y(t)$逐渐朝输入信号的角频率w_i方向靠近，$\Delta w_e(t)$逐渐减小，$u_e(t)$的振荡周期越来越长，通常将这一过程称为频率牵引过程。

当压控振荡器输出信号的角频率$w_y(t)$摆动到输入信号的角频率w_i附近时，两者之间的角频差很小，环路进入快捕过程，并很快进入锁定状态。因此，捕捉过程包括频率牵引和快捕两个过程。图 9.4.3 所示为捕捉过程中差拍电压$u_e(t)$的波形变化示意图。

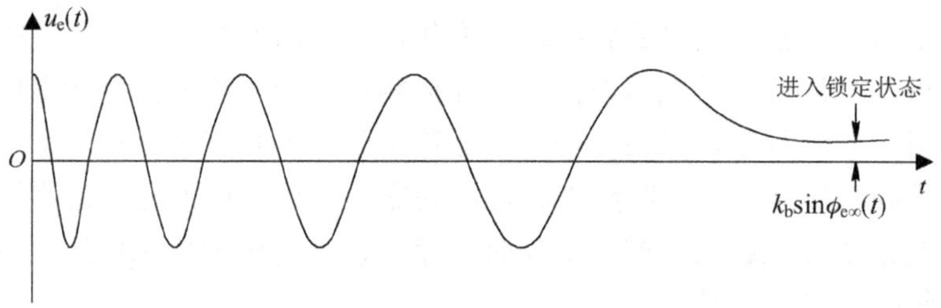

图 9.4.3　捕捉过程中差拍电压$u_e(t)$的波形变化示意图

如果Δw_1太大，远远超出环路滤波器的通频带，那么产生的控制电压将趋于零而无法捕捉到，环路将一直处于失锁状态。能够由失锁状态经过捕捉过程进入锁定允许的最大固有角频差$\pm\Delta w'_{1m}$（或$2\Delta w'_{1m}$）称为环路的捕捉带。一般来说，捕捉带小于跟踪带。

当环路处于跟踪状态时，只要$|\phi_e(t)| < \dfrac{\pi}{6}$，就存在关系式$\sin\phi_e(t) \approx \phi_e(t)$，可认为环路处于线性跟踪状态，此时基本环路方程可写为

$$p\phi_e(t) = p\phi_1(t) - k_c k_b H(p)\phi_e(t) \tag{9.4.13}$$

对式（9.4.13）求拉普拉斯变换，可得

$$s\phi_e(s) = s\phi_1(s) - k_c k_b H(s)\phi_e(s) \tag{9.4.14}$$

锁相环电路的线性化相位模型如图 9.4.4 所示。在线性化相位模型中，k_b可视为鉴相灵敏度。

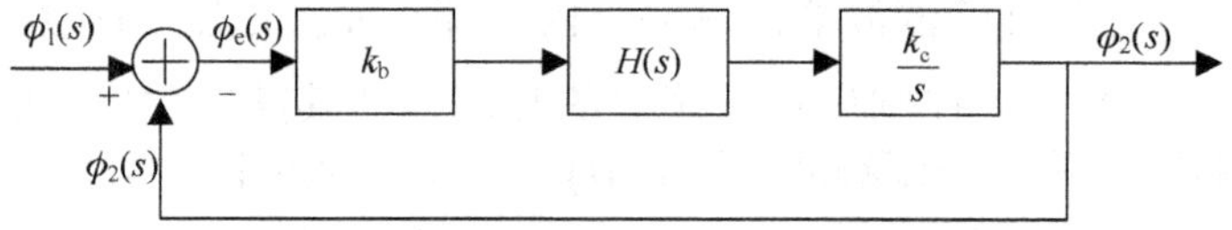

图 9.4.4　锁相环电路的线性化相位模型

由式（9.4.14）可求得环路的闭环传递函数和误差传递函数，其表达式分别为

$$T(s)=\frac{\phi_2(s)}{\phi_1(s)}=\frac{k_c k_b H(s)}{s+k_c k_b H(s)} \tag{9.4.15}$$

$$T_e(s)=\frac{\phi_e(s)}{\phi_1(s)}=\frac{s}{s+k_c k_b H(s)} \tag{9.4.16}$$

视频：9.4.3 锁相环电路的优良性能及应用领域

9.4.3　锁相环电路的优良性能及应用领域

【导学】

- 锁相环电路的各种优良性能。
- 锁相环电路的应用领域。

1．良好的频率跟踪特性

锁相环电路输出信号的频率可以精确地跟踪输入信号的频率变化，这点在通信、雷达、导航、电机控制等方面有着广泛的应用。

2．相位锁定时无剩余频差

锁相环电路对固定的输入频率锁定之后，可实现输出无剩余频差，是一个理想的频率变换控制系统，这使得锁相环电路在自动频率控制和频率合成技术等方面都获得了广泛应用。

3．良好的低门限特性

前面提到，普通的鉴频器对输入信噪比有一个门限效应，即当输入信噪比低于某一数值时，输出信噪比将急剧下降。利用锁相环电路做成鉴频器虽然也有门限效应，但是由于相位反馈作用，其在相同的输入噪声情况下的输出噪声远远小于普通鉴频器的输出噪声，即锁相环电路的输出信噪比高于普通鉴频器的输出信噪比，且环路带宽越窄，输出信噪比越高。由于锁相环电路的门限比普通鉴频器的门限低，因此可用来做成性能优良的锁相鉴频电路。

视频：9.4.4 锁相环电路的具体应用

9.4.4　锁相环电路的具体应用

【导学】

- 锁相倍频、分频和混频电路的组成及原理。
- 锁相调频与鉴频电路的组成及原理。

1. 锁相倍频、分频和混频

在基本锁相环电路的反馈支路中插入分频器，就可组成锁相倍频电路，如图 9.4.5 所示。

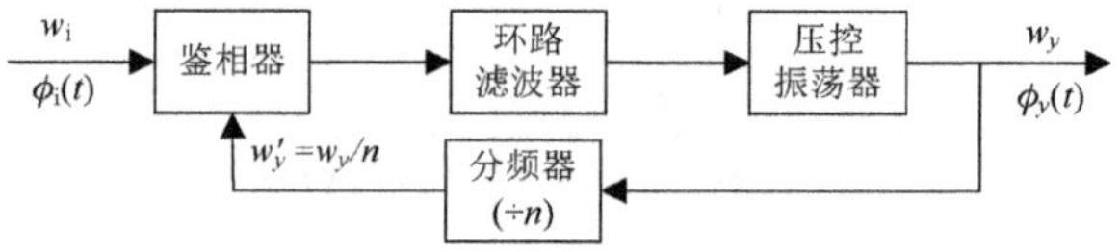

图 9.4.5 锁相倍频电路的组成框图

当环路锁定时，鉴相器输入信号的角频率与反馈信号的角频率相等，即 $w_i = w_y'$。其中，w_y 是压控振荡器输出信号的角频率，w_y' 是压控振荡器输出信号经 n 次分频后的角频率，即 $w_y = nw_y' = nw_i$。假设输入信号由高稳定度的晶体振荡器产生，分频器的分频比是可变的，则可以得到一系列稳定的间隔为 w_i 的频率信号输出。

如果将图 9.4.5 中的分频器改为倍频器，就可以组成锁相分频电路，即 $w_y = \dfrac{w_i}{n}$。

如果在基本锁相环电路的反馈支路中插入混频器和中频放大器，就可以组成锁相混频电路，如图 9.4.6 所示。

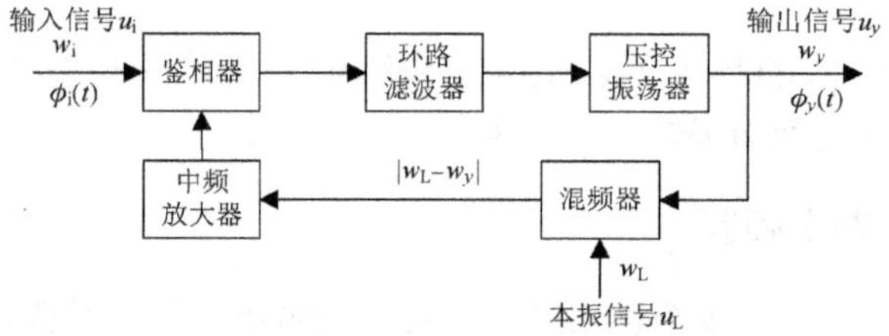

图 9.4.6 锁相混频电路的组成框图

假设混频器的输入本振信号的角频率为 w_L，则当环路锁定时，有 $w_i = |w_L - w_y|$，即 $w_y = w_L \pm w_i$，从而实现混频。

2. 锁相调频与鉴频

图 9.4.7 所示为锁相直接调频电路的组成框图。锁相直接调频电路能够使输出调频信号的中心频率锁定在晶振频率上，因此其频率稳定度可以做得很高。为了使环路仅对由压控振荡器中心频率不稳定引起的缓变分量有反应，环路滤波器的通频带应该设置得很窄，以保证调制信号频谱分量处于低通滤波器频带之外而不能形成交流反馈。显然，这是一种载波跟踪环。

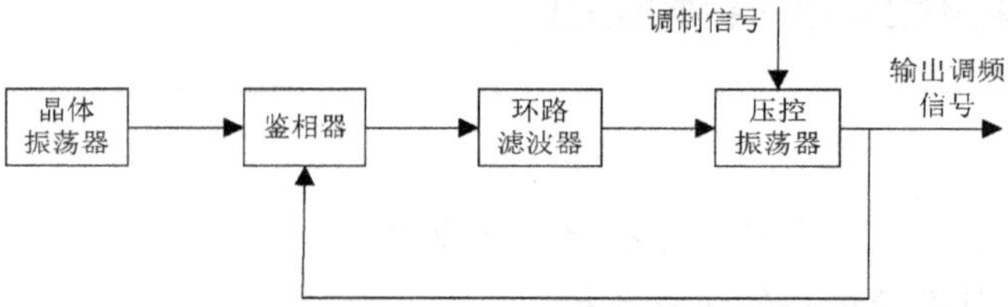

图 9.4.7 锁相直接调频电路的组成框图

锁相鉴频电路的组成框图如图 9.4.8 所示。

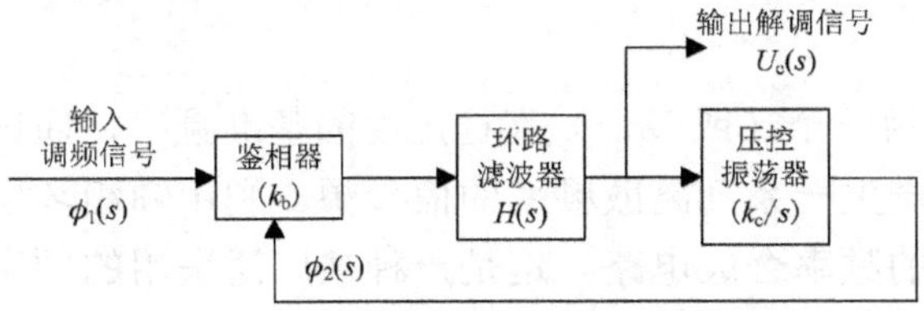

图 9.4.8　锁相鉴频电路的组成框图

假设输入调频信号为

$$u_{FM}(t)=U_m\sin[w_c t+k_f\int u_\Omega(t)dt]=U_m\sin[w_c t+\phi_1(t)] \tag{9.4.17}$$

其中，$u_\Omega(t)$ 为调制信号；k_f 为调频比例系数；w_c 为载频。调节压控振荡器的中心角频率 w_{y0}，使 $w_{y0}=w_c$，从而有

$$\phi_e(s)=T_e(s)\phi_1(s) \tag{9.4.18}$$

由于

$$u_\Omega(t)=\frac{1}{k_f}\frac{d\phi_1(t)}{dt} \tag{9.4.19}$$

因此

$$U_\Omega(s)=\frac{1}{k_f}s\phi_1(s) \tag{9.4.20}$$

由图 9.4.8 可知，从环路滤波器输出的解调信号 $u_c(t)$的拉普拉斯变换为

$$U_c(s)=k_b\phi_e(s)H(s) \tag{9.4.21}$$

根据式（9.4.15）、式（9.4.16）、式（9.4.18）和式（9.4.20），可将式（9.4.21）进一步写为

$$\begin{aligned}U_c(s)&=k_bT_e(s)\phi_1(s)H(s)=\frac{k_b s\phi_1(s)H(s)}{s+k_bk_cH(s)}\\&=\frac{k_fk_bU_\Omega(s)H(s)}{s+k_bk_cH(s)}=\frac{k_fT(s)U_\Omega(s)}{k_c}\end{aligned} \tag{9.4.22}$$

将式（9.4.22）中的闭环传递函数 $T(s)$转换为闭环频率特性函数 $T(jw)$。在调制信号频率范围内，若闭环幅频特性近似为恒定值且相频特性为线性，则可将其视为常数，表示为 k_T。对式（9.4.22）进行拉普拉斯反变换，可得

$$u_c(t)=\frac{k_fk_T}{k_c}u_\Omega(t) \tag{9.4.23}$$

由式（9.4.23）可知，输出解调信号 $u_c(t)$与调制信号 $u_\Omega(t)$成正比。环路滤波器的作用就是滤除调制信号 $u_\Omega(t)$带宽以外的无用频率分量，保证不失真解调，因此，要求环路滤波器的通频带足够宽，以使调制信号能顺利通过。可见，这是一种调制跟踪环。

9.5 锁相频率合成电路

频率合成电路利用一个（或多个）高稳定度的基准频率，通过一定的变换与处理，产生一系列离散频率的信号源。利用锁相环电路可以构成性能良好的频率合成电路。这是一种被广泛采用的频率合成技术。

视频：9.5.1 单环频率合成电路

9.5.1 单环频率合成电路

【导学】

- 单环频率合成电路的组成。
- 单环频率合成电路的优点和缺点。

采用锁相倍频电路可以组成频率合成电路。为了减小相邻两个输出频率的间隔，增加输出频率的数量，可在晶体振荡器和鉴相器之间插入前置可变分频器，如图 9.5.1 所示。

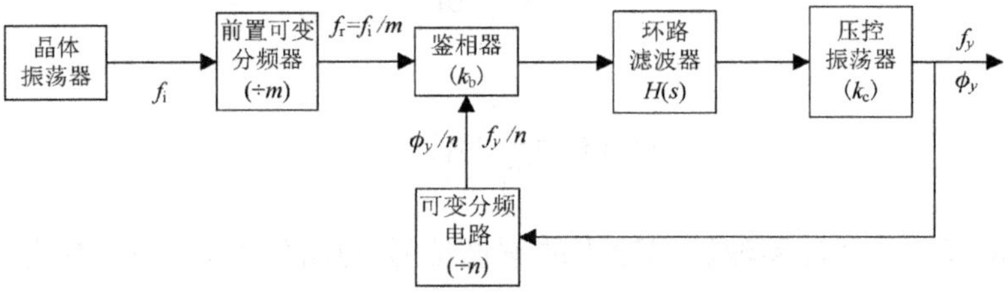

图 9.5.1 单环频率合成电路的组成框图

这种频率合成电路称为单环频率合成电路，其输出频率为

$$f_y = \frac{n}{m} f_i \tag{9.5.1}$$

其中，$n=1,2,\cdots,N$；$m=1,2,\cdots,M$。最小频率间隔（步长）为 $f_y=\frac{1}{M}f_i$，频率范围为 $\frac{1}{M}f_i \sim Nf_i$。

锁相频率合成电路的主要性能指标为输出频率的数量、频率范围、频率间隔和频率转换时间。其中，频率转换时间的经验公式为

$$t_s = \frac{25}{f_r} \tag{9.5.2}$$

其中，f_r 为鉴相器输入参考频率。对于如图 9.5.1 所示的加有前置可变分频器的锁相环，有 $f_r=\frac{f_i}{m}$。单环频率合成电路结构简单、制作和调试容易，但是性能指标比较差（第一个

缺点）。

为了得到良好的频率分辨力，要求频率间隔必须很小，对单环频率合成电路来说，要求降低参考频率 f_r。由于环路滤波器要滤除鉴相器输出电流中的无用频率分量，包括输入参考频率 f_r 及其谐波分量，因此环路滤波器的通频带必须低于参考频率 f_r，因此，降低 f_r 将会使环路带宽变窄。这样，当频率变换时，环路的捕捉时间或跟踪时间就会加长，由式（9.5.2）可知，频率转换时间与 f_r 成反比。通常，单环频率合成电路的参考频率 f_r 不能低于 1kHz，这也是它的最小频率间隔。

单环频率合成电路的第二个缺点是输出频率的数量受到限制。因为如果要增加输出频率的数量，就需要增大分频比 n。由于分频器的输出相位 $\phi_y' = \dfrac{\phi_y}{n}$，因此，根据图 9.5.1 可写出相应的误差传递函数：

$$T_e(s) = \frac{s}{s + \dfrac{1}{n} k_c k_b H(s)} \tag{9.5.3}$$

当前置可变分频器的分频比 n 大幅度变化时，误差传递函数的变化很大，从而使环路的跟踪特性急剧变化。

单环频率合成电路的第三个缺点：频率合成电路中必然要使用编程处理的可变分频器，而可变分频器的最高工作频率要比固定分频器的最高工作频率低很多，这就限制了频率合成电路的最高输出频率。

视频：9.5.2 变模频率合成电路

9.5.2　变模频率合成电路

【导学】

- 变模频率合成电路的组成。
- 变模频率合成电路的工作原理。

变模频率合成电路（又称吞脉冲频率合成电路）是单环频率合成电路的一种改进电路，它可以提升频率合成电路的最高输出频率，其组成框图如图 9.5.2 所示。

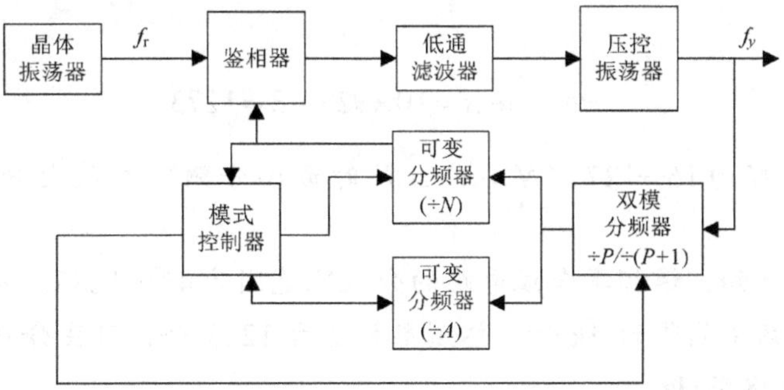

图 9.5.2　变模频率合成电路的组成框图

在变模频率合成电路中，双模分频器是具有 P 和 P+1 两种分频比模式的固定分频器，当模式控制器输出低电平或高电平时，它的分频比分别为 P 和 P+1。另外，两个可变分频器的分频比分别为 N 和 A，且规定 $N>A$。假设 N 分频器每输出一个脉冲为一个工作周期，而每个工作周期又可分为两个时段。在第一个时段开始时，两个可变分频器应先预置初始值，模式控制器输出高电平，双模分频器的分频比为 P+1；然后输出频率为 f_y 的变模频率合成电路输出的脉冲经过 P+1 分频后同时进入两个可变分频器做减法计数。

当 A 分频器计数为零时，模式控制器输出低电平，双模分频器的分频比变为 P，开始进入第二个时段。显然，此时 N 分频器计数为 N−A，而在第一个时段内，变模频率合成电路输出脉冲数为 $(P+1)A$。在第二个时段内，同时进入两个可变分频器的脉冲频率为 $\dfrac{f_y}{P}$，当 N 分频器计数为零时，N 分频器输出一个脉冲给鉴相器，同时使模式控制器的输出重新变为高电平，又开始第二个工作周期的计数。在第二个时段内，变模频率合成电路输出脉冲数为 $P(N-A)$。

可见，在一个工作周期内，变模频率合成电路输出的脉冲数为 $M=(P+1)A+P(N-A)$，总的分频比为 $M=PN+A$，变模频率合成电路的输出频率为

$$f_y=(PN+A)f_\mathrm{r} \tag{9.5.4}$$

变模频率合成电路与普通单环频率合成电路的频率间隔相同，但输出频率的数量增加。由于两个可变分频器的最高工作频率为 $\dfrac{f_y}{P}$，因此，变模频率合成电路的最高输出频率可以提高为普通单环频率合成电路的最高输出频率的 P 倍。

例题 9.5.1

在如图 9.5.2 所示的变模频率合成电路的组成框图中，已知 $f_\mathrm{r}=1\mathrm{kHz}$，$N$ 为 3～127，A 为 3～15，$P=10$，试分析并计算分频比范围、输出频率范围、频率间隔和可变分频电路的最高工作频率。

解： 若 $A=3$，则 N 为 4～127（$N>A$），最小分频比为

$$PN_{\min}+A=10\times4+3=43$$

最大分频比为

$$PN_{\max}+A=10\times127+3=1273$$

若 $A=15$，则 N 为 16～127（$N>A$），此时最小分频比和最大分频比分别为 175 与 1285。

综合以上分析可知，该频率合成电路的分频比范围为 43～1285，相应的输出频率范围为 43～1285kHz，频率间隔为 1kHz，总频率数量为 1243 个，可变分频电路的最高工作频率为 1285/10kHz=128.5kHz。

9.5.3　多环频率合成电路

【导学】

- ➢ 双环频率合成电路的组成。
- ➢ 双环频率合成电路的工作原理。

为了减小输出频率间隔而又不降低参考频率 f_r，可以采用多环频率合成电路。在多环频率合成电路中，增加了混频器和滤波器。

例题 9.5.2

图 9.5.3 所示为一个双环频率合成电路，它由两个锁相环和一个混频滤波器组成。两个输入信号的频率分别为 $f_{i1}=1\text{kHz}$，$f_{i2}=100\text{kHz}$；可变分频器的分频比范围分别是 n_1 为 10000～11000，n_2 为 720～1000；固定分频器的分频比 $n_3=10$。请分析并计算输出频率 f_y 的频率调节范围和频率间隔。

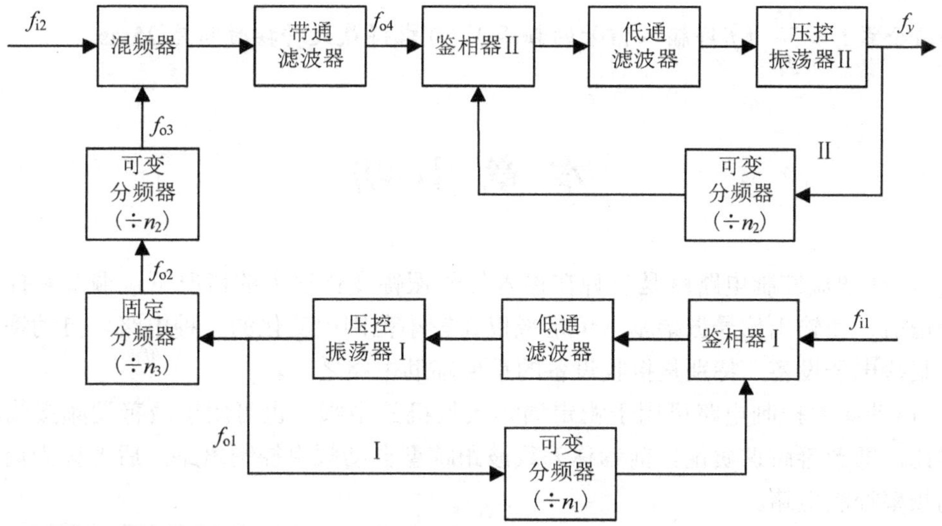

图 9.5.3　例题 9.5.2 图

解： 环路 I 为锁相倍频电路，其输出频率为

$$f_{o1}=n_1 f_{i1}$$

f_{o1} 经过 n_3 固定分频器后，输出频率为

$$f_{o2}=\frac{n_1}{n_3}f_{i1}$$

f_{o2} 经过 n_2 可变分频器后，输出频率为

$$f_{o3}=\frac{n_1}{n_2n_3}f_{i1}$$

假设在混频器输出端利用带通滤波器取出和频信号，则有

$$f_{o4}=f_{i2}+\frac{n_1}{n_2n_3}f_{i1}$$

环路Ⅱ也是锁相倍频电路，其输出频率为

$$f_y=n_2f_{o4}=n_2f_{i2}+\frac{n_1}{n_3}f_{i1}=n_2f_{i2}+f_{o2}$$

可见，输出频率 f_y 由两部分组成：第一部分 n_2f_{i2} 的频率调节范围为 72～100MHz，频率间隔为 0.1MHz；第二部分 $\frac{n_1}{n_3}f_{i1}$ 的频率调节范围为 1～1.1MHz，频率间隔为 100Hz。因此，f_y 的频率调节范围为 73～101.1MHz，频率间隔为 100Hz，总频率数量为 281001 个。

环路Ⅰ的参考频率为 1kHz，环路Ⅱ的参考频率为 101～101.53kHz。根据频率转换时间的经验公式 $t_s=\frac{25}{f_r}$（f_r 即输入信号的频率），可求得最大转换时间为 25ms。

本 章 小 结

1．自动增益控制电路就是一种在输入信号振幅变化很大的情况下，调节可控增益放大器的增益，使输出信号振幅基本恒定或仅在较小范围内变化的一种电路。自动增益控制电路是某些电子设备，特别是接收设备的重要辅助电路之一。

2．自动频率控制电路可用于稳定调幅接收机的中频，也可用于改善调频接收机的鉴频信噪比，即改善解调质量。前者称为载波跟踪型自动频率控制电路，后者称为调制跟踪型自动频率控制电路。

3．锁相环电路是由鉴相器、环路滤波器和压控振荡器组成的相位误差反馈控制系统。分析和设计锁相环电路的基础就是基本环路方程，它是一个非线性方程，在相位误差很小时可以近似为一个线性方程。

4．捕捉和跟踪是锁相环电路中两种不同的自动调节过程。捕捉是非线性过程，而跟踪则可近似为线性过程。一般来说，捕捉带小于跟踪带。

5．锁相环电路具有良好的频率跟踪特性和窄带滤波特性，其无剩余频差的理想频率控制特性和低门限特性在倍频、分频、混频、调制、解调、微弱信号接收与载波提取等诸多方面都有着广泛应用。

6．锁相频率合成是频率合成技术中的一种重要方法。变模频率合成电路能够提高输出频率。多环频率合成电路可以减小输出频率间隔，同时可以增加输出频率的数量。

习　题

9.1 在习题 9.1 图所示的接收机三级自动增益控制电路的组成框图中，已知可控增益放大器的增益 $A_{cg}(u_c)=\dfrac{20}{1+2u_c}$；当输入信号的振幅 $U_{imin}=125\mu V$ 时，对应输出信号的振幅 $U_{omin}=1V$；当输入信号的振幅 $U_{imax}=250mV$ 时，对应输出信号的振幅 $U_{omax}=3V$。请分析并计算直流放大器的增益 k_1 和参考电压 U_R。

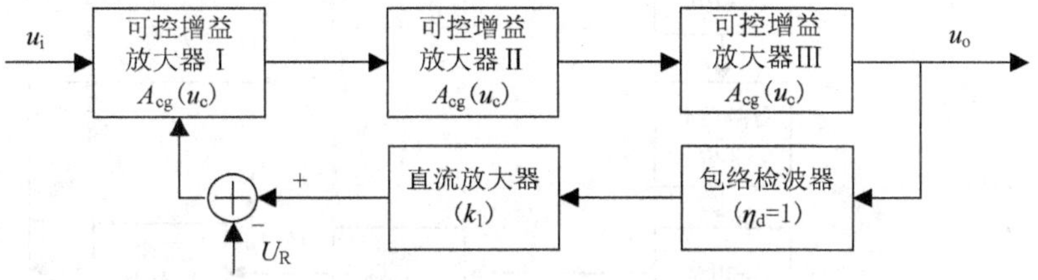

习题 9.1 图

9.2 在习题 9.2 图所示的调频负反馈解调电路的组成框图中，低通滤波器的增益为 1，若环路输入单频调频信号 $u_i(t)=U_m\cos(w_ct+m_f\sin\Omega t)$，要求加到中频放大器输入端调频信号的调频指数为 $\dfrac{m_f}{10}$，请分析并计算 k_bk_c 的值。其中，k_b 为混频–鉴频器的鉴频灵敏度，k_c 为压控振荡器的压控灵敏度。

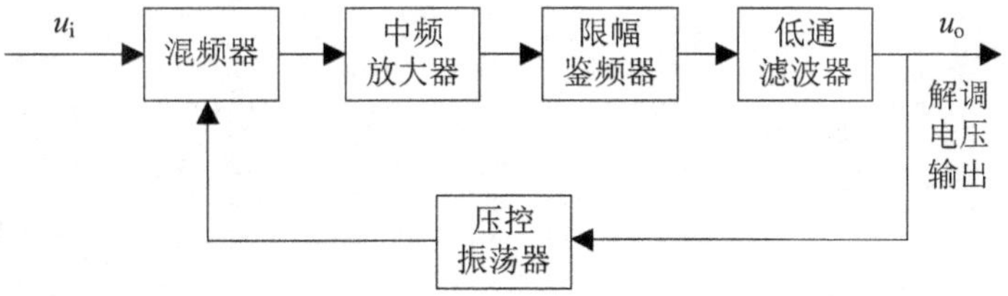

习题 9.2 图

9.3 在如图 9.4.4 所示的锁相环路的线性化相位模型中，已知 $k_b=0.63V/rad$，$k_c=40kHz/V$，压控振荡器的中心频率 $f_0=2.5MHz$，环路滤波器的传递函数 $H(s)=1$。在输入载波信号的作用下，环路锁定，控制频差为 10kHz。请分析并计算环路锁定时输入信号的频率 f_i、环路控制电压 $u_c(\infty)$和稳态相差$\phi_e(\infty)$。

9.4 在习题 9.4 图所示的锁相可变倍频环路中，已知鉴相灵敏度 $k_b=0.1V/rad$，压控灵敏度 $k_c=1.1\times10^7 rad/s\cdot V$，参考频率 $f_r=12.5kHz$，固定分频器的分频比 $n_1=8$，可变分频器的分频比 n_2 为 653～793，请分析并计算压控振荡器输出信号的频率范围、频率间隔和频率转换时间。

9.5 在习题 9.5 图所示的频率合成电路的组成框图中，f_r 为高稳定度晶体振荡器产生的标准频率。请推导频率合成电路输出频率 f_y 与 f_r 的关系（假设 $f_y=f_2-f_1$）。

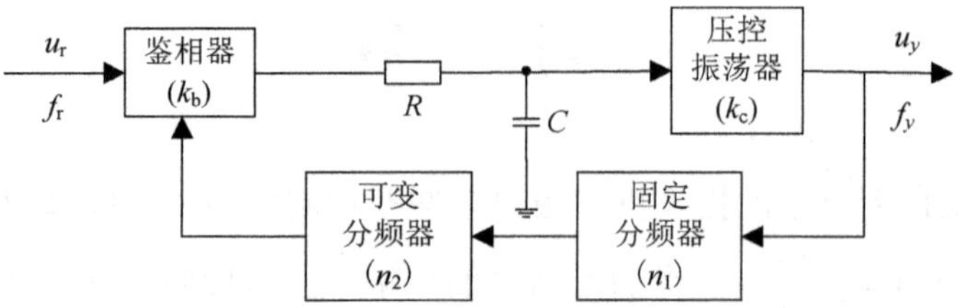
u_r
f_r
鉴相器
(k_b)
R
C
压控
振荡器
(k_c)
u_y
f_y
可变
分频器
(n_2)
固定
分频器
(n_1)

习题 9.4 图

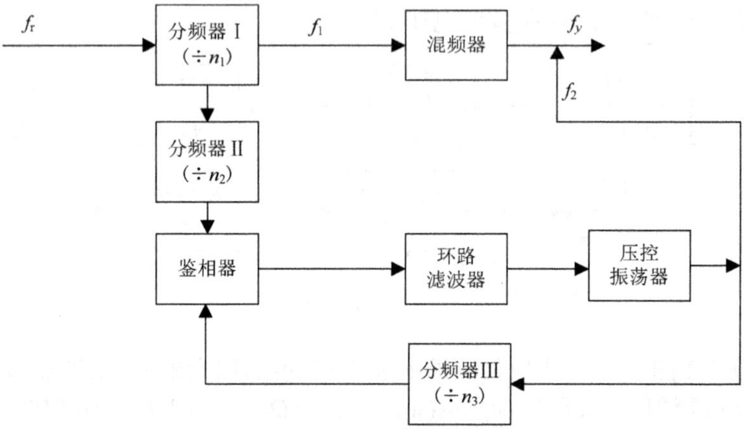
f_r
分频器 I
(÷n_1)
f_1
混频器
f_y
f_2
分频器 II
(÷n_2)
鉴相器
环路
滤波器
压控
振荡器
分频器III
(÷n_3)

习题 9.5 图

参考文献

[1] 刘彩霞，刘波粒．高频电子线路[M]．北京：高等教育出版社，2020．

[2] 王卫东．高频电子电路[M]. 4 版．北京：电子工业出版社，2020．

[3] 沈伟慈，李霞，陈田明．通信电路[M]. 4 版．西安：西安电子科技大学出版社，2017．

[4] 曾兴雯，刘乃安，陈健，等．高频电路原理与分析[M]. 7 版．西安：西安电子科技大学出版社，2021．

[5] 张肃文．高频电子线路[M]. 6 版．北京：高等教育出版社，2023．

[6] 高吉祥，高广珠，陈和．高频电子线路[M]. 4 版．北京：电子工业出版社，2016．

[7] 杨素行，杜湘瑜．模拟电子技术基础简明教程[M]. 4 版．北京：高等教育出版社，2022．

[8] 樊昌信，曹丽娜．通信原理[M]. 7 版．北京：国防工业出版社，2012．